Money錢

Money錢

Money錢

Money錢

解碼商業模式

如何從一個想法到一個商業模式

曾小軍——著

Money錢

你是否了解商業模式的底層邏輯？

（　　）商業模式等同於盈利模式嗎？

A. 等於　B. 不等於

（　　）洞察商業模式的底層結構需要具備哪種思維？

A. 系統思維　B. 線性思維

（　　）一種好的商業組合創新可以代表一種好的商業模式創新嗎？

A. 可以　B. 不可以

目錄 Contents

各界讚譽 009
推薦序 1／劉小鷹｜未來商業模式的變與不變 023
推薦序 2／黃若｜低頭拉車的同時更要抬頭看路 027
推薦序 3／成曉華｜商業模式是什麼不重要，用來做什麼很重要 029
前言｜如何從一個想法到一個商業模式 033
引言｜系統思維與商業模式 041

第一部分
商業模式的底層結構和運行機制

1 **商業模式，一個價值循環系統** 063
「獨角獸」企業的成功「暗箱」 063
價值循環系統，商業模式的本質 071
商業模式識別座標 074

2 **價值循環系統環節 1——創造價值** 079
創造價值的本質是解決社會問題 080
企業的社會價值由其貢獻度決定 082
企業承擔社會責任的 3 種方式 084
沒有用戶忠誠度，只有企業忠誠度 086

3 如何創造價值，建構從需求到價值轉化的價值系統 089
發現需求，了解用戶想要完成什麼任務 089
滿足需求，做用戶想持續雇用的產品 100
創造需求，喚醒消費者自己都不知道的潛在動機 107
三維價值定位系統：從需求到價值轉化 115
根據企業發展階段選擇價值定位 134

4 價值循環系統環節 2——交付價值 137
交付價值的手段是降低社會交易成本 137
一個充滿爭論的社會總成本問題 138
消費者的選擇：總成本最低 141
企業規模的邊界由內外部交易成本決定 143

5 如何交付價值，建構「非我莫屬」的能力系統 147
跳出能力圈陷阱 148
什麼是企業的核心競爭力 150
醫生問診模型，如何建構獨特的經營活動 159
從相對競爭優勢到絕對競爭優勢 165
未來的競爭，是用戶價值的競爭 178

6 價值循環系統環節 3——獲取價值 181
獲取價值的本質：透過創新獲取利潤 181
創新，就是新組合 182
主導創新的主體是企業家 184
企業家利潤才是真正的利潤 186
讓創新快於變化 187

7 **如何獲取價值，建構可持續的企業盈利系統** 193
盈利模式的困境和誤解 194
盈利模式的底層結構 197
盈利模式識別座標 199
盈利模式的設計方法與路徑 203

8 **成長系統，建構應對突變環境的成長路徑** 221
突變思維，應對不確定性必備的思維方式 223
三曲線理論，企業成長的核心路徑 226
6 種常見的企業成長困境 233
如何平衡三曲線業務 240
把成長當成手段，而不是目的 243

第二部分

商業模式高效運行必備的 4 大動力系統

---

9 **進化系統，跨越複雜性，像生命一樣進化** 249
向生命學習，建構生命型組織 250
是什麼阻礙了組織變革與進化 251
擺脫價值網依賴，重構外在生存結構 257
向鳥類學習：推動進化的 3 個方面 262

10 協同系統，建立高效的組織協同機制 267
生命存在的本質：協同共生 267
協同效應：群體智慧湧現 269
與外部生態協同共生 278
協同的底層邏輯，從無序到有序 284

11 耗散系統，透過耗散獲得新生 293
企業是一套開放系統 294
建立耗散結構，讓有序結構自發出現 298
向華為學習如何建構耗散結構 304

12 免疫系統，建構企業的容錯機制 313
不確定性一定是風險嗎 314
容錯機制的本質是多樣性 316
如何建構企業的免疫系統 318

後記｜未來不變的是什麼 331
參考文獻 337

各界讚譽

身處不確定性越來越強、內捲越來越嚴重的環境中，商界中人如何找到真正的規律以作為指南針？如何透過撲朔迷離的表象把握商業的底層邏輯？這本書以商業模式為切入點，提供了系統化、結構化的認知框架和解決方案，是一部有思想深度和現實指導性的力作。

《第一財經日報》創始人、中國商業文明研究中心聯席主任 **秦朔**

對商業模式的探討，坊間不乏從技術和方法層面解讀的暢銷書。這本《解碼商業模式》相比之下要深刻得多。書中既有對商業運行「第一推動力」的探索，又有對企業終極驅動力的剖析，更有為應對「烏卡時代」（VUCA：volatility 易變性、uncertainty 不確定性、complexity 複雜性、ambiguity 模糊性）的大變局提出的一個頗具價值的框架體系，並在這一框架體系中納入了進化論和系統思維，有助於我們在紛繁複雜的商業世界中辨清方向。

《經濟學人．商論》總編輯 **吳晨**

我寫了一本書叫《心力》，小軍的這本書是以系統動力學為基石來建構商業模式體系的。在某種意義上，兩者有點不謀而合，都是對動力學在不同層面的應用。這本書以一個新的視角來拆解商業模式的底層邏輯，它不是簡單地分析商業模式創新案例，而是從原動力的角度拆解商業模式形成的過程以及運行機制，非常有啟發性，我向你強烈推薦。

梅花創投創始合夥人 **吳世春**

在同一個領域的創業者，執行力的差別可以從 1 到 9 來分等級，而不同的商業模式就會導致數量級的差別。9 分的創業者執行一般的商業模式，結果是 90 分。8 分的創業者執行優異的商業模式，結果就是 800 分。我推薦大家深度閱讀這本書，全面思考商業模式的多個面向。

創業工廠創始人、中國青年天使會會長 **麥剛**

我每年都有一場「新物種爆炸．吳聲商業方法發布」演講，講述新物種背後更本質的創新力量，這個力量就是原動力。這恰恰也是小軍這本書所要描述的核心思想：什麼是推動商業模式創新的原動力。書中以系統動力學為基石來建構商業模式的體系，形成了一套嚴謹的方法論，並且勇於探索不同理論思想在商業模式中的應用。我向你強烈推薦。

場景實驗室創始人 **吳聲**

我們為什麼會迷茫？原因主要是有兩個「不確定」：第一，發展方向的不確定；第二，發展路徑的不確定。換句話說就是，不知道做什麼和不知道怎麼做。一個是選擇問題，另一個是能力問題。小軍的這本書就是為解決這兩個問題而寫的。要從根上解決選擇問題，就要提升你的認知，書中以系統論的視角重新定義商業模式，非常有啟發性。能力問題歸根究柢是方法論的問題，書中用各種模型幫你搭建能力結構，讓你掌握底層方法和工具，學會舉一反三。如果你正處於迷茫狀態，那麼我向你強烈推薦這本書。

獵豹移動董事長兼 CEO、獵戶星空董事長 **傅盛**

彼得．杜拉克說，企業競爭的本質並非產品本身，而是商業模式。而

商業模式的本質，其實就是如何賺錢，回溯到一家企業存在的意義，如果不賺錢，那是公益，而不是生意。

從這本書中，你能找到理解商業模式的很多有意思的視角，還能接觸到一種新的商業邏輯：系統動力學。

優客工廠創始人、共用際創始人 **毛大慶**

這本書最大的亮點是從系統論視角來建構商業模式體系，非常有啟發性。小軍把商業模式作為一個大系統，以價值系統和動力系統作為兩大基石，深入解構商業模式的形成和運行機制，從而建構出四大結構系統和四大動力系統，體系完整，邏輯清晰，案例通俗易懂。

回想我在華為的經歷，以及現在做風險投資的經歷和認知，我對「系統」這個概念深有感觸。對於商業模式的認知，相信這本書將給你帶來一次「系統升級」。我向你強烈推薦這本書。

中歐資本董事長、華為前副總裁 **張俊**

做好商業，要把策略和戰術進行結合。戰術決定了當下的速度，策略決定了未來的高度。小軍對商業模式的解析，以價值為主旨，以「第一推動力」為特點，形成了完整的模型循環。值得每一位做投資和創業的夥伴認真學習。

天使成長營創始人、AC 加速器創始人、中關村天使投資聯盟聯合發起人 **徐勇**

商業思想改變商業世界！用不同的世界觀去運作商業世界和企業組織，就會產生截然不同的結果。大多數企業家把企業組織視為可預測和可控制的機器，把管理建立在對未來進行「預測——控制」的模式上，並為

了成長而追逐成長，醫學中稱之為「癌症」。我們為了「要更多」，而忘了商業要交付給人們的美好和原初價值。

如果能把商業世界和組織視為一個生命系統，會產生哪些本質的不同？小軍在這本書中，用追究商業第一推動力的「真問題」的視角，把企業家作為「商業模式設計師」而非「控制一切的舵手」，進而建構價值循環系統，開啟了一場獨特價值的追問和啟發性解答的美好之旅。

飛博共創創始人兼 CEO **伊光旭**

在全球經濟面臨挑戰的今天，小軍的這本書恰逢其時。我相信，不管是企業經營者還是相關政府部門的決策者，都可以從這本書中產生很大的啟發和更多的思考。我向你強烈推薦這本書。

中國知名外交官、中國外交家協會前會長 **秦小梅**

創始人和執行長的首要任務是制定出一個正確的策略和建設好一支能打勝仗的團隊，更是為企業設計好一個能創造長期價值的商業模式。商業模式是新創企業跨越從 0 到 1 的生死符，創新的商業模式並非企業的終極命運。每當革命者行動的時候，碰到的總是些毫無準備的對手，這也是革命者努力不斷發展壯大的原因。當充滿創業精神的創始人、董事長、執行長在尋求產業的新變革，在偉大事業的道路上疾馳時，成功和榮耀就消失在他們身後所揚起的灰塵裡。落伍的或錯誤的商業模式往往讓企業陷入殘酷內捲、寸步難行甚至速生速死的絕望之谷。

這不是又一本商業模式的教科書，作者小軍先生穿透黑暗，充分釋放了他多年諮詢、創業和投資的功底，深刻洞察商業的本質，揭示隱藏在成功企業背後的商業模式的底層邏輯和密碼。對剛剛上路的創業者或深陷第一曲線成長瓶頸的產業「老炮」，以及每年總會與一、兩個好計畫擦肩而過或心有遺憾的投資人來說，如果想改變認知，刷新成長軌跡和突破價值極限，那麼這本書是一盞明燈。

盛景嘉成母基金合夥人、《第三次零售革命》作者 **顏豔春**

我深知一個好的商業模式對創業的重要性。《解碼商業模式》將成為每一位創業者的必讀指南，因為它以系統化的方法論全面剖析了商業模式的運行邏輯，從價值、能力、盈利到組織的協同等多個面向，闡釋了建構優秀商業模式的方式。作者從投資人、諮詢顧問和創業者等多重視角，解讀了商業模式的內在邏輯，令人深受啟發。

我強烈推薦每一位創業者通讀此書，相信它一定會對你設計商業模式大有啟發。抓住這個寶典，創造獨一無二的商業模式。

英諾天使管理合夥人 **姚錦程**

作為投資人，商業模式可以說是最重要的思考元素。不懂商業模式，忙死就是賠死。建構好的商業模式，要看護城河的長期堅固性，長期毛利率的合理性，對長期的淨現金流的滿意程度。好的商業模式，可以實現《失控》中「湧現」的自我進化。小軍的這本書言簡意賅、邏輯嚴謹，撥雲見日、娓娓道來。我強烈推薦這本書，希望它能為更多的創業者和投資人帶來幫助。

鏡湖資本董事長 **吳幽**

《解碼商業模式》一書為我們在創業及商業領域提供了實用而富有智慧的指導。曾小軍先生曾經在麥肯錫擔任策略諮詢顧問，擁有多年的商業創新和投資經驗。他的這本書拋開傳統的商業模式定義，透過闡述「價值

循環系統」指南針，用系統論的視角帶我們領略商業模式的底層結構，了解如何善用商業策略和市場趨勢來實現企業的成功。對於那些渴望在商業帝國中尋找方向並取得一席之地的人來說，這本書無疑是一本必不可少的寶典，也是一部激勵人心的力作。

華映資本董事合夥人 **朱彤**

小軍老師是我所認識的在商業投資和創業領域有著豐富的理論和實戰經驗的資深專家。特別是在商業模式的研究方面，他更是有著十幾年的諮詢、創業和投資的豐富實戰經驗。創業的成功在於兩個核心要素：做對的事，找對的人。商業模式，解決的就是如何做對的事的問題。「選擇比努力重要」這句話的背後，更是昭示了設計正確的商業模式的重要性。商業模式的設計，可以說是決定一個專案成敗的最關鍵要素。當然，不同類型的企業和個體，設計商業模式的方法也不是千篇一律的，而是各有其核心側重。如何在紛繁的觀點中去偽存真，相信讀者可以從這本書中撥雲見日，找到答案。

微信國際版前負責人、加推聯合創始人兼首席策略長、《私域流量池》作者 **劉翌**

小軍是我認識的對商業模式理解最深刻的投資人之一。在之前與他共事的過程中，我對他看專案的獨到見解和對商業模式的深刻理解感到非常敬佩。當他告訴我，他把多年的諮詢經驗和投資經驗整理成書，準備出版時，我由衷地高興。相信你可以從小軍的書中，快速高效地吸取他多年商業思維的精華。

在企業的整個生命週期裡，商業模式的建構是至關重要的。如何發現並滿足市場需求，以及如何持續地為客戶創造價值，都和企業的商業模式息息相關。如果只靠自己摸索，就會需要比較長的時間。我建議你一定要看看小軍的書，這一定會讓你少走彎路。

盛銀資本合夥人、帆書（原樊登讀書）前首席財務長 **劉欣曼**

如果曾老師是一名IT從業者，那他一定是一位世界級的「架構師」。寫一本商業模式主題的書就好比程式師完成一個產品需求，不同企業的商業模式不一樣，這個「產品需求」並不好完成。我特別好奇曾老師如何去完成這個「產品需求」。他高超的地方就在於，把商業模式抽象成4個子系統：價值系統、能力系統、盈利系統和成長系統。他使用通俗易懂的表達和豐富的企業實戰案例來講解商業模式的結構和內在運行邏輯，抽象商業模式的本質內核，從而讓大家都能感受到商業模式有章可循。曾老師不愧是一位頂級的商業模式架構師。

58集團技術委員會前主席、轉轉公司技術委員會前主席 **孫玄**

曼徹斯特大學校友曾小軍先生的新書付梓，我感到非常高興和驕傲。講商業模式的人不少，但是敢寫商業模式這個主題的人真不多。這本書創造性地將系統論和商業模式打通，是一大亮點。在經濟面臨挑戰的今天，創業者不僅要思考如何穿越週期，更重要的是沉下心來打造穿越週期的能力，這本書的出版恰逢其時。書中以系統論的視角拆解了商業模式從0到1的形成過程，從動力學的角度拆解了商業模式的運行和進化機制，可以看出作者深厚的理論功底和豐富的實踐經驗。我強烈推薦此書，相信對創業者會有所啟發。

曼徹斯特大學中國中心主任 **傅瀟霄**

小軍在麥肯錫工作多年，之後轉型成為投資人，其間閱公司無數。他用多年的經驗和洞察打造了一個探索商業世界的指南針。他嘗試從系統論的視角幫助讀者洞悉商業模式的底層結構，理解商業模式的原動力。同時，他還嘗試破除企業經營者對成長的執念，聚焦企業永續經營的關鍵：提高運行效率、培養對抗風險和不確定性的能力。透過閱讀這本書，企業的經營者、觀察者可以完善思考框架，更從容地應對充滿挑戰和不確定性的商業世界。

華爾街見聞副總裁 **汪旭**

在過往近千個創業專案的風險投資和融資從業經歷中，我感受較深的是，大多數創業者在創業之初都鮮少重視對商業模式的深度思考，尤其是技術背景出身的創業者從最開始就容易忽視商業模式，這導致大量創業專案在使用完種子輪、天使輪的啟動資金後，產品推向市場卻遲遲不見數據的成長，且難以拿到後續的投資。在今天的市場環境下，短期的競爭優勢很容易被模仿和超越，創業者唯有對商業本質有著長期、終局的清晰布局，才能行穩致遠，進而有為。

小軍是我的老同事和多年好友，他在從事諮詢、投資與親身創業的過程中累積了大量的經驗，此書正是其職業生涯集大成之作，相信可以為廣大創業者打開一些新的思路，幫助他們在企業經營策略上攀向新的高峰。

北拓資本副總裁 **付昊**

小軍老師在全球頂尖的諮詢公司從事過商業顧問，同時又有多次創業經驗，也曾作為專業投資人與大量的創業者深度交流，見證了企業的創立、成長和發展。這些豐富的複合經歷，使得小軍老師更能深刻感觸到創業者對商業底層規律認知方面的欠缺和需求，特別是核心的商業模式相關知識。

《解碼商業模式》一書，從商業行為的本質出發，參照運用系統動力學的研究方法，闡述了商業模式的核心要素。它既是一本商業通識讀物，能幫助讀者了解商業模式的基礎知識，也是解決具體商業問題的工具書，能指導創業者建構和優化商業模式。書中後半部分提供了更為進階的思維認知內容。常讀常新，受益匪淺。無論你是初學者還是經驗豐富的專業人士，這本書都是必讀之選。

安朴資本合夥人 **王超**

讀完小軍發給我的書稿，驚嘆於小軍對企業經營核心底層邏輯的洞察，這絕不是一本教條化的書。如果企業是一艘船，創業者就是這艘船的設計師，商業模式是這艘船的整體結構，組織能力則是這艘船的發動機。小軍知識淵博、鞭辟入裡，因此這實在是一本能引導創業者在激烈的商戰硝煙中冷靜思考企業生存本質邏輯、核心能力的好書。

白雲山科技創始合夥人 **苗暉**

這是難得的一本針對創業者的書，無論你是創業新兵還是創業老兵，你都會感到很受益。它與其他關於教你機械地理解創業的課程或圖書有很大不同，它並不是要教你如何寫份商業計畫書這種「術」層面的內容，而是要教會你理解創業的核心是什麼，以及這些核心是如何讓創業者從一開始擁有一個想法到形成擁有核心價值的商業模式的。這些核心內容的提煉和總結，只有作為創業者經歷多次失敗後，才能夠領悟。

這本書將從「道」的層面幫助你在創業上獲得成功，真正引發你深層次的思考。這是一本寶藏級的書，因此我向大家推薦。

上海 STEM 雲中心創始人、中國 STEM 教育協作聯盟副主席 **張逸中**

在全球頂級管理諮詢公司當過策略顧問，擔任高校兼職教授，做過投資人，又創過業，這些經歷疊加，讓曾老師視野、思想、理論與實踐兼具。

書裡每個理論與案例都經過精心打磨、反覆驗證；商業的本質被有系統地拆解呈現，這能幫助我們理解其底層邏輯；案例解析幫助我們知其然並知其所以然。這本書對創業者有莫大的幫助，我向你隆重推薦。

熊貓不走創始人 **楊振華**

我十分推薦小軍老師的書，他是一位非常睿智的創業者。他本人理智而又溫柔，有才情且謙遜，他講的商業思維讓人醍醐灌頂、如沐春風，直擊本質。商業運行的第一推動力是什麼；企業如何在封閉性和開放性中保持動態平衡；第一、第二、第三曲線是共生關係還是消長關係；此刻企業應該競爭還是競合；保持開放的同時如何拎著警覺；是奮力反熵還是建構耗散結構；企業的宿命是成長還是生存；應對複雜性有沒有終極演算法？對於這些問題，你肯定都能找到答案。我強烈推薦你閱讀這本書！

新東方前校長、曼徹斯特英中協會中國代表 **葉安然**

未卡從創立至今，取得了不俗的成績。我深感商業模式對企業的重要性。對於未卡，我們的核心壁壘正在於透過「集體想像」產生的「符號化設計」所建立的品牌信仰和價值體系。透過這種價值體系，我們為消費者提供了來自志趣相投的同伴的強烈歸屬感，從而進一步傳遞出更高層次的忠誠度，最終達到頗具傳播性和話題度的產業「爆款製造機」地位。各位讀者朋友，如果你在尋求如何搭建品牌價值體系的方法，並在探索商業模式的更多可能性，相信在這本書裡，你可以找到屬於自己的答案。

未卡創始人、華創資本合夥人 **唐納德・康**（Donald Kng）

每年有大量的計畫和努力並未真正有效創造價值，讓創業創新者們成為主動探索者和行動者的性格優勢，卻也容易使其陷入一種認知盲點和執念之中。這時候，我們需要一面鏡子，需要一名導師，作為我們的智庫與教練，作為我們的思維的「私董會成員」，來讓我們少走彎路，看清正確的道路，刷新看清和走出彎路的能力。而這，就是我推薦這本書和這位作者的原因。

再強的人，也容易身陷其中，未必看得清真正的價值、深層的靈魂、近在咫尺的路徑，思維和認知迭代顯然已不足夠。我們都想創建的是一種如同跑車引擎一樣真正高效的系統，然而，系統思考——引擎式思考的能力，遠非正回饋、負回饋這麼簡單。超越商業思維來看看手上的大小計畫，把它們當成一個系統，當成一個生命體，就能了解它們的系統性、生命力是怎樣被看見的，又是怎樣一點點顯形的。跟他一起來看見，與顯形之。

一本好書，可以是數十年的良師益友，伴你左右。但如有可能，我更推薦你認識作者這個人。關於「手藝」的力量和手感，關於文字背後的那個思想和靈魂，關於深邃的探索、表達與建構，丟向強者以碰撞彈回來的自己，才更能真正地成長不是？

書聲創始人、首屆混沌學園全國思維模型大賽冠軍組成員 **丁布**

進入 21 世紀的第三個十年，不管是創業者還是夢想創業的年輕人，都需要更嚴肅地面對一個詞——「不確定性」。要大膽擁抱不確定性帶來的機會和階層躍遷，但同時也要正視隨之而來的風險和損失，一腔孤勇的激情不再足夠。「百年未遇之大變局」之下，要求這一代的創業者必須具備「更理性」的思維結構和方法論來武裝自己。

如果有一本書，能足夠敏銳地發現很多很有意思的案例及其背後超出產業的認知；能推崇本質，找到商業模式真正的價值，以及這價值的變現方式；能給予系統性思考，讓所有不可控的變數在可控的範圍中運行，那麼對所有帶有「創業者」標籤的夥伴來說，它就是一把趁手的武器。小軍的這本書恰恰就是這把武器。

虎撲前聯合創始人、牛牛成長創始人 **葉峰**

「現代管理學之父」彼得．杜拉克說，企業間的競爭，不是產品的競爭，而是商業模式之間的競爭。我與小軍相識數年，他曾就職於麥肯錫，也是連續創業者和投資人，具有豐富的諮詢、創業和投資經驗，在商業模式領域造詣頗深，獨樹一幟。這本書對創業者和企業管理者有極大的借鑒意義，值得一讀再讀，常讀常新。

碼點資本創始合夥人 **李書朋**

筆記俠是一個擁有數百萬粉絲的專業商業知識分享平臺，作為其創始人，我深知商業模式的重要性。

商業世界最大的風險，就是在錯誤的方向上用盡全力。這本書並沒有講商業成功的表象，而是以系統論的視角解析了商業模式的底層邏輯。這會讓你看透商業模式的本質，知其然，並知其所以然。

我強烈推薦這本書給你，它可以幫助你系統地建立商業模式體系，更好地洞察未來的商業發展趨勢，抓住大變局環境下的商業機會。

筆記俠創始人 **柯洲**

這本書透過重新定義商業系統的本質，展示了一個全新的商業邏輯架構。當企業被視為一個生命系統而非可預測和可控制的機器時，我們看待

商業的「世界觀」就會不一樣。生命系統是如何運作的？系統內部如何協同？在系統之外，如何快速適應外部環境的變化？當我們不斷追求企業成長時，我們到底在追求什麼？

你什麼時候看過一本商業模式類圖書在探討這類話題？這本書的亮點在於，它揭示了商業的本質與規律，提供了一個看待商業模式的全新視角，當無數的學者都在絞盡腦汁地對商業模式進行定義時，這本書卻提出「商業模式是什麼不重要，重要的是用來做什麼」。如果企業是一艘船，創業者就是這艘船的設計師，你想把船設計成什麼樣，完全取決於這艘船的目的和用途。畢竟，再好的舵手也無法駕駛一艘遊艇去打仗。這本書中提出的理論框架就像是一個指南針，我們要時常拿出來看一下，才不至於迷失方向，最終駛向成功的彼岸。

雷雨資本創始合夥人 **俞文輝**

為什麼在同一個產業中，不同的創業者創造出的經營成績可能差距10倍、100倍，甚至1000倍以上？如果你希望運用系統思考來解碼商業模式，那你一定不要錯過小軍的這本《解碼商業模式》。

透過小軍的引導，你將學會從一個整體、全面的角度來審視商業模式，了解其背後的驅動力和因果關係。無論你是創業者、企業主管還是正要打造個人IP的個體，都能從這本書中獲得一些實用的知識和方法，從而建構真正具有競爭力且能夠持續成長的商業模式。

知名企業經營顧問、「林恒毅同學會」創業社群發起人 **林恒毅**

無論你是想創業還是已經開始創業了，也無論你是產品經理還是企業主管，都值得花時間讀讀這本書。作為小軍的同事，在與他共事的過程中，

我深刻感受到了他對商業模式的獨特理解和專業性。我第一次讀到這本書的初稿時，非常欣喜。他用多年的累積沉澱建構了一個原創的商業模式體系，非常有啟發性。讀他的書，在字裡行間都能體會到他的努力、認真、責任感，以及超越他年齡的深度思考和智慧！快去讀讀吧！

老鷹基金管理合夥人、渠樂投資創始合夥人 **樊優先**

推薦序 1

未來商業模式的變與不變

| 老鷹基金創始人 **劉小鷹** |

ChatGPT 和大模型的誕生讓整個世界陷入迷茫之中，我們正式進入真正的人工智慧（AI）時代，所有人都覺得，這個世界變化太快了。

作為一位投資人，在過去的 20 年，我有幸參與了近千個計畫的投資，親身見證了全球商業的發展，好像看起來這個世界的發展是由科技推動的，但是作為投資人，我深知商業模式在其中的決定性影響。

很多人會把創新分為技術創新和模型創新，對此我是不認同的，它們其實是相輔相成、互相推動的，新的技術會催生出新的商業模式，而新的商業模式又會進一步推動技術的發展，這就是小軍在書中所提到的：以系統思維來看待系統內的組成要素，以及要素之間的關係。

在多年的投資經驗中，我發現商業模式是一家企業的核心動力和長期競爭優勢的源泉，但是對於這個主題的研究，除了商學院的教授和學者之外，幾乎沒人敢碰。這樣一來，我們在市面上所能看到的關於商業模式的書籍就存在一個普遍性的問題：學術性太強，缺乏實戰經驗，讓人看完之後總會有一種「說得都對，但是你不懂我」的感覺。

因此，當我聽說小軍花多年心血寫了一本關於商業模式的書時，我立刻心生好奇，並急切地想要了解其中的內容。為什麼他敢觸碰這樣一個龐大的主題呢？憑什麼？

小軍早期在麥肯錫做策略諮詢顧問，受過比較系統化的商業訓練，服務過很多《財富》500 強企業。離開麥肯錫之後，小軍連續創業過兩次，並且他的創業公司均被成功收購。這些經歷讓他完整地經歷了企業從 0 到 1 是如何做的，又見識過從 1 到 100 的樣子。

當創業有了一定成績之後，小軍開始成為一個職業投資人，每年看幾百個計畫，用投資人的話叫擁有了「上帝視角」。但是這些經歷都偏實戰經驗，缺乏學術背景。為此，小軍又受聘成為多家大學的特聘教授，講授商業模式課程，對商業模式的底層邏輯進行系統性的學術研究，其課程深受學生好評。

小軍現在也是老鷹基金的投資合夥人。他對商業模式的研究，經過了在多年的投資經驗中不斷總結提煉和迭代，最終形成了這本書。

透過這些經歷，你現在可以相信他完全有這個實力去寫這樣一本書。經過仔細閱讀和深入思考，我有信心為這本書寫下推薦序，並向廣大讀者推薦它。

這本書的主要內容分為兩部分。第一部分聚焦於商業模式的基礎，以系統論作為底層邏輯，揭示了商業模式運行的「第一推動力」，即原動力。這部分的最大亮點在於，它以系統論的視角，透過分析和解讀商業模式中的各個要素及其相互關係，幫助讀者深入理解商業模式的內在機制。這本書不像其他的商業模式書籍一樣，會告訴你商業模式有 6 大要素或 8 大要素，它會告訴你重要的不是有幾個要素，而是要真正理解各個要素之間的關係是什麼。理解了這些原理和運行機制，你就不必拘泥於這些要素，你甚至可以建構自己的商業模式要素，這才是「真的懂了」。

當其他學者都在對商業模式是什麼進行定義的時候，這本書中指出這些定義都沒錯，但都是盲人摸象。這本書並不急於多給出一個新的定義，而是從系統論的視角提出，商業模式是什麼不重要，用來做什麼才重要。這種獨特的視角讓我們有了全新的啟發和思考，使我們更加全面地理解商業模式的價值和運作機制。

書中的第二部分進一步探討了商業模式的進階思維，也就是一個商業模式如何才能高效運行。很多人都說，企業的一切行為都是為了「成長」，而這本書卻提出一個觀點：成長是手段，不是目的。成長是為了更好地「活著」，所以企業的一切行為都是為了生存。

商業模式不僅僅是一個靜態的框架，它需要隨著市場環境和競爭態勢的變化而不斷演進和調整。在這部分，書中引入了進化、協同、耗散結構、免疫系統等方面的理論，與商業模式的運行機制和發展相結合。這種理論基礎令人驚歎，提供了全新的視角和指導原則，幫助我們理解商業模式的演化過程以及各要素之間的協同關係。尤其值得一提的是，書中以通俗易懂的語言闡述了這些深奧理論的要點，使它們更加易於理解和應用。

商業模式的重要性不言而喻。它對商業世界的發展產生了深遠的影響，決定了企業的競爭力和生存能力。在激烈的市場競爭中，一個高效的商業模式能夠為企業創造持續的競爭優勢，使企業能夠適應變化、創新發展。

作為一位投資人，我深知商業模式對專案成功的至關重要性。這本書以其系統性的理論基礎、實用的工具和豐富的案例，為我們提供了寶貴的知識和洞見。它不僅能夠幫助我們更加敏銳地識別商業機會，準確評估計畫的潛力和價值，還能指導我們在激烈的商業競爭中提升成功的機率。

因此，我強烈推薦《解碼商業模式》這本書，相信它將成為投資人、企業家和商業決策者的必讀之作。無論你是希望建立強大的商業模式，還是想要深入了解商業模式的運作機制和發展原理，這本書都將成為你不可或缺的指南和參考。

推薦序 2

低頭拉車的同時更要抬頭看路

| 阿里巴巴集團原副總裁、天貓創始總經理 **黃若** |

但凡創業過，或者從事管理經營的人都知道，企業運作需要兩種必備特質：低頭拉車，抬頭看路。

低頭拉車，指的是深入營運的每個細節，比如哪種產品有待優化、哪個環節的用戶體驗需要提升或哪個領域的成本結構尚未改善……

抬頭看路，指的是對企業發展方向的判斷，比如大到對宏觀經濟形勢、小到對周圍競爭環境的了解。這就好比一場野外長途行軍，你僅僅比對手行進速度更快是遠遠不夠的，更重要的是保證不走冤枉路，否則就是事倍功半。

遺憾的是，企業經營者們大多數長於拉車，短於看路。尤其有一種誤解，就是時常把看路輕視為浪費時間，或者以為那只是一些空談。小軍的這本新著《解碼商業模式》，恰恰在很大程度上幫助企業經營者彌補了這項弱勢。這在很大程度上得益於他早年在麥肯錫的經歷和現在風險投資人的身份，小軍的歷練使得他具備對商業模式的分析、判斷和梳理能力。

解碼商業模式，從紛繁的線條中理出清晰的商業發展路徑，並不僅僅是觀念上重視與否的問題，只有運用恰當的方法論才能獲得解題的答案。小軍在這本書裡毫無保留地分享了他的經驗與心得，例如：如何創造價值，建構從需求管理到價值轉化的價值系統；如何建構競爭態勢下企業的反脆弱能力；如何實現組織進化、協同共生效應等等。這些都是非常實用的描述。

我對商業模式領先有著深刻的體會和發言權，當年在阿里巴巴任職時，由我提出創意並提出開創平臺式 B2C 線上零售模式這一建議的時候，上上下下幾乎全是反對的聲音。畢竟當時電商以 C2C 模式獨大，輕易另起爐灶意味著給自身企業帶來不確定性，更何況當時中國或者海外都沒有這樣的模式存在。我之所以堅持己見，很大程度上是我多年養成的抬頭看路的習慣和鍛鍊使然，我很清楚地知道 C2C 無非是實體自由市場的翻版，一時間市場很熱鬧，但它終究難以成為持續性的主流商業模式。正因這份預判和堅持，新的電商格局才奠定。同樣的道理，今天的企業形態隨著用戶行為的演變和商業環境的更迭，正在浮現出尚未開發的新型模式。機會均等，就看誰具備先人一步的能力和勇氣。

購書大概是現今最划算的開銷了，一、兩杯咖啡的小錢，就能讓你從作者辛苦筆耕的作品中吸取養分，何樂不為？

推薦序 3

商業模式是什麼不重要，用來做什麼很重要

| 萬物為創投創始合夥人、朗科科技創始人 成曉華 |

我是小軍的投資人，從某種意義上講，我已經用真金白銀選擇了他並向你推薦了他。

在過去十幾年裡，我投資了 200 多家創業公司。資本圈中有一句話——「投資就是投人」，但是很少有人繼續深入思考：投什麼樣的人？或者投人的什麼呢？其實答案就是投一個人的認知能力。這就像是有一座冰山，大部分人看到的都是冰山的表象，少部分人可以看到冰山下的結構，而只有極少數的人知道冰山是如何形成的。

這就是認知能力的區別，這也反映了本書最大的魅力所在。它想告訴你的不是「什麼是商業模式」或者「商業模式有幾大要素」這樣的填空式答案，而是告訴你「商業模式是如何形成的」「商業模式是如何運行的」這樣的底層認知。

當小軍第一次告訴我，他要寫一本商業模式的書時，我的第一感覺就是他膽子太大了，商業模式類的書可不好寫。

我有兩次實體創業經歷，一家公司已經上市，一家公司正在上市中，第三次創業就做創業投資了。哪怕我有創業和投資的經驗，說實

話，我也不敢寫一本關於商業模式的書。

當我仔細了解小軍的經歷後，包括他在麥肯錫的工作經歷，創業以及投資的經歷，還有作為大學兼職教授給商學院學生講課的經歷，我開始對他有信心了。當我通讀了這本書的初稿之後，真是眼前一亮。

首先，所有的商業模式相關書籍都會對商業模式進行定義，而本書給了一個完全不同的視角。當我們對一個事物進行定義的時候，其實無論如何定義都是盲人摸象，好像都對，但是都無法做到全面。所以，本書拋開傳統意義上的定義，以系統論的視角來解讀商業模式的定義：商業模式是什麼不重要，用來做什麼很重要。為什麼需要商業模式？商業模式是如何形成的？換句話說，當我們創業的時候，是為了解決一個社會問題，但是解決問題真正的本質不在於解決方法，而在於需要洞察問題的根源：這個問題是如何形成的？

其次，所有的商業模式相關書籍都會告訴你商業模式有幾大核心要素，而本書卻告訴你，不要去做這類「填空題」。比如經典的商業模式圖有 9 大核心要素，本書卻拋開這些具體要素，引導你進一步思考，為什麼是 9 大要素，而不是 7 個要素或者 5 個要素呢？這些要素之間是什麼關係？更重要的是，這些要素難道是在創業之初就需要具備的嗎？如果你不理解這背後的邏輯，最後學會的就只是如何做「填空題」而已。

最後，這本書的第二部分進行了非常大膽的探索。這部分用生態學和進化論的視角解構企業成長的困境和路徑；用協同論和耗散結構論的思維來解構組織協同和組織活力的本質；用免疫理論、生物學思維來解構企業的抗風險和反脆弱能力。可以說，這將是一場讓你酣暢淋漓的思想實驗。

我對商業模式的最初理解來自自己的創業經歷，即隨身碟（USB 快閃記憶體）的發明，這其中隱藏了一個看起來是理所當然的商業模式。

在隨身碟出現以前，其實已經存在快閃記憶體讀卡器了，它可以透過連接線連到電腦的平行插槽或 USB 插槽，這樣快閃記憶體卡插進去以後，電腦同樣可以讀取資料。從表面上看，隨身碟就是一個非常簡單的硬體，它僅僅是把讀卡器與快閃記憶體卡合二為一了，但實際上它呈現了一種多樣化的商業模式：

- 根據不同的隨身碟儲存容量，可以制定不同的價格；
- 隨身碟可以有不同顏色和圖案、不同形狀的外觀（豐富多彩）；
- 隨身碟可以有多個邏輯磁碟（包括加密磁碟和非加密磁碟等），並且都存在於一個物理磁碟上；
- 隨身碟可以模擬光碟等；
- 隨身碟沒有像快閃記憶體卡那樣往讀卡器裡插拔的過程，因此它不僅更簡捷而且大大提高了可靠性。

可見，表面上看隨身碟僅僅只是進行了簡單的二合一，但其市場空間一下就打開了。最熱鬧的時候，深圳有幾百家隨身碟生產廠，我還跟朋友開玩笑說，蘋果和隨身碟的商業模式是相似的，因為在蘋果推出智慧手機之前，其他品牌的手機都有一個插口是可以外接快閃記憶體卡來升級容量的，但是蘋果智慧手機的快閃記憶體容量是固定的，不能升級，用戶在購買時就只能選擇好合適的快閃記憶體容量。固定的快閃記憶體容量還有一個好處，就是防止插拔次數多了使手機損壞。

當然，僅僅透過這個案例來解釋商業模式是不夠全面的。很多人把商業模式簡單理解為盈利模式，這是一個嚴重的誤解。其實，盈利模式只是商業模式的一部分。上面的案例只是簡單羅列了與商業模式有關的幾點內容，事實上，它還包含商業模式的很多組成部分，比如：如何創造獨特價值，如何建構核心競爭力，如何建構盈利模式，如何打造可持續性等等。令人高興的是，這本書將這些內容逐一解碼，為我們做了非常體系化的解構。

巴菲特有一句名言：投資一家公司，其實就是投資一家公司的商業模式。但是在多年的投資生涯中，我發現部分創業者對商業模式的理解都是錯誤的，這不就是開篇所說的「認知能力」問題嗎？這也許就是小軍寫這本書的動機：這本書叫《解碼商業模式》，但是開篇就不講任何和商業模式相關的專業內容，而是講系統思維，因為作者想嘗試先打通你的任督二脈，然後再帶你進入主題。

最後，我想再次向你推薦這本書，相信你一定能獲得啟發。

前言
如何從一個想法到一個商業模式

我曾經在美國麥肯錫公司擔任策略顧問，負責給企業做諮詢。每家企業的創始人或主管來諮詢時，都會迫不及待地跟我說企業目前遇到的各種問題：這次可能是產品不行或團隊不行，下次其他人又會說營運不行、銷售不行、盈利模式不行……其實，這些問題都只見樹木不見森林，都不是本質問題。什麼是本質問題呢？

如果你覺得盈利模式不行，那可能是因為你的產品和服務模式導致盈利模式過於單一；如果你覺得產品不行，那可能是因為沒有找到真正的用戶需求或沒有解決用戶的行動能力問題；如果你覺得銷售不行，那可能不是因為你的銷售團隊或銷售通路不行，而是因為你理解錯了「什麼是有效的市場」，你沒有找對市場。

我們所看到的問題往往是現象，而不是真正的原因，而且每一個問題都是一個系統問題，會牽一髮而動全身。我們常說要透過問題看本質，但很少有人可以真正做到。

作為投資人和商業顧問，在眾多產業和計畫當中，我們如何判斷出哪個專案值得投資，或者如何能為不同產業的企業提供諮詢服務呢？很負責任地說，這並不是因為我們什麼產業都懂，而是因為我們掌握了某些商業的規律和思考方法，能夠洞察商業的底層結構——商業模式體系的架構。

那麼，商業的底層結構是什麼？有哪些一以貫之的邏輯及隱秘的規律？它們如何幫助你找到商業模式的「真問題」？針對這些問題，我將自己過去十幾年的諮詢和投資經驗凝練、總結到本書中，與你一起探討。希望你也可以像那些投資人和頂級商業顧問一樣，掌握這些最重要的商業思維和方法，從而在職場或創業過程中少走彎路。

在複雜的商業世界找到不變的規律

我想先問一個問題：如果把企業比喻成一艘船，那麼創業者在這艘船上扮演的應該是什麼角色？有人說是船長，有人說是舵手，有人說是發動機等等。管理學大師彼得．聖吉（Peter M. Senge）曾說：「創業者首先是這艘船的設計師。」作為「設計師」，創業者要明確設計一艘船的目的是什麼。目的不同，決定了這艘船的整體結構也不同。如果你的目的是打仗，卻將船設計成了遊艇，那麼再好的船長和舵手也無法駕駛它去完成任務。

如果企業是一艘船，那麼這艘船的整體結構就是企業的商業模式。設計這艘船的目的決定了它的結構、所處的環境，以及它即將迎來的風險和挑戰。說到商業模式，很多人會直接把它等同於盈利模式。其實，這是一個嚴重的誤解，盈利模式並不等同於商業模式，它只是商業模式的一環。

如果你上過一些商業類的課程，那麼你可能聽過大名鼎鼎的「商業模式圖」，它應該是目前市面上最受歡迎的商業模式輔助工具之一。工具雖好，卻容易給人以誤導：好像只要在這個「圖」裡把「空填好」，商業模式就形成了。這就好比用一個萬能模具來打造一艘獨特的船，可能嗎？在我的諮詢和投資生涯裡，我看過太多這樣的「填空題」了。

市面上大多數商業模式的書籍和課程都會告訴你，一個商業模式應該包含9大要素或者6大要素等，為什麼不是5大要素或者8大要素呢？如果你不理解商業模式的內在系統邏輯，那麼你最終學會的還是做「填空題」。

當你一直找不到創業突破點，或者企業經營幾年之後遭遇成長困境時，你可能以為癥結在於客戶問題、市場問題或者組織問題等，但這其實都是只見樹木不見森林的假像。你現在遭遇的所有困境都是之前的問題沒有解決所導致的，對嗎？也就是說，問題的種子在一開始就埋下了。然而，你卻不知道問題出在哪兒，所以才會頭痛醫頭、腳痛醫腳。那麼，我們該怎麼做呢？

《孫子兵法》強調，我們要追求做贏家，不要追求做英雄。真正的贏家是贏在大機率事件而不是小機率事件上的人，他們追求的是持續地贏。在小機率事件上成功，可以讓一個人成為英雄。

孫子說：「夫未戰而廟算勝者，得算多也；未戰而廟算不勝者，得算少也。多算勝，少算不勝，而況於無算乎！」大意是：未戰之前就能預料到取勝的結果，是因為籌劃周密、條件充分；未開戰而預料到取勝的機會小，是因為具備的取勝條件少。條件充分則取勝機率大，條件不充分就會失敗。

在大數據時代，有一種觀點叫「小步快跑，快速迭代」。這當然沒有錯，問題是大部分人在剛開始的一小步就錯了，連跑起來的機會都沒有，還談何快速迭代呢？做產品為什麼要做最小化可行產品（Minimum Viable Product，MVP）原型？這背後的前提假設是這件事的不確定性大，所以需要做 MVP 原型進行測試。如果你所做的事情確定性很大，那還需要測試嗎？

這個問題的答案體現的就是《孫子兵法》說的「勝而求戰」，而不是戰而求勝。首先，創業者資源有限，只有一顆子彈時要打向哪裡？正確的路只有一條，但是錯誤的路有無數條，只有先設計出一個大機率正確的方案，才能去測試，否則一開始就失算了。其次，是測試 5 分鐘的效果、一天的效果，還是測試一年的效果？有時候堅持下去可以活，有時候堅持下去還是死，真的撞到南牆才回頭就是賭運氣。

巴菲特把「機率論」作為自己的投資哲學。為了解釋這種哲學，他喜歡用棒球來打比方，尤其推崇著名棒球運動員泰德·威廉斯（Ted Williams）的做法。雖然我本人根本不懂棒球，但我特別受啟發。威廉斯是過去 70 年來唯一一位單個賽季打出 0.4 打擊率的棒球運動員。在《打擊的科學》（*The Science of Hitting*）一書中，他闡述了自己的技巧：把擊打區劃分為 77 個棒球那麼大的格子，即使有可能三振出局，他也只在球落到自己的「最佳」格子時才揮棒，因為揮棒去打那些「最差」格子會大大降低成功率。

巴菲特說，作為投資者，你可以一直觀察各種企業的股票價格，把它們當成一些格子。在大多數時候，你什麼也不用做，只要看著就好了。每隔一段時間，你將會發現一個速度很慢、線路又直，而且正好落在你最愛的格子中間的「好球」。這時你就全力出擊。只要如此，無論天分如何，你都有極大的可能提高上壘率。許多投資者的共同問題是他們「揮棒」太過頻繁了。

《孫子兵法》教導我們：做任何事情，不求勝，但求不敗。要想不敗，就要做大機率的事情。**在商業世界裡，如何提升不敗的機率？我們需要在複雜變化的商業世界裡找到不變的規律，洞察商業的底層邏輯，真正掌握看本質的能力，這就是本書想帶給你的收穫。**

用系統論的視角解碼商業模式

有一個朋友看完本書初稿後向我提出了一個問題：如果將這本書濃縮成一場時長 18 分鐘的 TED 演講，用一、兩句話來表達這場演講值得傳播的觀點，那麼你會怎麼表達？我思考了一下，寫下了兩句話：

- 商業運行的第一推動力是什麼？
- 企業的一切行為不是為了成長，而是為了活著。

這兩句話便形成了本書的兩個核心部分。在第一部分，我將幫助你打通思維上的「任督二脈」。哪怕你沒有任何商業基礎，我也會幫助你明確商業模式的底層邏輯和運行機制。我將這種邏輯和運行機制稱為「商業運行的第一推動力」，也就是商業模式的原動力。

我會拋開傳統的商業模式定義，從系統論的視角帶你領略商業模式的底層結構，發現系統背後的第一推動力。這個推動力是商業的「指南針」，我們需要緊緊圍繞它來建構商業模式的底層結構和方法論，我給這個「指南針」取名為「價值循環系統」。

價值循環系統包含 3 個環節：創造價值、交付價值和獲取價值。圍繞 3 個環節的實施過程，我建構了具體的方法論，進而形成商業模式的 4 個子系統：價值系統、能力系統、盈利系統和成長系統。這 4 個子系統環環相扣，缺一不可，它們將幫助你建構商業模式體系的地基。

如果你是一位經驗豐富的創業者或企業主管，那麼本書的第二部分就是為你準備的。有人說企業的一切行為都是為了成長，我對此不敢苟同。我認為成長是手段，那麼成長的目的是什麼？是為了活著。所以，在第二部分，我們要解決的問題就是，當我們建造了「一艘船」（商業模式）之後，如何確保它在高效運行的同時擁有對抗風險和不確定性的能力，從而持續地活著。在這部分，我將為你介紹 4 大動力系統：進化系統、協同系統、耗散系統和免疫系統。它們之間環環相扣，缺一不可，是支撐商業模式在面對風險和不確定性時實現持續進化的重要動力系統。

建構屬於自己的思考框架

本書是不是只適合創業者？當然不是。

如果你正準備打造個人 IP，那麼本書可以幫助你從個人品牌的定位，到產品的設計、銷售體系的建立，再到價值的變現，建構完整的個人 IP 商業模式系統閉環。

如果你是企業的中層領導或主管，分管公司的一部分業務，那麼本書可以幫助你站在頂層設計者的視角去思考你所分管的業務，它們也是一個個子系統。

如果你是產品經理，那麼看完本書，你一定會有一個新的視角，實現從產品體系到商業體系的認知升級。

如果你正準備創業或者已經在創業的路上，那麼相信本書可以幫助你少走彎路，從一開始就找對目標，走對方向。我會帶你從思維、理論到方法和工具逐步建立商業模式體系，幫助你擁有真正的商業洞察力。

你可能經常學習各種經營方法，這就好比你的電腦裡裝了很多應用程式，但作業系統還處於低級模式，因此再高級的應用程式也無法運行，甚至無法安裝。本書不僅要幫助你學會「應用程式」的操作方法，而且更重要的是，將為你安裝一套新的「作業系統」。

本書和其他同類圖書最大的不同之處在於：別人為你提供的是一幅「地圖」，我為你提供的是一個「指南針」。指南針與地圖都能指引我們到達目的地，但有所不同的是，指南針可以幫助我們辨別方向、明確自身定位，從而讓我們根據自身定位不斷思考前往目的地的路徑。在這個過程中，我們提升了內在的能力。而地圖可以展示全景圖，我們可以根據它的指示找到最佳路徑，快速抵達終點。從表面上看，這個工具更加高效，但長此以往，我們會形成路徑依賴和思維定型。一旦地圖更新不及時或者沒有地圖參考，我們不具備識別方向能力的弱點將暴露無遺。

本書的主題是商業模式，但其中沒有當今世界五花八門的商業模式。因為你不需要學習那些模式！我想給你的是一個指南針，本書的目的是幫助你建立思考框架，洞察商業模式的底層邏輯。在你閱讀本書的過程中，我有兩個建議。

第一個建議，希望你能記住自己是本書案例的當事人。希望你可以置身於案例之中，站在當事人的立場上思考問題及提出解決方案。請你問自己幾個問題：如果是我，我會如何做？為什麼要這麼做？我是如何得出這個結論的？希望你可以和同事、朋友一起就案例展開討論。「如果我是XXX，我會怎麼做？」，這句話可以成為你們腦力激盪的語境。透過這樣的換位思考，相信你將獲得更多的視角和無數新的可能性。這樣做的目的並不僅僅是要找到企業面臨的問題和解決方案，更重要的是，要透過這樣的思想實驗和訓練，跳出思維定型，從不同經營者的視角得出自己的結論。如此訓練，日積月累，你就能提高制訂解決方案的能力。

第二個建議，本書的每個章節既環環相扣，又自成體系，你無須從頭到尾逐字閱讀，可以像拆盲盒一樣來閱讀。更重要的是，請你不要把它讀「完」，也就是不要讓它閒置在書架上，請讓它保持「隨時可讀」的狀態。在遇到企業經營問題時，你可以把它當成一本工具書，隨時查閱。請你把它放在而不是供在書架上。畢竟，指南針的作用是隨時幫助你糾正方向。

接下來，讓我們即刻啟程，開始通往商業本質的探尋之旅。

引言
系統思維與商業模式

作為投資人，我每年要看近千份商業計畫書，見上百個創業者，但他們之中最終能夠獲得融資的只有1%左右。我和很多投資人聊過這個問題，發現這一比例具有普遍性。失敗的專案是否存在共性的問題呢？

高瓴資本創始人張磊[1]經常說：「投資就是投人。」這句話在整個資本圈已經成為一個共識。那麼，「投人」是指投什麼樣的人，還是指投人的什麼呢？其實它指的就是投一個人的認知能力。這意味著創業計畫之所以失敗，大部分原因是創業者的認知存在局限。

原字節跳動創始人張一鳴在一次採訪中講道：「我越來越覺得，對事情的認知是最關鍵的，你對一件事情的理解，決定了你在這件事情上的競爭力，創業公司在早期差距其實不大，可能（比別人）多了幾十人，或者帳上比別人多了幾千萬（元），但是認知不同，這個差距會越來越大。」

---

1 張磊在《價值》一書中第一次系統闡述了他對投資的全方位思考，第一次全面剖析了高瓴資本的投資體系和創新框架。——編者注

然而，「認知」這個詞涵蓋的範圍太廣，以至於連定義它都難，「如何做」更是讓人無能為力。在引言部分，我將從「認知」這個角度幫助你洞察「失敗」的邏輯，尋求認知的進化路徑。

魚缸如果長時間不換水，裡面的水一定會發臭，魚也養不活。水發臭了，你會趕緊換水，清理發臭的垃圾，換上新的沙子和水草，可是用不了多久，水又會發臭。該怎麼辦呢？

我們在生活中經常會遇到類似的問題，一個問題出現了，我們會馬上想著去解決它。然而，就像清理發臭的魚缸一樣，我們以為換上新的水、清理了垃圾就好了，可事實上這並沒有真正解決問題。

解決問題的前提是找到「真問題」。大多數人會把問題簡單歸因，他們看到的都是表象，沒有發現問題的本質。之所以會這樣，是因為我們生活在一個複雜系統裡。在這個系統裡，任何現象都不是簡單的線性因果關係，而是有很多錯綜複雜、相互影響的變數影響著結果。

魚缸也是一個複雜系統，裡面有水草、小魚、各種微生物和有機物等要素。想要解決魚缸發臭的問題就必須了解清楚原因。如果魚缸中的水太深，就會導致水底缺氧，使水體發臭的厭氧微生物就會大量繁殖，從而導致整個魚缸系統被污染。如何解決這個問題呢？很簡單，只需要安裝一個水泵，讓水底充滿氧氣即可。

在一個複雜系統裡，各種要素相互影響、彼此關聯。如果我們的思維方式還停留在處理簡單問題的水準上，沒有深度思考的能力，那麼當我們試圖用慣性思維和習以為常的邏輯去解決複雜問題時，往往會頭痛醫頭、腳痛醫腳，治標不治本，失敗的種子就此埋下。事情會按照失敗的邏輯不斷發展，最終導致問題無法解決。

打破思維定型，學會深度思考

到底是什麼阻礙了深度思考？我們先來看一則故事。

美國著名科幻小說家以撒·艾西莫夫（Isaac Asimov）屬於「天賦極高」的那類人。他年輕時做過很多次智商測試，分數均在160左右。

有一天，艾西莫夫遇到一位熟人。這位熟人對他說：「博士，你的智商很高，我想請你做道題，看你能不能答得出來。」艾西莫夫點頭同意。「題目是這樣的：有一位聾啞人想買幾根釘子，他來到五金店，對著售貨員比手勢，左手食指放在櫃檯上，右手握拳敲擊，於是售貨員遞給他一把錘子。但聾啞人搖了搖頭，於是售貨員明白了，這位顧客想買的是釘子。聾啞人買好釘子，高興地離開了五金店。接著又來了一位盲人，他想要一把剪刀，請問：盲人會怎麼做？」

「盲人肯定會這樣……」艾西莫夫邊回答邊伸出食指和中指，做出剪刀的形狀。這位熟人開心地笑起來：「哈哈，答錯了！盲人想要買剪刀，他只需要開口對老闆說『我要買剪刀』就行了，幹麼要比手勢呢？」

智商160的艾西莫夫這時不得不承認自己確實是個「笨蛋」。那位熟人開玩笑地說：「在出題之前，我就料定你一定會答錯，因為你所受的教育太多了，不可能很『聰明』。」

實際上，這位老熟人所說的「受教育太多」與「不可能很聰明」沒有因果關係。人並不會因為學了很多知識而變笨，但會因為知識和經驗的增多而在頭腦中形成思維定型。思維定型會束縛人的思維，使思維按照固有的路徑展開。

什麼是思維定型？通俗地講，思維定型也稱慣性思維。就像物體運動有慣性一樣，人們往往習慣性地遵循以前的思路和經驗思考問題，這便是思維定型。在圖 0-1 中，我從點、線、面、體 4 個面向對思維方式進行了分類，分別是點狀思維、線性思維、框架思維和整體思維。這 4 個面向也是一個人思考能力的體現，它們決定著一個人的思維高度。這就是我們要尋求的認知進化路徑。

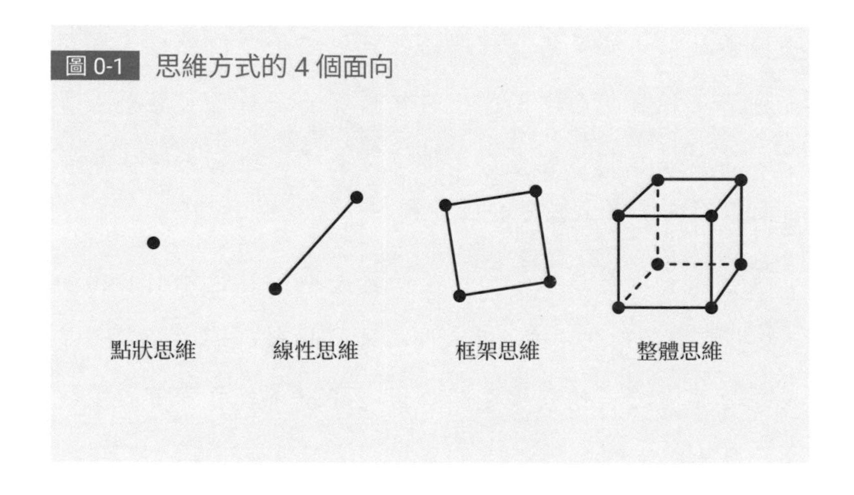

圖 0-1　思維方式的 4 個面向

點狀思維 有這種思維特點的人通常具有「簡單歸因」、「因果倒置」的思維定型，滿足於淺層的理解。比如，當一個男生太較真的時候，有人就會脫口而出「因為他是理科生」，這就是簡單歸因。再比如，每年都會有人說「今年經濟不好，生意真難做」，將生意難做的直接原因歸於經濟不好，以撇清自己的關係。

具備點狀思維的人除了會簡單歸因，也缺乏邏輯思維能力，容易陷入因果倒置的思維定型。比如，當一個產品賣得不好時，老闆會要求員工趕緊想辦法賣掉。老闆犯的錯誤就是把產品賣得不好當成原因了。如果把賣得不好看成結果，那麼導致產品賣得不好的問題才是真正的因。這裡的「因」，可能是品質原因，也可能是價格原因，還可能是消費群體不精準等原因。

其實絕大多數人都會犯類似的錯誤，比如沒錢了要趕緊去賺錢。如果把沒錢看成是結果，那麼一個人賺不到錢的原因可能是能力有問題，需要努力學習以提升能力，而不是埋頭苦幹或者到處尋找賺錢機會。

線性思維 具備這種思維的人大都陷入了「經驗主義」的思維定型。經常有人說，「我走過的橋比你走過的路還多」、「我吃過的鹽比你吃過的米還多」。經驗固然重要，但過去的經驗是否適用於當前環境還需要考量。

框架思維 **也就是最近幾年非常流行的思維模型**。具備框架思維的人已經具備一定的思考能力，在思考問題的時候不會只簡單歸因，也不會被經驗綁架。他們具備結構化的思維方式，經常使用一些商業分析模型，如 SWOT 分析模型、PEST 分析模型、BCG 矩陣、波特五力模型[1] 等。借助模型的好處在於可以強制自己拓寬思考域，從多個角度去思考問題。但是在日常工作中，很多人並沒有真正學會如何用框

1 波特五力模型是「競爭策略之父」、哈佛商學院教授麥可．波特（Michael Porter）於 20 世紀 80 年代初提出的概念。他認為產業中存在著決定競爭規模和程度的 5 種力量，這 5 種力量綜合起來影響著產業的吸引力和現有企業的競爭策略決策。

架思考問題，反而依賴框架模型、套用模型，好像只要套用了模型，就可以得出正確答案似的，這就有點削足適履了。

整體思維 一套嚴格的概念框架無疑有助於釐清問題，但也經常讓人錯把問題當成答案。人們總是渴望發現一套放之四海而皆準的方法和規律，但框架只是輔助思考的工具，而不是可以自動匯出答案的機器。我們需要理解框架模型背後的邏輯，比如，波特五力模型為什麼是「五力」而不是「六力」？這「五力」之間的邏輯和關係是什麼？這才是真正的思考能力，需要具備整體思維，也就是系統思維。真正具備思考能力的人，一定是具有系統思維的人。

建立系統思維，學會洞察本質

2014 年 5 月 6 日，騰訊宣布成立微信事業群，並任命張小龍為事業群總裁。當天，張小龍給內部團隊發了一封郵件，其中有一條內容著重強調了系統思維的理念：「記住我們的願景：連接人，連接企業，連接物體。讓它們組成有機的自運轉的系統，而不是建構分割的局部的商業模式。我們專注於基於連接能力的平臺，並將平臺開放給第三方接入，和第三方一起建造基於微信的人和服務的生態系統。系統思維也會幫助我們建造透明公正的商業體系，讓系統在規則下運轉，避免人為的干預。」

他還說過：「一個沒有系統思維的人，在認知上是不完備的。」那麼，什麼是系統思維？在回答這個問題之前，我們先來認識下什麼是「系統」。

請你先想像一個場景：有一輛自行車從你身邊經過。它為什麼會行駛？我經常在不同的場合提出這個問題。各種回答都有，有人說因為輪子是圓的，有人說因為有人在踩踏，為自行車提供了動力等等。如果是這樣，那麼請你看看圖 0-2。

圖 0-2 自行車解構示意圖

這還是一輛自行車嗎？所有的自行車零件都在，但是很顯然，它只是一堆零件，並不能被稱為「自行車」。這是為什麼呢？因為此時它沒有自行車的結構，不具備自行車的功能。自行車之所以被稱為自行車，除了因為它有必要的零件，更重要的是因為具備自行車的功能。當所有零件都按照一定的連接規則組合起來時，產生了相互影響的關係，這種關係形成了一個結構，結構產生了動力機制，也就是自行車的功能。這就是一個簡單的系統。一個系統的功能是由其自身結構決定的，就像人不具備鳥的身體結構，所以無法飛翔，跟風大風小沒有一點關係一樣。

請再來思考一個問題：當一個人在學校或者公司被傳染了流感時，他會說些什麼？「都是被你傳染的」、「在學校被其他人傳染的」，我們經常聽到這樣無奈的抱怨。當然這也沒什麼不對，但問題是，一個人之所以會被傳染，其實是因為他的身體環境正好適合病毒生存，而那些打了流感疫苗的人大都可以避免這樣的遭遇。

透過這兩個簡單的系統案例，可以得到一個結論：**任何現象都是系統運作的結果，而不是單一原因造成的。外在原因可能是導火線，系統自身的結構才是問題的根源。**著名心理諮商師武志紅老師講過一句話：「我，是一切問題的根源。」這句話正好符合系統論的核心思想。

◆複雜系統，簡單問題存在著複雜的變數

透過那堆自行車零件，可以發現，系統並不是一些簡單事物的集合，而是由一組組相互連接的要素構成的。這些要素之間存在一定的關係，形成一種結構，能夠實現某個功能（或目標）。所以，一個系統包含 3 個核心組成部分，我稱之為「系統三件套」。

- 要素，構成系統的個體（如自行車的零件）。
- 關係，要素與要素之間的連接關係與規則（如自行車的結構）。
- 功能（或目標），系統的功能或者系統運行的結果（如自行車的功能）。

然而，大多數人只能看到表面的要素（現象），無法看到背後的關係。這是為什麼呢？

我們繼續對自行車的案例進行拓展。當一位自行車運動員在比賽中奪冠時，人們通常會怎麼評價，「很厲害」、「有天賦」、「很努力」……

運動員之所以能得冠軍，原因有一個還是多個？如果把一場比賽看成一套系統，那麼這套系統裡的構成要素有哪些？有運動員、教練、場地、比賽裝備、天氣、觀眾、贊助商，還有比賽的規則、裁判等等。一場比賽的構成要素有這麼多，任何一個要素出了問題都可能直接影響到比賽的結果。但是，很多人看到的只有運動員這一個要素。

一輛自行車的結構是一套簡單系統，而把自行車放到比賽的場景下，它就進入了一套更大的系統。這套系統的構成要素更多、關係更複雜，系統的功能也不一樣。也就是說，一個問題的結果會受到很多變數影響，而且這些變數之間有相互關係，這就是一套複雜系統。

從這個角度來說，我們如何才能應對這個複雜的世界呢？答案是我們需要具備系統思維。

◆ 系統思維，用整體視角發現本質

系統思維就是從整體視角去看、去發現隱藏在系統背後的構成要素，這些要素背後有什麼關聯，以及這樣的組合關聯會如何達成目標。

人們經常說「透過現象看本質」，那本質到底是什麼？從系統論的視角看，本質就是系統內部的結構。著名商業顧問、潤米諮詢公司創始人劉潤說過一句話：「普通人改變結果，優秀的人改變原因，頂級優秀的人改變模型。」結構是如何影響我們的生活的？舉例來說，一位媽媽看見孩子的鞋帶散開了，你認為她會怎麼處理？

有的媽媽可能會一臉怒色地對孩子說：「教你這麼多次了，怎麼還是不會！」然後蹲下身幫孩子把鞋帶繫好。這位媽媽看到的是「沒繫好」這個現象。幫孩子，這種做法是「症狀解」。

有的媽媽會提醒孩子鞋帶散開了，並在孩子自己繫鞋帶的過程中觀察他繫鞋帶的方法有什麼問題，然後手把手地教他。這位媽媽看到的是「不會繫」的原因。教孩子，這種做法是「原因解」。

還有的媽媽會發現，原來爺爺奶奶每天都幫孩子繫鞋帶。這位媽媽改變結構，禁止代勞，結果孩子摔了幾跤之後，鞋帶繫得比媽媽還好。這位媽媽看到的是「不想學」的結構。讓孩子想學，這種做法是「根本解」。

結構就是系統背後的那個「黑盒子」，是大多數人看不到的本質。如果你對「黑盒子」視而不見，那麼無論你花多長時間思考（輸入），你期待的結果（輸出）也不會出現。

◆ 系統構成要素之間的回饋迴路

系統的結構到底是什麼？簡而言之，就是要素與要素按照某種關係連接起來的模型。系統要素就像自行車的零件一樣，連接起來之後，就開始互相影響，而不再作為獨立存在的個體。換句話說，結構就是「要素 × 關係」。

也許你會覺得關係很複雜。其實在系統的世界裡，關係很簡單，只有兩種：正回饋和負回饋。我們可以將之統稱為回饋迴路。有人會把正回饋和良性循環等同，這是不全面的。比如亞馬遜有一個著名的成長飛輪模型（見圖 0-3），它是一個良性循環的正回饋結構。

在亞馬遜的成長飛輪模型裡，降低成本結構是這個飛輪的原動力。有了更低的成本結構，就可以給用戶提供性價比更高的產品，從而提升用戶的購物體驗。而良好的用戶體驗可以進一步帶來更多流量，繼而吸引更多商家入駐。反過來，有了更多的商家就可以給用戶提供更多的品項選擇，從而不斷提升用戶體驗。

圖 0-3　亞馬遜的成長飛輪模型

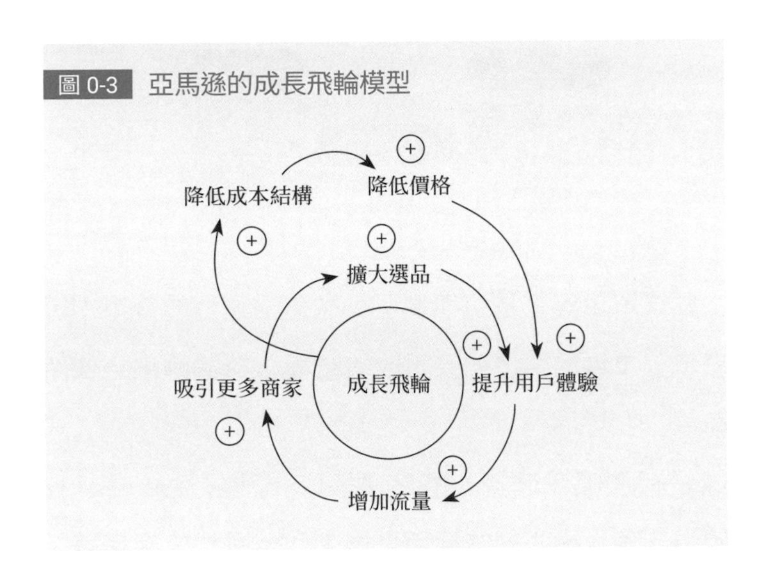

然而，在現實的商業世界裡，有人一看到流量下降就會想如何引流，如何購買流量。他們只能看到「症狀解」這個層次，或只能看到選品這個「原因解」。只有少部分人可以看到成本結構這個「根本解」。

這個成長飛輪模型的每一環都是正回饋（用加號表示），但是正回饋不等於良性循環，如圖 0-4 中兩家公司在市場上的競爭。A 公司投入廣告，促進了 A 公司的銷售成長。B 公司為爭奪市場投入了更多廣告，促進了 B 公司的銷售成長。雙方為了爭奪市場，廣告費越投越多。雙方看起來好像都是在促進銷售，但是廣告成本越來越高，甚至形成價格戰，都沒錢可賺，就看誰能拼到最後了。

在網路企業裡，這種模型很常見。比如，網路叫車的「補貼大戰」、

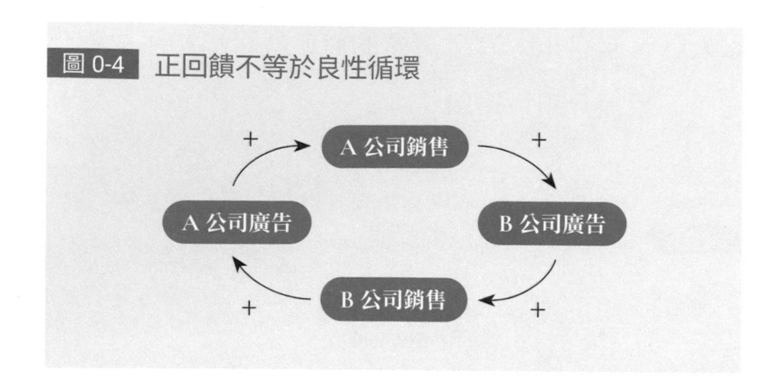

社區團購、共享單車等都是這種類型。在這種類型的競爭中，能拼到最後的才是贏家，市場的弱者如果不改變結構，無法跳出這個閉環，就會被淘汰出局。

負回饋是什麼呢？很多人將之理解成一種惡性循環，這也是不全面的。比如，一個人因心態消極而怠慢工作，導致業績變差，進而使心態更消極，形成惡性循環。但這樣的惡性循環不能等同於負回饋，負回饋是一個很重要的回饋迴路。比如，你在開車的時候，踩油門是一種正回饋行為，踩剎車則是一種負回饋行為，這種負回饋是很重要的調節機制。再比如，空調製冷的時候是根據室內外溫差來調節工作的，製冷是正回饋行為，當室內溫度達到你設定的目標溫度時，製冷就停止了，也就是產生了負回饋迴路。所以負回饋很重要，在系統中不可或缺。

在絕大部分情況下，一個系統內正回饋和負回饋都是同時存在的。例如，市場需求和價格之間的關係（見圖 0-5）。

當一種產品出現供不應求的情況時，需求增加導致價格急劇上漲，之後需求就會下降，進而導致價格也跟著降低。價格一降低，購買的人就又多了，需求再次增加，最後價格變化會逐漸趨於平穩的狀態。這就

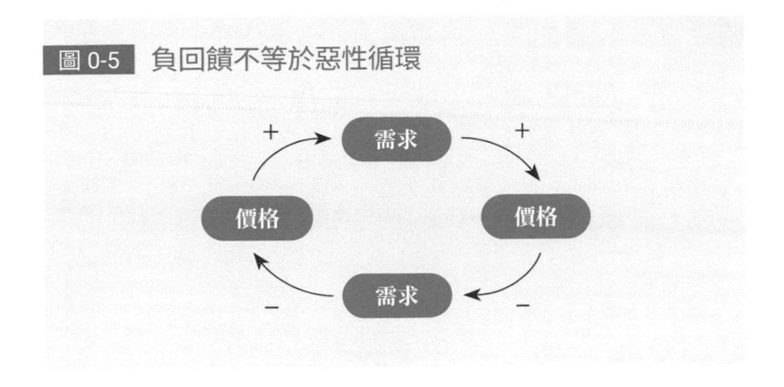

是一個典型的正回饋和負回饋同時存在的系統。

只有洞察到系統內部要素與要素之間的回饋迴路，才能真正洞察到系統的結構，也才能改變結構，真正從源頭尋找和解決問題，而不至於只看到表象卻忽略了問題本質。

◆ 系統的兩大特性

沒有系統思維的人，在一個複雜系統的世界裡總是焦慮的，對未來是迷茫的、失控的。他們總想著用各種方式預測未來，然而，預測總是失敗。

當我們在討論股價會不會下跌、房價會不會上漲、公司未來能否高速成長時，我們到底在討論什麼？其實，這是一個關於時間的問題。我們生活在一個四維的世界裡，四維即「三維空間＋一維時間」。三維空間是有結構的，那麼時間有結構嗎？當然有。時間會沿著一個（未來的）方向運動。事物隨著時間流逝產生的運動及結果就是時間結構。比如，一段旋律優美的音樂，它的結構就是在時間的方向上形成了有規律的音符變化。

在系統論裡，我們把時間結構稱為「動力機制」。也就是說，把一個結構放入時間的面向，就會形成一條曲線。比如，用力踩一腳自行車（結構），在接下來的時間裡（放入時間面向），自行車就會起步、加速，然後逐漸減速，最後停止。圖 0-6 中的曲線就是這個過程的時間結構。

圖 0-6　踩一次自行車腳踏板之後的時間結構

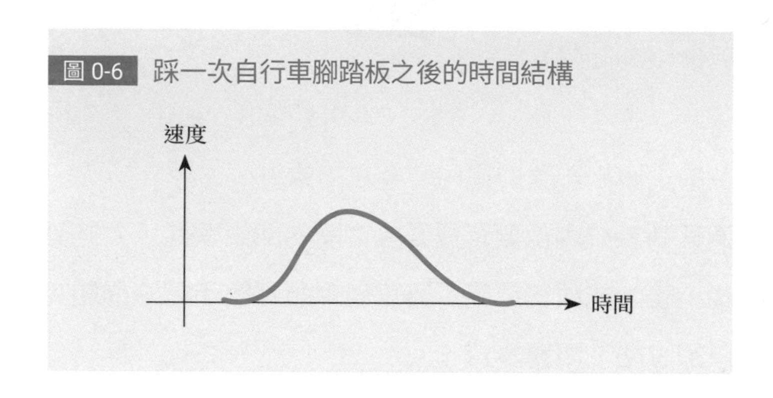

那麼，為什麼人們對未來的預測總是失敗呢？原因有以下兩個。

首先，大腦可以補全空間結構，但是無法補全時間結構。我們可以透過觀察得出空間的結構，如一棟房子的結構、一個物品的結構等，甚至可以腦補空間結構，如腦補出一張熟悉的照片裡空缺的畫面。

但在時間結構問題上，我們通常無法預測接下來或者更遠的未來會發生什麼變化。因為時間結構有一個特徵：非線性發展。比如，一個學生如果每天增加 1 小時補課時間，成績可以提高 10 分，那麼增加 3 小時的補課時間，成績能否提升 30 分呢？很顯然，這是不確定的，他很有可能會因此厭學。這體現的就是時間的非線性發展特徵。

非線性發展會造成震盪的現象。比如，股市的波動、股價的漲跌是受多方面因素影響的。上市企業的業績很好，但其股價也可能因為經濟環境變差而下跌，在差的經濟環境中個別股票也可能因為被追捧而漲價。沒有人可以預測股價未來的精確波動，因為未來是非線性的、不確定的，也是震盪發展的。

其次，非線性發展會導致另外一種現象，即大多數人在預測未來時總是忽略目標後面的隱藏結果。當我們發現一個問題之後，第一步是制定解決方案和目標，第二步就是展開行動。但這樣做往往只能改變現象，有可能會造成事態進一步惡化，今天的解決方案可能會導致明天出現新的問題。比如，一個人因便秘吃了點瀉藥，沒有馬上見效，於是他就繼續加大用藥量，最後解決了便秘問題，但導致腹瀉。

得到了結果 A，卻產生了結果 B，這是系統思維的陷阱，通俗地說就是「按下了葫蘆浮起瓢」。原因在於系統運行時會由於時間延遲而帶來隱藏結果，這體現了系統的兩大特性。

時間延遲要怎麼理解呢？下面舉例加以說明。往浴缸裡放滿水需要 10 分鐘，我們可以把正在放的水稱為「流量」，把浴缸裡的水稱為「存量」。存量達到一個閾值（放滿）需要 10 分鐘的流量累積（見圖 0-7）。

圖 0-7 時間延遲，存量與流量的關係

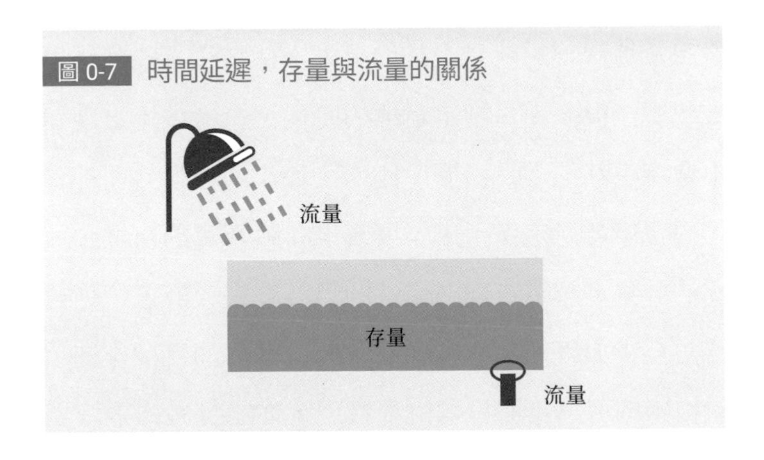

如果不斷往浴缸裡放水，10 分鐘之後還不停止，水就會溢出。這個溢出的過程就是系統運行的結果（現象）。

再比如，一對情侶分手了，表面看來原因只是一句話或者一件小事，但其實是因為壞情緒（存量）已經累積得太多，最後一件小事讓存量達到了閾值，壞情緒徹底釋放，導致關係破裂。所以維護情侶之間的關係就像保持浴缸裡的水量，要經常把那些「不乾淨的水」放掉，以免「水溢出」。

忽略時間延遲現象所導致的問題在商業世界裡無處不在。商品的價格作為市場變化的信號，素來被冠以亞當・斯密所說的「看不見的手」的雅號。可是，價格從消費的一方傳遞到生產的一方，不是瞬間能完成的，而要經歷整整一個單位的生產週期。這個週期可能是幾天，也可能是幾個月。隨著耗散時間的延遲，陰差陽錯的事接踵而至，最後預期與結果大相徑庭。以傳統的肉豬生產為例，年末豬肉的銷售價格居高不下，於是農戶紛紛養豬，大約半年後成豬上市，可是屆時豬肉價格已經崩潰，原因是市場進口了大量廉價的豬肉。

忽略時間延遲現象會讓我們顧此失彼，會讓我們在追求目標的時候忽略其他隱患。這體現的就是系統的另外一個特性：隱藏結果。隱藏結果最容易被忽視。很多人在制定目標的時候沒有考慮過實現這個目標的過程中會不會產生其他不良影響。比如，每年底，各公司都會設定第二年的目標，你也給自己定下了來年要實現年薪百萬的目標，並設定了各種實現目標的計畫。為了實現階段性的目標和完成計畫，你非常努力地奮鬥著，經常熬夜加班，事情有條不紊地朝著你的目標推進。可是到了年底，眼看當年的百萬年薪目標就要實現，你的身體卻累垮了。

我們總認為目標就是目標，和其他東西沒有關係，可是在這個世界上，任何一個目標都是某個系統中的一個因素，與其他因素都有關係，它們相互影響著。這就好比創業者很可能顧及不到家庭，也可能因創業而影響自己的健康。

解決任何一個問題都會有至少雙重的影響。在系統的世界裡，因果是具有互變性的，即追求一個結果時，這個果也是因。過去的經歷形成了現在的你，而現在的你如何做，也將決定未來的你。

用系統思維思考商業模式

為什麼需要在一開始花較長篇幅來講述系統思維的重要性呢？它和本書的商業模式主題有什麼關係？

我們的教育體制有理科和文科之分，大學更是有詳細的各種專業之分。受過專業教育的我們學會了用本專業的眼光看世界，從此，也被專業所束縛。但我們所處的世界分文理嗎？建造房子的工作是屬於文科還是理科呢？為創業做的事情是屬於文科還是理科呢？我們所面對的工作和生活中的挑戰，並不是按學科劃分的。一個人的學習成績好，並不能確保他找到一份好工作；一個人專業能力很強，並不代表他可以成為一位合格的管理者……類似的問題還有很多。

查理・蒙格說過，大多數人的一生，都喜歡用一個知識結構來解決所有問題。他提出了「多元思維」的概念。這是否意味著只要掌握很多思維模型就擁有了更高的認知水準？答案是否定的，這其實只是一種知識的堆砌，並不能產生真正的作用。我們需要看穿模型背後的結構，不僅要看到各種現象要素，還要看到要素之間的關係，最後將之融為一體。也就是說，我們需要有系統思維。

本書的主題是商業模式，然而我並不想跟其他同類書一樣，告訴你商業模式有幾個要素，再給你一張商業模式圖。當你看到這裡的時候，相信你已經明白了這個引言的用意。希望本書能夠為你打通思維上的「任督二脈」，帶你一起尋找認知進化的路徑，幫助你培養洞察商業本質的能力。

從此刻起，希望我們可以一起逃脫思維定型的束縛和陷阱，為認知裝上系統思維，實現認知升級。

第 1 部分

商業模式的
底層結構和運行機制

導讀

根據班傑明・葛拉漢（Benjamin Graham）的觀點，買股票就是買公司，而買公司的本質，就是買它的商業模式。那麼，什麼是值得買的好的商業模式呢？能賺錢的模式就一定好嗎？為什麼很多虧錢的公司依然受到資本的熱捧？商業模式就是盈利模式嗎？好的商業模式有什麼共通的規律？不好的商業模式有哪些共性？一個好的想法如何形成商業模式？是不是只要把一張所謂的商業模式圖填滿，就有了商業模式呢？

好的商業模式有助於取得商業成果，持續地創造價值，讓企業有更大機率贏、持續地贏。如何才能找到持續贏的突破點呢？關鍵是要在複雜的商業世界中找到問題的本質。但是我們最常做的往往是「頭痛醫頭、腳痛醫腳」。比如，為應對公司業績下降，做一些促銷活動來拉高銷售額，但只要不做促銷，業績就會下降。這是為什麼？因為我們沒有找到業績下降的根本原因。根本原因不是產品不行、品質不行或者價格太高等，而很有可能是我們完全不了解什麼是「有效的市場」。

想在商業世界裡持續地贏，就需要在一個更大的系統裡用更廣闊的視角去看待商業，掌握商業本質的底層結構。

本書第一部分旨在幫助你打通思維上的「任督二脈」，讓你掌握找到真正原因的方法，以及洞察商業本質的思維方式。哪怕你沒有任何商業基礎，也能看懂本書提及的商業模式的底層邏輯和運行機制。

我會拋開傳統的商業模式定義，從系統論的視角出發，剖析商業模式的底層結構，尋找系統背後的第一推動力。這個推動力就是商業的指南針，我們需要緊緊圍繞它來建構商業模式的底層結構和方法論。我給這個指南針取了個名字叫「價值循環系統」。

價值循環系統包含 3 個環節：創造價值、交付價值和獲取價值。而圍繞如何創造價值、交付價值和獲取價值，我將會建構出具體的方法論，進而形成 4 個子系統：價值系統、能力系統、盈利系統和成長系統。

在價值系統裡，我將從最基礎的需求講起，揭開創造價值的本質。我還提出了三維價值定位系統的模型，它能像導航系統一樣對產品進行定位。

在能力系統裡，你會了解到核心競爭力不是各種高科技技術，也不是一招打天下，而是基於價值定位所建構的獨特經營活動和業務的組合。我提出了醫生問診模型，讓你學會用醫生的思維去尋找問題，制訂解決方案並採取一系列連貫的行動。我們將重溫經典的競爭策略理論及競爭的演化，探尋核心競爭力的真相。

在盈利系統裡，我不會講述那些讓人一頭霧水的收入模式，而會帶你一起去找到盈利模式的構成路徑。這條路徑相當於一幅盈利模式的地圖，憑藉它可以一眼看穿所有盈利模式的路徑形成規律，並且掌握盈利模式的創新方法。

在成長系統裡，我們要解決的是商業模式的可持續性問題。如果你的企業陷入成長瓶頸，那麼在成長系統裡，請隨我一起診斷企業當前所處的困境，並尋找脫離困境的方法。最近幾年第二曲線理論傳播廣泛，但是你可能不知道，麥肯錫很早就提出了三曲線的成長方法論。在這一部分，我會毫無保留地將這種方法論分享給你，讓你學會向生態學學習建構可持續成長的商業模式。

看完這部分內容，你將掌握從 0 到 1 建構商業模式的思維、方法和工具，形成新的商業認知，擁有一雙極具洞察力的眼睛，看透商業的本質。

商業模式，一個價值循環系統

「獨角獸」企業的成功「暗箱」

在《隱秘的知識》（*Secret Knowledge*）一書裡，大衛・霍克尼（David Hockney）說，西方古代繪畫大師之所以能夠畫得那麼逼真，是因為他們使用了一種失傳的秘密方法。

霍克尼是當代非常有影響力的英國畫家，在 20 世紀中期，他的油畫就已經享譽世界。1999 年，在倫敦參觀作品展時，他第一次感受到了震撼，因為他發現有人能在很小的畫幅中用素描表現那些很細微的特徵。那些畫線條精準、連貫，簡直就和照片一樣逼真。怎麼會有如此精湛的技術？

在一次朋友聚會上，霍克尼偶然得知 16 世紀的畫家使用了一種名為「暗箱投影法」的繪畫技術。比如，要畫一幅人物肖像畫，畫家會先坐在一間比較暗但並不全黑的屋子裡，然後在這個屋子的門上開一個像畫布一樣的方洞，接著讓被畫的人坐在門外強烈的光線下，再用鏡子折射出被畫者的圖像，圖像透過那個方洞投進來，投射在畫布上。畫布上所呈現的圖像之精準達到了光學高度，而且圖像是有色彩的。接下來，畫家只需要按照畫布上投射的圖像直接臨摹就可以了。大的畫幅用暗室，小的畫幅遵循同樣的原理，於是就出現了暗箱（見圖 1-1）。

暗箱前端裝有鏡頭，光線穿過鏡頭到達一面鏡子上，再由這面鏡子折射到暗箱上面的毛玻璃上。畫家會將一張白紙鋪到這塊毛玻璃上，並將映射到紙張上的影像描繪出來，就像字帖描紅一樣。

圖 1-1 繪畫工具：暗箱

資料來源：《隱秘的知識》，大衛・霍克尼著。

為了進一步研究，霍克尼分析了近 500 年來的各種西方畫作。查閱了很多資料之後，他發現，自 16 世紀以來，幾乎所有的畫家都知道這種暗箱的存在，而且有相當多的畫家使用暗箱。他確定：達文西在暗箱裡看過蒙娜麗莎，但是達文西這種天才並不屑於按照圖像直接臨摹，估計是看完之後再手繪的；米開朗基羅是技術狂，肯定不會用這種技術；拉斐爾肯定用了暗箱技術。

厲害的人都很努力，但是，他們能成功靠的並不僅僅是努力，而更重要的是他們站在了某個「巨人」的肩膀上，發現了隱藏的某些規律，有意或者無意地做出了某種正確的選擇。這種選擇就像槓桿一樣，放大了他們的努力，讓他們實現了跨越式的成長。無論是在藝術、科學、商業、文化領域，還是在其他領域，都存在這樣的人，他們的高度是普通人無法企及的。

在今天的商業世界裡，那些成功的企業家，那些打造出「獨角獸」企業的創業者，他們是否也站在了看不見的「巨人」的肩膀上？除了天賦和努力，他們是否還掌握了某些「暗箱」？他們是否發現了某些隱藏的商業規律，從而拉開了與普通人的距離？

人們經常用「獨角獸」這個詞來形容一家規模大、發展快、估值超過 10 億美元的企業。那麼，一家企業從創業開始到成為「獨角獸」需要多久？《財富》雜誌做過一項分析：在 1998 年以前，《財富》500 強企業成為「獨角獸」平均所花的時間是 20 年。然而，進入 21 世紀後，時間大大縮短（見圖 1-2）：Google 用了 8 年，Facebook 用了 5 年，特斯拉用了 4 年左右，Uber 用了 3 年左右，WhatsApp 和 Snapchat 只用了 2 年左右，美國一家共用滑板電動車營運公司 Bird 的估值達到 20 億美元僅花了 4 個半月。

「獨角獸」誕生的邏輯是什麼？有管理學者對此進行了分析，並總結了它們的 3 個特徵：第一，誕生在新的市場；第二，採用了新的技術；第三，有獨特的商業模式。**技術、產品和市場只是商業模式的組成要素，企業能否做大做強則取決於是否建構了獨特的商業模式**。商業模式有這麼重要嗎？

圖 1-2　新創公司成為「獨角獸」所用的時間

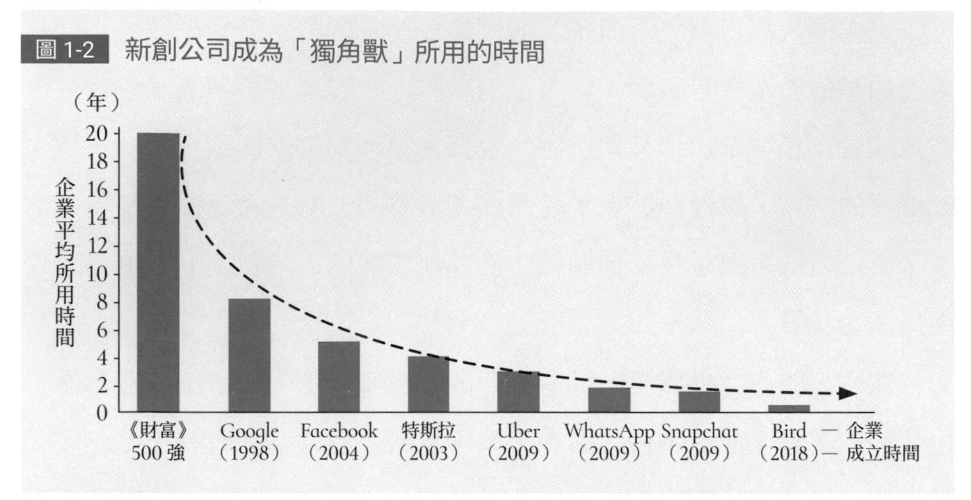

資料來源：引自《財富》雜誌官網。

美國高原資本前合夥人鮑勃・希金斯（Bob Higgins）在一次採訪中說：「回顧我們公司的發展，我認為我們每次的失敗都歸因於技術，每次成功都歸因於創新的商業模式。」

對這個觀點，中國的一位知名投資人也表示認同。2019 年 4 月 2 日，《富比士》公布了 2019 年「全球最佳創投人」榜單，其中，紅杉資本全球執行合夥人沈南鵬再次排第一。他曾經這樣總結自己投資過的企業：「在我投過的那麼多企業當中，絕大部分不是以技術而聞名，絕大多數是以商業模式而著稱。」

原來，「獨角獸」們的「暗箱」就是獨特的商業模式。然而，常識最容易讓人忽視，我們雖然對商業模式這個詞耳熟能詳，卻很少去思考它究竟是什麼，獨特的商業模式又是什麼。

商業模式如此重要，但很多人對商業模式的理解存在誤解。首先，對商業模式的理解存在片面性。當談到商業模式時，我們經常會聽到各種名稱，比如，免費模式、線上到線下（Online to Offline，O2O）模式、長尾模式、平臺模式、共用模式、企業對企業（Business to Business，B2B）模式、企業對顧客電子商務（Business to Consumer，B2C）模式、集合供應商賦能於通路商並共同服務於顧客（Supplier to Business to Consumer，S2B2C）模式等。似乎每個人都可以說出商業模式的一些門道。但其實他們說的都只是對某種業務模式的概述。比如，說淘寶的商業模式是顧客對顧客電子商務（Consumer to Consumer，C2C）、京東的商業模式是 B2C，很顯然，這些說法是片面的。

其次，將建構商業模式等同於在「圖」上「填空」。大名鼎鼎的商業模式圖應該是目前市面上最受歡迎的商業模式輔助工具之一。我每年都要看大量的商業計畫書，發現很多人會直接套用商業模式圖，他們好像認為只要把「圖」上的「空格」填滿了，商業模式就形成了。我通常都會問他們：「你認為這張『圖』為什麼包含 9 大要素，而不包含 8 大要素或者 5 大要素呢？」很多創業者完全不理解商業模式裡那些要素之間的邏輯關係。其實，有幾個要素根本不重要，重要的是想解決什麼問題，以及解決問題需要哪些關鍵要素。當我們明白背後的邏輯關係後，就不必拘泥於這些工具和要素，從而可以創造屬於自己的要素，形成一種獨特的商業模式。

那麼，到底什麼是獨特的商業模式？到目前為止，學術界對商業模式還沒有一個統一的定義，所以人們對商業模式的創新存在一定的爭議。百家爭鳴當然好，但是沒有共識就無法讓行動統一。以下是一些學者對商業模式的定義：

- 蒂默斯（Paul Timmers）認為，商業模式是由產品、服務和資訊流組成的體系，描述了不同參與者及其角色，以及他們的潛在利益和最終受益的來源。
- 艾普爾蓋特（Applegate）認為，商業模式描述了複雜的商業，能促使人們研究它的結構和要素之間的關係，以及它如何對真實世界做出反應。
- 伊夫·比紐赫（Yves Pigneur）認為，商業模式是公司及其合作夥伴網絡對一個或幾個市場進行細分以產生有利可圖的可持續的收益流的體系。
- 拉斐爾·阿密特（Raphael Amit）和克里斯托夫·佐特（Christoph Zott）認為，商業模式是利用商業機會的交易成分設計的體系，是公司、供應商、輔助者、合作夥伴及雇員鏈條的所有活動的整合。
- 傑佛瑞·科爾文（Geoffrey Colvin）認為，商業模式就是賺錢的方式。
- 派特羅維奇（Patrovic）等認為，商業模式不是對複雜社會系統及所有參與者之間的關係和流程的描述。相反，它描述了存在於實際流程後面的商業系統創造價值的邏輯。
- 亞歷山大·奧斯瓦爾德（Alexander Osterwalder）把商業模式定義為，由一家公司為幾個細分顧客、公司架構體系及合作夥伴網路提供價值。公司創造、行銷、傳遞這些價值和關係資本是為了產生盈利性的、可持續的收益流。
- 拉帕（Rappa）將商業模式描述為，清楚說明一家公司如何透過價值鏈定位賺錢。

- 韋爾（Weil）和維塔爾（Vital）把商業模式描述為在一家公司的消費者、聯盟、供應商之間識別產品流、資訊流、貨幣流和參與者主要利益的角色及關係。
- 瑪格麗塔（Magretta）認為，商業模式是為了說明企業如何運作。

這麼多學者對商業模式給出了不同的定義。這就好比千百人四面坐著，共同看一場球賽，人人都是見證者，人人都是意見發表者。有人喊「好球」，有人看見犯規動作，這個嫌哨子吹晚了，那個嫌吹早了、吹漏了、吹膩了……由於座位不一、角度不同，因此，雖然人人親眼所見，但各自的看法卻有差異。由於商業模式的定義不清晰，因此上自企業老闆，下到一線員工，人人都可以對商業模式發表看法，但最後的結果卻是「一說就懂，一用就錯」。

在我看來，這些學者的定義都對。其實，他們都是以自己的視角去看待同一件事情。但是，每一個局部視角都是不全面的、有缺陷的，以致產生了很多思想的煙霧彈，讓其他人不知所云。如何破除思想迷霧？這就需要我們回歸本質，回到商業的原點——價值的交換。人類社會的商業演化，是從原始社會的交換開始的，交換的前提是價值認同。所以我們必須回到「創造價值」這個原點來討論商業模式，尋找推動商業運行的第一推動力。

在一次演講中，有人問物理學家楊振寧教授：「這個世界有沒有上帝？」楊振寧答道：

如果你所謂的上帝是一個「人」的形狀，我想是沒有的。

如果你問的是有沒有一個造物者，那我想是有的。這是因為這個世界的結構不是偶然的，它是妙不可言的，偶然性是不能產生這麼美妙的東西的。那麼，力量這麼大、影響這麼大的東西是從哪裡來的呢？你可以隨便起個名字，這個名字假如沒有一個「人」的形象，那我想大家都會接受。假如你一定要加一個「人」的形象在裡頭，這是你的自由，我不能干涉，不過我覺得這是沒有根據的。

楊振寧教授說的「造物者」不是什麼具象化的神，而是一種力量，也就是宇宙的第一推動力。他認為，自然界中各種生命甚至整個宇宙的存在都不是偶然的，而是受某種強大意志所推動和控制的結果。這也是第一推動力。

宇宙有開始，這個開始其實就代表著各種被限定的規則。就像物理學家們所創造的數學方程式，僅用一串簡短的公式就能解釋自然界中的複雜現象，比如馬克士威方程組、愛因斯坦質能方程式等。無論是微小的粒子世界，還是浩瀚的宇宙，它們的運行都遵循著某種規律。無論是人類能夠感知到的溫度、引力，還是感知不到的電磁波、磁場等，它們都各有法則。

很多人以為物理學家探索的最終歸宿就是研究神學，其實這是一種極大的誤解，物理學家的研究和宗教信仰無關。牛頓受到亞里斯多德的影響，提出一切行星都在某種外來的「第一推動者」作用下由靜止開始運動的說法。「第一推動者」也稱「第一推動力」、「第一動因」，指一切事物與運動的終極原因。我們將這一理論加以引用，可知商業運行背後也存在第一推動力。

價值循環系統，商業模式的本質

第一推動力和商業模式有什麼關係？

我們之所以要去定義一個事物，是為了讓它為我們所用，認識它才能去實踐它。但由於當今商業界和學術界對商業模式的定義沒有定論，因此，我們不妨以第一推動力作為思考的原點。這樣一來，我們就擁有了一種「上帝視角」，看問題不至於像盲人摸象一樣。

前文講到系統思維時提到了「系統三件套」，也就是一個完整的系統至少包含：要素、關係和功能（目的）。一個系統之所以能夠形成，是因為有功能（目的），並且是為了解決問題。從系統論的視角看，商業模式是什麼不那麼重要，而商業模式的目的是什麼、作用是什麼很重要。

首先，如何看待商業模式？假設你面前擺放著一個杯子，要如何定義它呢？可能很難。它可以是一個茶杯、一個水杯，也可以單純是一個裝飾物；如果它是你的伴侶送的禮物，那麼意義又不一樣了；如果它出現在博物館裡，那它可能就是文物。人們在定義一個事物的時候，往往會受自身的認知和視角所限，從而給出不同的結論，就像前面那麼多學者對商業模式的定義各有不同一樣。其實大家都沒錯，只是看問題的視角不同罷了。如果用「以終為始」的視角來看商業模式，就可以很容易地對一種商業模式的功能（目的）進行描述。

其次，商業模式的作用是什麼？商業的原點是價值交換，在貨幣出現之前，人們透過以物換物的方式進行價值交換，所以整個商業模式的建構從一開始就基於如何進行價值交換展開。基於「價值交換」這個原點，商業模式的功能（目的）就是：透過創造價值和交付價值，從客戶那裡獲取價值。

第一，創造價值是商業模式的終點，也是起點。打個比方，一艘船要設計成什麼樣，取決於它的用途和所要解決的問題，如軍艦是用來打仗的、遊輪是用來旅遊的。怎樣的商業模式才叫有價值的商業模式，完全取決於它能解決什麼問題。

第二，企業創造了某種價值，如何把這種價值交付給客戶，是衡量企業能力的一個標準。如果你和競爭對手創造了同樣的價值，那麼交付價值的成本和效率就決定了誰能在競爭中脫穎而出，決定了市場最終會選擇誰。在這種情況下，基於交付價值所建構的獨特的經營體系就是企業的核心競爭力。

第三，產品價值可以用兩個要素來衡量：使用價值和交換價值。產品擁有使用價值，即讓客戶願意使用產品，這是起點，比如很多網路產品透過免費策略讓產品具備使用價值。更重要的是，要讓產品具有交換價值，也就是讓客戶願意為產品付費，這是最終獲益的關鍵所在。這是盈利模式關心的問題也是商業模式的最終目的：獲取交換價值。

創造價值、交付價值和獲取價值不是一條單行道，而是一個循環系統，畢竟，只有持續地創造價值，持續高效地為客戶交付價值，才能源源不斷地獲取價值。這個循環系統就是商業運行的第一推動力，是商業模式的根基。第一推動力不是一個要素，而是一個結構。就像一塊機械手錶一樣，其中任何一個齒輪都無法單獨發揮作用，而必須組合成一個最小結構才能發揮作用，這個循環系統就是推動商業模式運行的最小動力結構。

「創新之父」約瑟夫・熊彼特（Joseph Schumpter）在《經濟發展理論》（*Theory of Economic Development*）一書中寫到，社會進程本是整體，密不可分。所謂經濟，不過是研究者從這洪流中提煉出的部分事實。其本身已然抽象，而之後人類的大腦還須經過幾個抽象活動，方能復刻現實。沒有什麼事是純粹經濟的，其他面向永遠存在，且往往更為重要。同理，要回答商業模式到底是什麼的問題，就不能跳開商業談商業模式，不能跳開經濟談商業，不能跳開社會談經濟，否則都是盲人摸象。我們需要以更高的視角俯視商業模式，才能看清它的原貌，讓它為我們所用。

那麼，如何定義商業模式？基於系統論的視角，我認為商業模式是一個價值循環系統。價值循環系統的功能或目的是創造價值、交付價值和獲取價值（見圖 1-3）。這 3 個功能或目的也可以說是商業模式的 3 大環節和根基，它們環環相扣，缺一不可。所以，商業模式的獨特性不是指個體要素的獨特性，而是指作為一個系統所具有的獨特性。當擁有了系統論的視角，我們就會逐漸觸摸到商業模式的「血肉」。

圖 1-3 價值循環系統

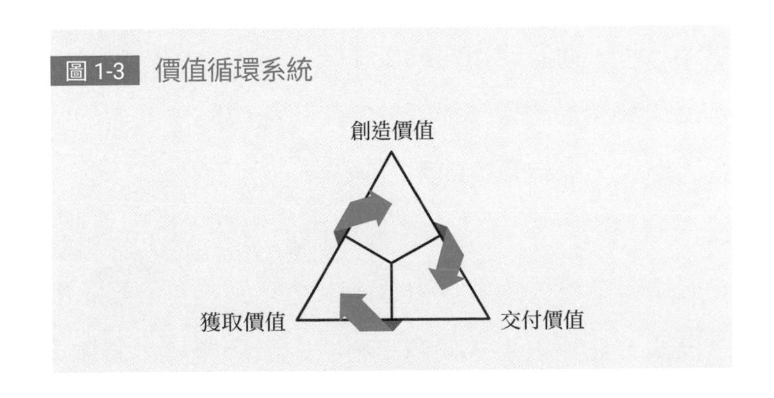

接下來，本書將圍繞這3個環節，進一步搭建商業模式的底層結構，最終形成一個完整的系統。我們不能簡單地相信商業模式圖裡的幾大要素，不能只會做填空題，而要真正理解商業模式的底層邏輯和運行機制，真正掌握建構系統的能力。

商業模式識別座標

「買股票就是買公司」，很少有人能真正理解這句話。可能人們會去看公司的財報、業務組合、產業分析、市場潛力等，但是他們不一定理解買一家公司到底意味著買公司的什麼。其實就是買它的商業模式。

熊彼特在《經濟發展理論》中提到了一個問題：經濟為什麼會發展？他表達的核心思想就是企業家透過創新（實現新組合）來獲取利潤，從而推動經濟發展（發展是創新的結果）。當一位企業家或創業者建立了一個新的商業組合創新時，他就創造了一種新的商業模式。**一種好的商業組合創新，就是一種好的商業模式創新。**

很多人說「創業就是要堅持，不放棄」，這句話並不完全對，因為少了正確的方向這個大前提，就像在沙漠裡迷了路，那些能活著走出沙漠的人，靠的不是堅持，而是指南針。那麼，創業路上的指南針是什麼？或者更進一步，商業的指南針是什麼？

好的產品和商業模式通常都源於好的想法或點子，從一個點子到一個商業模式的形成，還有多遠的距離呢？

曾經擔任蘋果公司首席推廣長的蓋伊·川崎（Guy Kawasaki）認為，能最終形成商業模式的創意和想法少之又少。為了幫助創業者找到真正的商業模式，他提出了一個商業模式的識別座標，將創業者分為4

類（見圖 1-4）。這個座標包含兩個面向：客戶價值，即創業者所提供的產品或服務對客戶有什麼獨特的價值；獨特能力，即提供這個獨特產品或服務的能力如何。

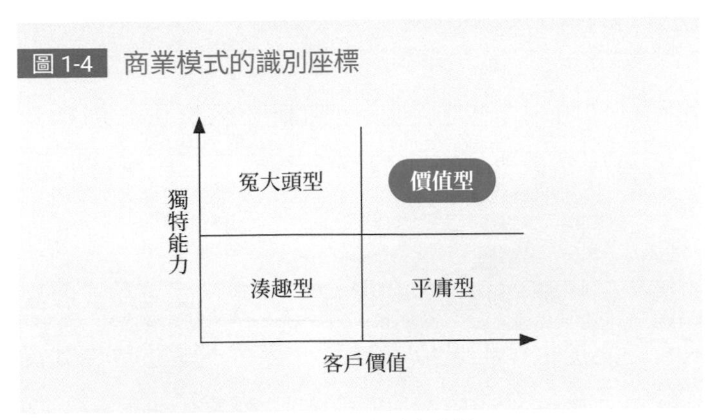

資料來源：《創業的藝術》，蓋伊．川崎著，李旭大譯。

冤大頭型 這種類型的創業者通常以掌握某項技術為顯著特徵。很多擁有發明專利的創業者就經常掉入陷阱，成為冤大頭。他們有很強的技術能力，但是很多時候這些技術能力並沒有好的應用場景，沒有為客戶創造真正的價值。

湊趣型 這種類型的創業者為客戶提供的價值很低，又不用面對太大的競爭壁壘，所以獲得的利潤可能會很薄。很多傳統的製造業企業就是如此，比如海爾集團創始人張瑞敏就曾說海爾的利潤薄得像刀片。但是，該領域中有些企業也有可能會獲得利潤，比如國內某家手機代工廠幾乎拿到了全世界手機大品牌的訂單，因為它的製造能力是稀缺的。

平庸型 大多數行銷型的創業者都具備這樣的特徵，他們對用戶需求的了解比較深，很善於解決客戶的問題，但並不具備獨特的能力，所以很容易被模仿。

價值型 這類創業者的產品或服務能提供用戶非常需要的價值，並且只有創業者自己或少數企業能提供這類價值，這意味著創業者擁有足夠深的獨特能力。如果同時具備這兩個條件，就找到了商業模式最核心的價值。

這個識別座標可以幫助我們快速判斷一個想法、創意、產品或一門生意是否有價值。但是從企業發展的角度看，它還缺少兩個很關鍵的面向。

缺少的第一個關鍵面向是盈利模式。如果一種產品或服務對客戶很有價值，只有你能提供，但是成本很高，客戶不願意付出太高的價格，那麼最後的結果不是產品或服務利潤不多，就是出現虧損。展開業務必須可以盈利，而且盈利模式可以多樣化。比如，可以透過賣產品或服務賺錢，也可以用免費服務吸引用戶，最後透過廣告或增值服務來變現等等。我們所熟知的小米品牌，其手機業務基本是不盈利的，但是當用戶規模足夠大之後，它就開始透過銷售其他增值服務或衍生品賺錢，從而建構起自己獨特的盈利模式。

缺少的第二個關鍵面向是可持續性。如果一種產品有獨特的客戶價值和獨特的競爭壁壘，且可以大規模盈利，那麼生產這種產品的企業就可以持續經營。但是，靠這個產品能持續經營多久呢？這跟產業週期和競爭環境等外部環境有關，也跟內部能力有關。也就是說，與企業能否迅速適應甚至主導外部環境的變化有關。熊彼特說過，企業只有不斷創新，不斷跳出競爭，才能不斷獲得利潤。企業不是在一個靜止的環境中生存的，而是處於動態的競爭環境之中，它的未來是不確定的、非連續的。威脅可能隨時會來自無處不在的企業內部或外部的力量，是否具有可持續性是衡量企業能否長久發展的重要面向。

由此，就把商業模式的識別座標延伸為獨特的客戶價值、獨特能力、盈利模式和可持續性 4 個面向（見圖 1-5）。更重要的是，可持續性面向讓這個識別座標具備了動態性結構，而不再是一個靜態的評估標準。它的作用不是指明正確的目的地，因此在你迷路的時候，它無法告訴你什麼是對的，但是它可以讓你清楚自己所處的位置，可以讓你知道什麼是錯的，因為它是底線，是原則。

圖 1-5 動態的商業模式識別座標

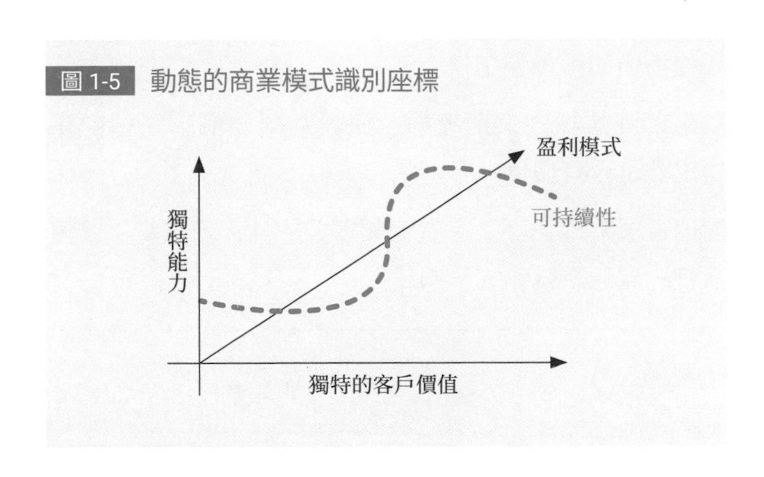

查理・蒙格說過這樣一句話：「如果我知道未來會死在哪兒，那我這輩子都不會去那兒。」我們可能不知道什麼是對的，但是可以知道什麼是錯的。在複雜的、快速變化的商業世界裡，我們或許不易知曉未來會如何變化，但可以抓住那些永恆不變的結構和規律。不妨換一個角度來思考，未來會如何變化、未來不變的是什麼。不變的是企業要持續地創造價值，持續地建構核心競爭力，持續地盈利。這是一個價值循環系統，基於這個系統，可以建構商業模式的 4 大子系統：價值系統、能力系統、盈利系統和成長系統。

我嘗試為商業模式這個「超級應用程式」建構一個底層的作業系統，也就是這個價值循環系統。掌握它，就可以不再囿於各種方法和工具，而可以圍繞系統的結構去建構自己的方法和模型，甚至創造出自己的作業系統，這才是創業者和企業家真正的底層能力。

解碼商業模式

DECODING BUSINESS MODELS

1. 商業模式是一個價值循環系統，這個系統包含 3 個環節：創造價值、交付價值和獲取價值。
2. 建構動態的商業模式識別座標，快速判斷一個想法、創意、產品或一門生意是否有價值。
3. 基於價值循環系統，可以建構商業模式的 4 大子系統：價值系統、能力系統、盈利系統和成長系統。

價值循環系統
環節 1——創造價值

1946 年，駐守在英國多佛海峽的三個哨兵被撤掉了。那是英國隔著英吉利海峽離歐洲大陸最近的地方。在多佛海峽所設的三個哨位是第二次世界大戰（以下簡稱「二戰」）前就有的。由於歷年來英國皇家陸軍都設有這三個哨位，因此歷任官員也沒有問原因，就將這個傳統沿襲了下來。直到二戰後英國開始裁軍，官員們才覺得這些哨位好像沒有存在的必要，於是去尋找當初設置它們的原因。他們發現，這些哨位的歷史可以追溯到 1805 年，也就是特拉法加海戰發生之前。

在那場英國海軍統帥霍雷肖・納爾遜（Horatio Nelson）[1] 徹底擊敗法國海軍的大海戰發生前，英國人一直擔心拿破崙會登陸英國，於是就派了三個哨兵天天在多佛海峽用望遠鏡觀察對岸的動靜。在特拉法加海戰結束之後，拿破崙對英國的威脅已經消除，但是不知為何，這三個哨兵一直沒有撤下來。再往

1 1805 年，他在西班牙特拉法加角打敗法國及西班牙組成的聯合艦隊，迫使拿破崙徹底放棄從海上進攻英國的計畫，自己卻在戰事期間中彈陣亡。

後，歷代的英軍官員都認為，雖然不知道這三個人站在那裡的目的，但既然當初設了這三個哨位，那一定是有目的的。就這樣，這些「沒用」的哨位居然持續存在了100多年。其實，多年過去，當初的目的已經不存在，留下的只是形式。

在投資機構工作了幾年，我的任務之一就是每天見不同的創業者，看各種創業專案。通常投資人都會問創業者一個問題：「你為什麼要創立這家公司？」答案五花八門：有的人說是因為發現了一個機會，有的人說是因為想向別人證明自己，也有的人說是因為想改變世界。

我還經常聽到另外一種答案：「我認為這是下一個風口。」對此，我通常都會笑一笑。風口論可謂影響極深，每一個風口上都有很多「豬」，可是最後只有一頭「豬」飛上了天。這是因為牠本來就是天蓬元帥，但很多人看到的只是牠飛上了天，然後就斷言：「看吧，颱風來了，連豬都能飛。」很多人都信了。

很多時候，我們不明白為什麼要出發，只是因為別人在路上，於是自己也上路了。但作為創業者，應該記住紀伯倫的話：「別因為走得太遠，而忘記為什麼出發。」

創造價值的本質是解決社會問題

從手段而不是目的角度來看，企業的本質是什麼？教科書式的回答是：企業的本質是努力實現價值最大化。這裡的價值包括股東、客戶、員工和社會4個方面。彼得・杜拉克說過：「企業的本質是為社會解決問題，一個社會問題就是一個商業機會。」也就是說，社會問題越多，商業機會就越多。

大多數人將企業理解為創造利潤的組織，或以盈利為目的的組織。彌爾頓．傅利曼（Milton Friedman）[1]認為，所有企業都只有一個社會責任，那就是在誠信經營的前提下，遵守商業遊戲規則，利用自己手中的資源從事一切能使其盈利成長的商業活動。

但是杜拉克並不認同這個觀點。他認為，利潤最大化並不能說明應該如何經營一家企業，利潤不是企業行為和企業決策的解釋、原因或合理性的依據，而是對有效性的一種考驗。也就是說，利潤是結果，而不是過程和原因。

我們應該從人的角度來認識企業。由於市場是由人而非各種經濟力量創造的，因此企業應該從人，即從顧客的角度去感知和界定企業應該提供什麼樣的商品與服務。杜拉克提出：「企業是社會的器官，為解決社會問題而承擔社會責任。任何一個組織機構都是為了實現某種特殊目的、使命和某種特殊的社會職能而存在的，任何企業得以生存，都是因為它滿足了社會某一方面的需要，實現了某種特殊的社會目的。」

有人把企業的核心價值理解成定位，一說到「定位」就想著如何占領消費者心智。這是一種狹隘的定位。定位的首要思想是找到企業自身的社會分工和位置，找到那個還沒有被解決的問題。為社會解決問題而承擔的責任就是企業的經營使命，基於這個經營使命所制定的策略就是企業策略。也就是說，企業策略不只是企業內部的策略，也是在企業之外，為了解決社會問題而制定的策略。

---

1 美國著名經濟學家，芝加哥經濟學派領軍人物，貨幣學派的代表人物，1976 年諾貝爾經濟學獎得主，被譽為 20 世紀最具影響力的經濟學家及學者之一。

可是一些企業卻本末倒置，生產牛奶的企業沒有控制好牛奶的品質，做餐飲的企業沒有保障好食品安全，處理垃圾的企業反而造成了空氣污染。這些企業沒有承擔起屬於它們的社會責任，卻聲稱在履行社會責任和義務。如何履行？它們會給鄉村小學捐獻牛奶，冬天給清潔工免費送食物，造成空氣污染之後捐錢成立環境治理基金等等。這些連本職工作都無法做好的企業，顯然沒有搞清楚自己應當承擔的社會責任。社會責任不是企業的義務，而是企業的業務，這個業務就是企業存在的理由，是企業為之奮鬥的使命。

企業的社會價值由其貢獻度決定

解決社會問題是企業存在的前提。可是杜拉克也認為，企業的價值從來都不由它們做些什麼來決定，更不由它們怎麼做來決定，而由其貢獻度來決定。企業貢獻度決定企業的社會價值，更確切地說，是對社會有利的價值。但是，有些能帶來利潤的社會價值不一定具有貢獻度。

例如，在某個電視求職節目中，一位求職者公開質疑中國某分期購物平臺。過去幾年，中國有不少做線上分期購物業務的平臺。在這類平臺上，用戶購物時只需要支付少量利息或免息就可以分 12 ～ 36 個月付款。這原本是好事，平臺用較低的門檻讓更多人可以享受更好的生活。但是，如果這類平臺把業務的受眾範圍從已經工作的青年人群擴大到學生群體，開始做學校貸款，那性質和結果就不一樣了。對企業來說，將業務擴展到市場規模極大的學校，有利於擴大用戶規模和營收規模。但是，從貢獻度來看，這類企業的社會價值有待商榷；從結果來看，甚至弊大於利。

節目中那位求職者的質疑簡潔有力，他的核心觀點是大部分學生沒有收入來源，主要靠父母提供生活費，而面對學生放貸的大門一開，學生透支消費的情況就會立刻出現。放貸方為了追債，對學生用了各種手段。面對該求職者的質疑，該分期購物平臺的創始人拒不承認，還從建立學生徵信體系的層面來證明其企業的社會價值，但其觀點很難站得住腳。

此後，隨著學校貸款產生的「裸貸」（以裸照為借款抵押）、「欠債學生自殺」、「盜竊個資借貸」等各種負面甚至違法案例的出現，政府開始對相關業務進行控管。該分期購物平臺於是將服務項目從學生群體轉換到青年群體，後來在美國上市。上市第二天，其創始人就捐了10多億元人民幣成立慈善基金，以幫助中國的一些大學做專題課題研究，並助力中國青少年足球發展等公益事業。

這類做學校貸款的企業的社會價值是什麼？學校貸款雖然受到嚴格監管，但並不妨礙一些有資格做普惠金融的企業進入學校，為學生用戶提供服務。普惠金融服務的利率更低，風控更好。事實上，也有很多學生用戶使用上述產品，並開始累積自己的信用評分。

透過這個案例不難發現，有時候一家企業雖然創造了價值A，但是會造成壞的影響B。比如，某些工廠生產出好的產品，但是可能因為沒有做好環保措施，而造成嚴重的環境污染，反而得不償失。因此，企業需要了解社會價值的邊界，也就是了解貢獻度的邊界。換句話說，企業要衡量自己的價值對社會是利大於弊，還是弊大於利。

有的創業者和企業管理者在「我如何能成功」的問題上想得太多，在「我到底能為社會解決什麼問題」上想得太少，不能下「日日不斷，滴水穿石」的功夫，只想投機，這顯然是沒有承擔社會責任的表現。

企業承擔社會責任的 3 種方式

杜拉克認為，將社會責任目標作為企業目標管理的重要組成部分，關係到企業的生死存亡。那麼企業應該如何承擔社會責任呢？《杜拉克管理精華》（*The Essential Drucker*）一書中提到了 3 種承擔方式：不作惡、先賺錢後行善和行善賺錢。

首先來探討不作惡。雖然杜拉克早在幾十年前就提出了不作惡的企業社會責任價值觀，但是把不作惡作為企業經營理念並且將之發揚光大的非 Google 莫屬。

不作惡是 Google 的經營理念之一，該公司在 2004 年上市時，創始人賴利・佩吉寫了一封信（後來被稱為「不作惡宣言」），信中說到了「不要作惡，我們堅信，作為一家為世界做好事的公司，從長遠來看，我們會得到更好的回饋，即使我們放棄一些短期收益也是如此」。不作惡不能僅僅作為公司口號，而 Google 真正把它植入了每一個員工的內心，成為員工的價值觀。

2018 年 5 月，Google 員工得知公司正與美國國防部合作，向一個軍事專案提供人工智慧技術支援。該專案原本處於保密狀態，直到被員工在公司內部溝通平臺上曝光，才引起越來越多人的注意。隨後，開始有員工抗議，抗議人數不斷增加，有幾千名員工參與了聯名上書抗議活動。雖然 Google 聲稱其提供的技術支援將被用於非攻擊性計畫，但是依然無法阻止員工的抗議熱潮。最後，Google 宣布將終止與美國國防部的合作，這就是不作惡價值觀的力量。

其次來探討先賺錢後行善。杜拉克認為，健康的企業需要與之匹配的健康社會作為支持。面對那些與企業主要業務無直接關係的社會問題領域，企業也可以進入並建立與之匹配的能力和價值系統，幫助社會變得更健康。比如，現在有很多企業在發展壯大之後都成立了公益基金會，將企業的部分利潤投向教育、醫療、環保等需要關注的社會領域，積極地透過賺錢行善來履行社會責任，同時也為自身創造更好的商業環境。

當然，也有一部分企業沒有做好主要業務，卻盲目行善，還聲稱自己在積極承擔社會責任。這是對社會責任的巨大誤解。企業應把自身的社會責任與使命放在第一位。比如，房地產企業必須先保障房子的高品質、安全、準時交付，否則捐再多錢也不是在履行社會責任。

最後來探討行善賺錢。這一方式是指企業基於解決社會問題、化解社會矛盾而提出的「創新」，這類企業還有一個很好聽的名字叫「社會企業」。

2016 年初，美團一位員工的母親得了腦動脈瘤，因缺少手術費而無法及時醫治。這位員工不得已向同事求助，公司也為他籌款，但是效率很低，款項也不透明，最後用了 1 個月才籌夠所需款項，他母親差一點錯失治療良機。

負責幫助這位員工籌款的人叫沈鵬，也是美團外賣業務前負責人。這次籌款事件讓他深刻意識到一個問題：一場大病，足以摧垮一個普通家庭。於是在籌款事件發生幾個月後，2016年，他創立了「水滴互助」。剛開始它只是一個互助社群，方便所有會員一起互相協助，共同抵禦癌症和意外等風險。加入水滴互助社群的會員如果不幸患癌或者遭遇意外，可以按照「一人患病，眾人均攤」的既定規則獲得一筆醫療資金，最高可獲得 30 萬元人民幣互助金。而每個會員所需承擔的分攤金額只有 1、2 元人民幣，隨著會員人數的成長，分攤金額也不斷減少。

這個社群幫助了很多沒有重病保險的人，特別是保險公司不保的高風險族群和老年人。後來，它又發展出涵蓋範圍更大的重病募資平臺「水滴籌」，沒有限制患病的種類，讓全社會的人都可以參與重病募資。自 2016 年上線至 2020 年，水滴籌已幫助中國各個地區的重病患者籌到近 300 億元人民幣的救助款，累計超過 3 億位愛心人士對平臺上的救助專案給予支援。沈鵬說，水滴公司就是為了解決一個社會問題而出現的，創業初心是「用網路科技助推廣大人民群眾有保可醫」。

2019 年，水滴公司獲得了年度社會企業獎，獲獎理由是「有效地以商業手段解決社會問題，積極承擔社會責任」。

沒有用戶忠誠度，只有企業忠誠度

有人認為品牌忠誠度就是透過提高用戶的留存率、活躍度、回購率，產生品牌認同感和用戶忠誠度。這是一種誤解，品牌忠誠度是一種沒有敬畏心和社會責任感的說法。當用戶放棄企業的產品，選擇其他競品的時候，不是用戶不忠於企業的品牌，而是企業不忠於用戶，因為企業沒有時刻想著如何為用戶解決問題。

什麼是品牌？它代表了一種解決某方面社會問題的完整承諾。這個承諾能不能做到，就代表企業對用戶、社會是否有忠誠度。所以沒有用戶忠誠度，只有企業對用戶的忠誠度。

《基業長青》（*Built to Last*）一書提到：「我們應該創建那些『值得』長青的基業——創建一家有內在品質的公司，如果它不幸消亡，那會讓這個世界感覺若有所失。」也就是說，基業長青是企業發展的結果，是社會對企業恆久需要的結果。**為此，該書作者提出了一個哲學之問：「假如明天我們不幸消失，社會是否會因此若有所失？」這個問題就昭示著創造價值的本質。**

解碼商業模式

DECODING BUSINESS MODELS

1. 創造價值的本質是解決社會問題。
2. 企業承擔社會責任的 3 種方式：不作惡、先賺錢後行善和行善賺錢。
3. 沒有用戶忠誠度，只有企業對用戶的忠誠度。

如何創造價值，建構從需求到價值轉化的價值系統

發現需求，了解用戶想要完成什麼任務

賈伯斯說，他從不做客戶調查，因為用戶不知道自己想要什麼。事實是這樣嗎？

美國風險投資數據公司 CB Insights 曾經分析了矽谷 101 家創業失敗的公司，總結出了創業公司失敗的 20 個主要原因，包括資金不足、競爭力不足、產品糟糕和商業模式不佳等（見圖 3-1）。令人驚訝的是，排名第一的原因居然是「沒有市場需求」！

不是賈伯斯錯了，是我們對用戶需求的理解錯了。每個創業者在創業初期都知道要滿足用戶需求，最後的結果卻顯示，大部分創業者甚至都不理解什麼是「真正的需求」。哲學家路德維希・維根斯坦（Ludwig Wittgenstein）說：「詞語的遊戲規則在語言遊戲中建立，也在語言遊戲中修改。當我們交談的時候，我時常感到需要把詞語從交談中抽離出去，送去清洗，清洗乾淨之後，再送回我們的交談中。」

「需求」這個詞是創業者最應該也是第一個要「清洗」的詞。

圖 3-1 創業公司失敗的 20 個主要原因

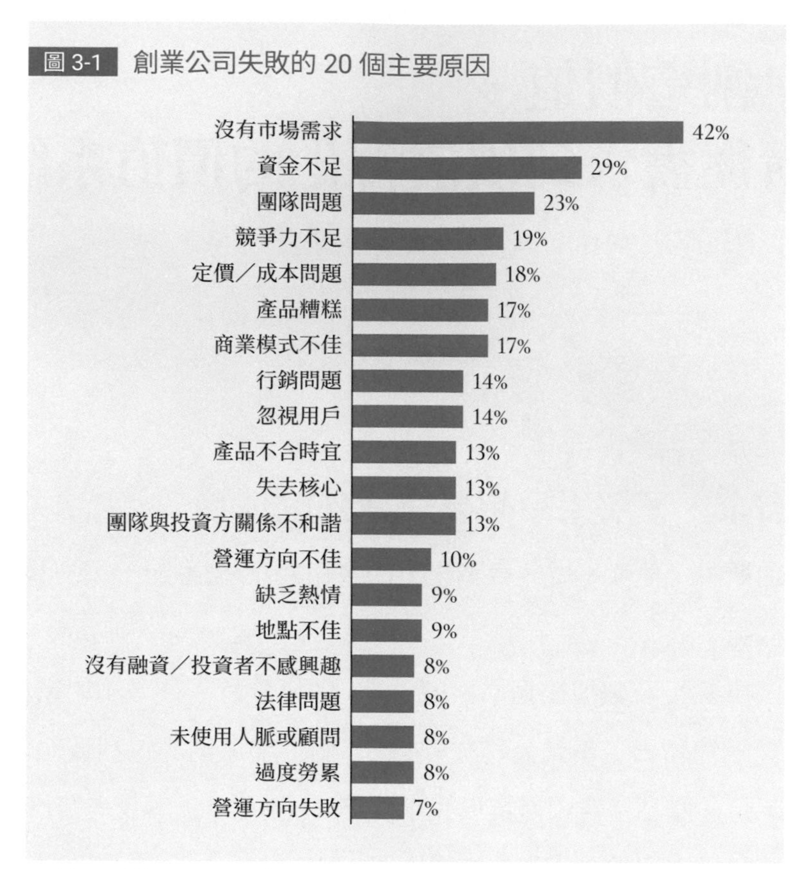

資料來源：譯自 CB Insights 官網。

◆需求的本質：認知失調

提到需求，我們會想到各種需求理論，其中最著名的一定是馬斯洛需求層次論。但是看了下面這個故事的分析，我們對需求的底層邏輯會有進一步的認識。

「吃不到葡萄說葡萄酸」這句話來自《伊索寓言》裡的一個故事。狐狸吃不到葡萄，很難受。為了不難受，牠很聰明地告訴自己：「那些葡萄一定是酸的。」就這樣，狐狸解決了吃不到葡萄又讓自己不難受的問題。

請你思考一個問題：在這個場景下，狐狸的需求是什麼？通常我聽到的答案是「想吃葡萄」。這個回答當然沒錯，但只停留在表象。狐狸想吃葡萄是第一層需求，如果第一層需求被滿足了，牠的需求也就被解決了。但是，當第一層需求無法被滿足時，牠就會產生第二層需求：吃不到葡萄怎麼辦？

當人們在學習、工作和生活中遇到困難和阻力時，內心會處於緊張狀態。這種心理狀態可歸為「認知失調」[1]。當出現認知失調之後，人們就會本能地想辦法緩解緊張情緒，否則會很難受，甚至會很痛苦。心理學家把緩解認知失調的過程稱為「認知一致性」。也就是說，人的思維、感受和行為只有保持一致，才不會產生認知失調。

當狐狸吃不到葡萄時，牠的思維、感受和行為不一致，於是就產生了認知失調。如果這時狐狸可以找到一個梯子或者透過其他辦法吃到葡萄，牠的認知失調就會消失。如果狐狸找不到吃葡萄的辦法，也就是結果（行為）無法改變，那麼牠緩解認知失調的方式只有一種，那就是改變思維。所以狐狸告訴自己：「葡萄一定是酸的。」通俗一點講，這種做法就是自我安慰。

如果狐狸這次吃不到葡萄，下次再經過這個葡萄園還是吃不到，那麼牠可能又會痛苦一次。當這種情況有可能再次出現時，牠應該如何預防？這就涉及狐狸的第三層需求。可能狐狸下次會帶個梯子過來，也可能再也不走這條路了。

---

1 認知失調又可稱為認知不和諧，是指一個人的行為與自己先前一貫的對自我的認知產生分歧，從一個認知推斷出另一個對立的認知，因而產生不舒適感、不愉快情緒。

到這裡，我們會發現，狐狸其實有 3 層潛在需求：第一層，想吃葡萄；第二層，吃不到怎麼辦；第三層，如何預防同樣的情況再次出現。我們把狐狸的需求總結一下：需求的本質是認知失調，當認知失調出現的時候，狐狸的內心就會出現緩解認知失調的 3 個層次的動機。

- 第一層趨利，即如何達到一個目的；
- 第二層避害，即如何避免一個更差的結果；
- 第三層預防，即如何避免問題再次出現。

我們可以把這 3 個層次的動機總結成一句話：認知失調促進動機產生，動機就是趨利避害（預防也可以看成是避害）。

◆需求產生的過程：從產生動機到採取行動

出現認知失調，不代表需求就產生了。只是產生了難受的感覺，以及有了緩解認知失調的動機，但不一定會採取行動，因為還有很多因素會阻礙行動。在這些阻礙因素沒有清除之前，需求並沒有真正產生。什麼樣的因素會阻礙行動呢？

犯罪心理學研究顯示，法庭在審判一個罪犯的時候特別關心如下 3 個問題：被告有沒有動機去犯罪；被告有沒有能力或者技能去犯罪；被告有沒有機會去犯罪，是否有阻礙犯罪行動發生的限制條件。如果能夠證明被告有動機、有能力、有機會去犯罪，那麼被告被定罪的可能性就比較大。

全球行為改變理論權威之一、史丹佛大學教授 BJ. 福格（BJ. Fogg）

博士[1]經過研究發現，一個人從有了心理動機到採取行為（Behavior），需要滿足3個條件：動機（Motivation）、能力（Ability）和觸發（Trigger，也可理解成創造機會）。這個理論也被稱為「福格行為模型」（見圖3-2）。後來福格教授把Trigger改成了Prompt（提示）[2]。

動機 個體動機的本質就是趨利避害。人是理性的嗎？或者說，「理性人」的概念是否成立？關於這一概念的討論由來已久，也構成了經濟學的重要基石。「理性人」和「經濟人」的概念，最早得追溯到經濟學鼻祖亞當・斯密在《國富論》中的觀點：我們每天所需的食物和飲料，不是出自屠夫、釀酒師或者烙麵師的恩惠，而是出於他們自利的打算。我們不說喚起他們利他心的話，而要說喚起他們利己之心的話。我們不說自己有需要，而是說對他們有利。

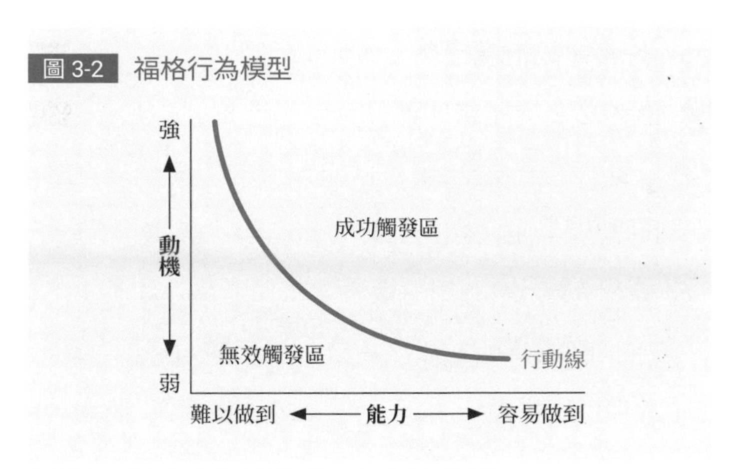

資料來源：參考自《福格行為模型》一書，但有細微改動。

1 福格博士是美國史丹佛大學行為設計實驗室創始人，也是行為設計學創始人，著有《福格行為模型》。——編者注

2 我更喜歡「觸發」這個詞的含義，所以文中還是繼續用觸發。

除了有自利之心，人還是一種社會性動物。當一個人產生某種動機時，他除了從自身角度考慮趨利避害，還會考慮社會規範對自己的影響。比如，他會想：「在這個問題上，別人是如何做的，我這樣做別人會怎麼看？」

動機和場景息息相關。在不同的場景下，哪怕行為是相同的，不同人的動機也可能不一樣。比如：一個白領上午在咖啡廳吃一塊蛋糕，他的動機只是把蛋糕當早餐，填飽肚子而已；下午約一位客戶在同一間咖啡廳吃同一種蛋糕，他的動機就發生了變化，不是為了填飽肚子，而是為了請客戶喝下午茶、談業務。上午獨自一人在咖啡廳時，白領的角色是趕時間的上班族；下午陪客戶，他在咖啡廳的角色就變成了銷售員。

綜上所述，場景包含時間、空間和用戶角色 3 個核心要素。這 3 個要素組合產生了特定場景下的動機。在這個特定場景下的用戶作為某個特定的角色，想要完成某項任務，達到某種目的，動機就產生了。

能力 想完成某項任務，動機有了，但是完成這項任務是有要求的。比如，讓一個小孩子去提一大桶水，如果他能提起來就給他一塊糖。小孩子想吃糖的動機非常明顯，但是力氣有限，無法提起一大桶水，所以動機再強也沒用。再比如，用戶很喜歡某個產品，有很強的購買動機，但是價格太貴，他的經濟能力無法負擔。這時候如果商家可以降低購買門檻，如提供分期付款服務，那麼用戶就會離做出購買行為更近一步。

能力其實就是用戶為一個行為所需要付出的綜合成本。這個成本不只金錢，還有需要花多長時間（時間成本）、是否容易學（學習成本）、別人怎麼看（形象成本）等。

觸發 觸發就是促使一個人立刻做出行為的誘因，也可以被理解成創造機會。比如，一個人想買一支新手機，他的動機有了，如果價格不貴，那麼他的能力也具備了。他一定會做出購買行為嗎？未必。他可能有很多顧慮，比如手機的手感如何、操作體驗如何、拍照的效果跟宣傳的是否一致等。這些顧慮都可能在最後關頭阻礙他做出購買行為。所以，商家還需要臨門一腳，創造機會，觸發用戶的購買行為，比如讓用戶到體驗店試用一下。此外，朋友推薦、銷售員介紹等，都是觸發或引導用戶立刻做出購買行為的因素。

有一個關於代駕的研究很有意思：在 KTV 貼代駕服務的電話，貼在哪裡效果更好？答案是洗手台。客人喝多了酒，洗手台是他吐過之後最清醒的地方。

如果把觸發當成促使一個人做出行為的誘因，那麼這個誘因應該在恰當的時間和空間出現，這就是「觸發場景」。有一個詞叫「用戶觸點」，說的是和用戶接觸的管道與方式，但用戶觸點並不是越多越好。行為效率是衡量用戶觸點效率的關鍵，它包含時間、空間、觸發用戶的形式等。沒有行為效率的用戶觸點只能和用戶擦肩而過，什麼事都不會發生。所以，我認為「用戶觸發場景」這個詞更具清晰的指導意義。

總結一下福格行為模型，我們可以發現，其實能力和觸發解決的問題是，在有了動機之後，如何讓行為更容易發生。所以這個行為模型可以提煉成動機和容易度兩個面向，從而生成一個四象限的行為矩陣（見圖 3-3）。

透過這個矩陣，我們可以更好地判斷一個人在特定的場景下想完成什麼任務，需要什麼樣的能力和觸發條件。當產品很容易獲得時，用戶為什麼不買單？原因可能是沒有找到他的真實動機，這時企業就需要重

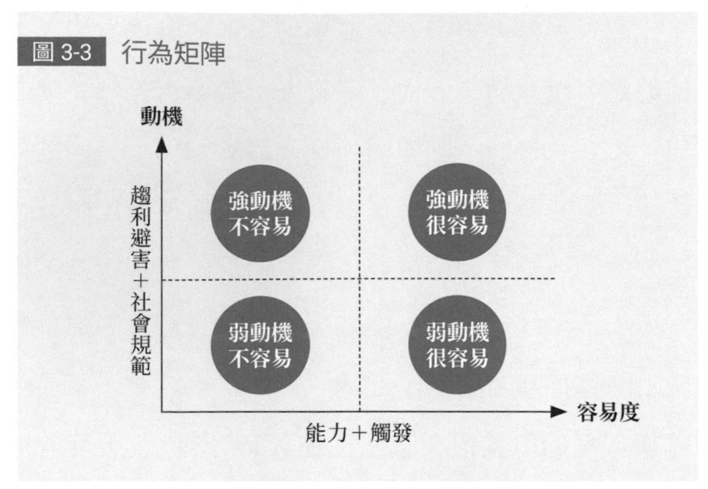

資料來源：參考自《福格行為模型》一書。

新定位自己的產品。也可能是企業雖然洞察到用戶的動機，但是用戶需要付出很高的行為成本，即容易度低，從而阻礙了行為的發生。這時，企業需要創造機會，提高容易度，讓用戶行為更容易發生。所謂提高容易度，就是將一個需要很多步驟的大行動分解成一個個更容易執行的小行為。

比如，Google 的員工餐廳堪比五星級飯店的餐廳，各種高端食材應有盡有，很多員工因此吃得太胖。Google 決定想辦法讓員工吃得更健康，從而解決員工肥胖問題。剛開始，Google 採用在餐廳開設營養課程等手段宣傳各種飲食注意事項，以圖透過改變員工的動機來改變其行為，但是沒有任何效果。按道理說，提高減肥的動機就會提高行動，可是為什麼效果不好呢？那一定是容易度出了問題。於是，Google 餐廳的管理人員想出了一個辦法：將健康營養的食物放在最顯眼、最容易拿到的位置，而將那些油炸的垃圾食品放到很遠的地方。就是這樣一個小小的調整，直接改變了員工的飲食習慣。

給有動機的用戶創造機會，可以讓用戶行為更容易發生。

◆需求變化：場景不同，動機和能力就不同

回到現實生活中來，很多產品的廣告都是一味地想透過改變動機來促使用戶做出行為，但用戶找到這些產品卻有一定的難度。比如，透過時長短短十幾秒的電梯廣告，促使一個人掃描 QR 碼或打電話、到淘寶天貓搜索產品相關資訊，從而找到該產品。殊不知，用戶在不同場景下的動機轉化成行為的效率是不一樣的。我們都知道，跟不同的人在不同的場景下講話的方式是不一樣的。可很多廣告在不同場景下說的卻都是同樣的話。

當一個人打開微信朋友圈時，他的動機是看朋友動態，而不是去看廣告。所以，商家在朋友圈做廣告時，也要像說話一樣分享生活動態，而不是直接賣貨。當一個人打開微博時，他的動機是去看新聞事件、娛樂八卦。所以，商家在微博做廣告時，應該把廣告設計得更加娛樂化，更具話題性，更容易傳播和分享。也就是說，廣告要幫助一個人把原本的動機轉化成具體的行為，而不是去嘗試改變他的動機。

在不同場景下，用戶動機不一樣，具備的能力也不一樣，所以商家促使他行動的方式也不一樣。比如，微博平臺公共影響力大，適合商家做形象塑造和事件性宣傳；小紅書適合用來「種草」，也就是幫助用戶了解產品；天貓、淘寶等平臺適合用來做消費決策，提高賣貨轉化率。

只有當一個人願意做出行為時，需求才真正產生。在此基礎之上，動機、容易度和行為發生形成完整閉環。可能有人對此不贊同，比如當

我們刷著抖音、看著快手時，突然刷到一個名人直播，一不小心，沒有任何動機就完成了一次後知後覺的消費，這怎麼解釋呢？這裡先留一個懸念，到了「創造需求」的部分再講。

說了那麼多關於動機、行為等的理論，一言以蔽之，需求就是用戶原本想要完成的任務，而用戶面對任務時是否產生行為則受動機和容易度影響。任務到底是什麼？看似簡單的一個問題，卻讓無數人掉進需求的陷阱，沒有抓住需求的真相。只有從場景下的任務出發，而不是從產品出發，才能正確定義需求。

◆ 正確定義需求比滿足需求更重要

哈佛大學商學院已故教授希奧多．萊維特（Theodore Levitt）[1] 說過一句廣為流傳的話：「人們要買的不是 4 分之 1 英吋的電鑽鑽頭，他們要的是 4 分之 1 英吋的孔。」這句話發人深省，談的其實就是需求的真相：達到目的。

2015 年，攜程集團併購「去哪兒網」，持有後者 45% 的股份，實現控股。去哪兒創始人曾提出一個問題，比攜程晚創立 6 年的去哪兒為什麼能如此迅速地迎頭趕上，甚至給攜程帶來這麼大的威脅？在網路領域，6 年的時間幾乎已經足夠各競爭企業之間的格局完成一次更迭。可是去哪兒居然還能後來居上，這是如何做到的？其創始人認為，攜程的失誤在於算錯了自己的市場規模。而它之所以會算錯市場規模，是因為它把用戶的需求定義錯了。

---

1 現代行銷學奠基人之一，曾擔任《哈佛商業評論》主編，1960 年在《哈佛商業評論》上發表成名作《行銷短視》（Marketing Myopia），這篇文章奠定了他在行銷史上的地位。

攜程在相當長一段時間內都把自己定位為線上旅行服務商，提供「線上訂飯店＋線上訂票」服務。但是這個定位卻存在兩方面問題：第一，線上旅行業務當時以每年 40% 的速度成長，發展潛力巨大，而且還在飛速成長，雖然攜程所占的市場占比也在成長，但依然留出了很大的市場空間，這個空間足夠容納好幾家新競爭對手；第二，線上旅行業務滿足的並不是一個人的底層需求。為什麼攜程沒開拓出像 Airbnb 那樣的市場呢？因為它認為掌握著線上預訂飯店這個最大的入口和飯店資源，而 Airbnb 並沒有進入線上飯店預訂這個主戰場，不對自己直接構成競爭威脅。但問題是，線上飯店預訂業務滿足的並不是一個人的底層需求。具體來說，這裡的底層需求是一個人不在家的時候住哪兒。而 Airbnb 正好找到了另外一種滿足這類需求的手段：住在別人家。於是，它開闢了一個新的市場，而攜程集團加上去哪兒網的市值總和都不及 Airbnb 的市值。

去哪兒創始人對此的總結是，創業者要記住 2 件事：一是要選擇一個比較恆定而不是變化快、飛速發展的市場作為公司策略的最終戰場；二是每過一段時間，如半年左右，要把對業務的理解向上抽象一個層次。也就是說，創業者要思考自己在做什麼、要滿足哪類人的基本需求、還有哪些方案可以滿足這類需求。

定義問題往往比解決問題更重要。平庸的企業往往只能看到用戶顯而易見的需求，並且把全部精力用於滿足這種淺層的需求，結果往往被競爭對手迅速模仿甚至反超，而自己則只能年年感歎生意不好做。如果問創業者最重要的能力是什麼，我會毫不猶豫地回答「是對用戶需求的還原能力」。我們也可以把還原用戶需求的過程稱為「需求考古學」。

考古學的工作之一是找到埋藏文物的地方，將之挖掘出來，透過一件文物還原一個時代。需求考古學同理。

滿足需求，做用戶想持續雇用的產品

到底什麼是滿足消費者需求？企業如何知道消費者需求是否得到滿足？

先來看一則笑話。兔子釣了一週的魚，居然一條都沒釣到。牠正在鬱悶的時候，魚從水裡跳出來，生氣地說：「可惡的兔子，再用胡蘿蔔釣我，我揍你！」做產品最大的「不幸」，就是把自己的喜好當成消費者的喜好，把自己認為最有價值的東西當成消費者最需要的東西！

企業：「我的產品這麼好！」消費者：「跟我有什麼關係？」這就是企業和消費者彼此心態的真實寫照，也反映了產品和消費者需求之間存在著巨大差距。我們在談論滿足消費者需求的時候，到底在談什麼？「滿足需求」的本質是什麼？如何讓你的產品成為消費者的首選？這是我們需要解決的問題。

◆消費者是老闆，產品是員工

「需求」這個詞無處不在，它的含義變得寬泛，無所不包。吃飯需求可以放到任何人身上，但如何滿足吃飯需求，我們可能已經無能為力。「需求」這個詞太籠統，它無法在「如何讓消費者選擇我的產品，而放棄其他選項」的問題上給出任何指導。

已故的哈佛商學院教授、顛覆性創新理論提出者克雷頓・克里斯汀生（Clayton M. Christensen），曾在《哈佛商業評論》上發表這樣的觀點：將消費者需求進一步細化類比成工作任務，消費者透過「雇用」產品來完成工作任務。消費者是老闆、雇主，產品是員工，透過幫助老闆完成工作任務來實現自己的價值。

前文敘述有一句行銷名言：「消費者不是要買電鑽，而是要買牆上的孔。」消費者購買一個產品，目的不是擁有這個產品，而是讓這個產品幫助他完成某項任務、達到某個目的。比如，一家裝修公司提供上門打洞服務，那麼它的電鑽只是產品，打洞才是任務。如果它忽略了工作任務這個視角，就會只顧著研究更好的電鑽和鑽頭，而不可能提供更好的服務方案。

如果一項任務完成了，下次也不會再發生，那麼完成這項任務的產品就沒有存在的必要；如果這項任務下次還會發生，那麼消費者就會再次「雇用」能幫他完成任務的產品。一旦產品無法幫助消費者高效地完成任務，就會被「解雇」，新的替代品隨之出現。

如果消費者每次在需要完成某項任務時，都會想起我們的產品，那麼我們的品牌就是可被消費者信賴的。這不就是一個老闆對員工的要求嗎？需求和產品的關係就像老闆和員工的關係，不是為了擁有，而是雇用關係，目的是完成某項工作任務。

思維訓練

熊貓不走，消費者買蛋糕時到底買的是什麼

某蛋糕品牌在創立 4 年後賣出了 600 萬個蛋糕，年營收超 8 億元人民幣。這個蛋糕品牌叫「熊貓不走」，2017 年底創立，短短 4 年時間，創造了中國糕點產業的奇蹟，獲得了 IDG 等知名投資機構

（接下頁）

的大額投資。有一次我跟它的創始人楊振華交流，他分享了熊貓不走是如何幫助消費者完成任務的。

很多蛋糕經營者會這樣宣傳自家蛋糕的賣點：手工製作、無添加、水果口味、抹茶口味、各種造型……從這些角度看，他們都認為消費者買蛋糕是為了好吃、健康或好看等。剛開始，熊貓不走也走了這條路：聘請了五星級飯店的糕點師傅，建立了自己的蛋糕工廠，用了一句廣告語「送重要的人，當然要送更好的蛋糕」。然而，幾個月過去，到了 2018 年初，蛋糕雖然在銷售，但並沒有太好的成績。顯然，「更好的蛋糕」並不是一個很有差異化價值的賣點。

楊振華和團隊檢討的時候，重新思考蛋糕的本質：消費者買蛋糕時到底買的是什麼？經過調查，他們發現：消費者購買蛋糕並不是為了好吃，而是為了完成一場生日活動的任務，是為了慶祝，為了大家在一起開心，更是為了讓過生日的壽星開心。

消費者會先在蛋糕上點蠟燭、許願、吹蠟燭，然後分蛋糕、砸蛋糕、拍照，朋友之間還會互贈禮物和祝福。在這種場景下，生日蛋糕的作用不是填飽消費者的肚子，而是幫助消費者過一個有意義的生日。

楊振華說，熊貓不走要完成的任務是幫助消費者過一個快樂的生日。此後，熊貓不走基於這個邏輯來開發產品和服務：穿著熊貓玩偶服的員工（熊貓人）給客戶送蛋糕，「熊貓人」會現場表演節目跟客戶互動，邀請客戶一起跳舞、合影。「熊貓人」與客戶的互動創造了很多感人瞬間。

只有跳舞互動還不夠，為了幫助客戶過一個快樂的生日，熊貓不走一直在設計其他的互動體驗方式，如泡泡機、幸運抽獎、請明星發祝福影片等。到目前為止，熊貓不走已經有超過 100 種互動體驗方式，並且每個月還在研究新的體驗方式。

其他蛋糕工廠都在研究如何做出更好吃的蛋糕，而熊貓不走在做好蛋糕的同時，把體驗方式當成企業研發經營活動。一切活動都圍繞「如何幫助客戶過一個快樂的生日」展開。

在客戶面前跳舞是需要勇氣的，比如讓外賣配送員送外賣沒問題，但讓他跳舞就會難為情。楊振華也認識到了這個問題，他說：「讓現有的員工去跳舞肯定不行，所以我們從招聘環節就會進行把關，優先招聘那些性格外向、敢於表現自己的人加入團隊，並且我們整個組織都有那種會搞事的基因。」

事實證明，他的做法是有效的。有一次我去熊貓不走杭州分公司見楊振華，那天他們公司正好有人過生日，我看到他正當著轎夫，在一群人的簇擁下，和幾個同事一起抬著轎子，在辦公室裡溜達。轎子裡坐著當天的壽星，壽星臉上掛著狂喜的笑容。

熊貓蛋糕目前依然處於快速發展期，陸續在中國各地開店，從競爭激烈的市場中走出了一條康莊大道。楊振華說：「未來我們還會從生日的場景繼續延伸，甚至進入求婚的場景、婚禮的場景等，都有可能。」

◆消費者想要完成的任務是什麼

消費者不是在購買產品，而是將產品帶入生活的某個場景，以實現某種進步。我們將這種「進步」稱為消費者想要完成的任務。進步代表了一個人朝向某個目標的動作，這個動作做好了，任務也就完成了。

舉個例子，由「怕上火，喝王老吉」這則廣告語，我們能否想到它提到的產品要幫助消費者完成什麼任務？假設幾個朋友好久不見，想組織一次燒烤聚會，但其中一位朋友擔心吃燒烤上火，王老吉就在這個場景下幫助這位朋友向聚會吃燒烤的目標靠近。

進步就是任務，只有理解了這個概念，才能找到消費者真正要完成的任務。那什麼是消費者不需要完成的任務？一些廣告語宣傳的「XXX，讓你的生活更幸福」是消費者需要完成的任務嗎？當然不是，這是一個大目標，目標不是任務。「我想要當一個好老闆」、「我想要當一個稱職的父親」、「我想要考上一所好大學」，這些都是人想要達到的目標，而不是需要完成的任務。

比如，「我想要當一個稱職的父親」可以被分解到無數場景中：孩子在家做作業的時候，帶孩子外出遊玩的時候，跟孩子在家吃飯的時候，帶孩子和朋友聚會的時候……在不同的場景下，一位父親會碰到很多不同的問題：輔導作業、講故事、親子遊戲……這一個個問題就是需要完成的任務，這一個個任務都在幫助他朝著「稱職的父親」這個目標進步。

回到熊貓不走的例子，當一位父親買了熊貓不走蛋糕為孩子過生日時，希望完成的任務是讓孩子過一個快樂的生日，還有一個隱藏的目標是希望當孩子眼中稱職的父親。熊貓不走讓這位父親朝著「稱職的父親」這個目標進步了一點。

要找到真正的任務，我們應該思考：這個人想要取得什麼樣的進步？什麼因素阻礙了他進步？這些問題的答案才是真正的任務。但是必須強調，一項準確定義的任務是多面而複雜的。這意味著，我們需要做的可能不僅是一個產品，還有一整套解決方案和獨特的體驗，只有這樣才能持續地滿足消費者的需求。

◆持續滿足需求，就是讓消費者一直「雇用」你

持續觀察消費者在完成任務的過程中所採用手段的變化，為其持續不斷地提供「雇用」價值，這是持續滿足消費者需求的本質。

現在有一個流行的概念「私域流量」（Private Traffic），很多行銷專家對它的定義是商家無需二次付費即可免費觸達用戶的流量，將這些流量稱為「流量池」。如果從這個角度來理解私域流量，那微商在朋友圈發賣貨廣告可以免費觸達。可這種做法為什麼那麼不受歡迎？傳統的簡訊行銷也可以免費觸達所謂的私域流量，為什麼簡訊行銷那麼遭人反感？對很多商家而言，拉幾個微信群就算擁有了流量池，但他們都忽視了一點：打擾了用戶，卻沒有在觸達的場景下幫助用戶處理原本想要完成的任務。

從「雇用」的角度來看私域流量，其本質就是商家跟消費者建立一種「長遠而忠誠的雇用關係」。商家要做的不是肆無忌憚地打擾消費者，而是提供「不叫不到，隨叫隨到」的服務，讓消費者在有需要的時候，不斷地「雇用」產品和服務。「微信之父」張小龍在小程式發布會上說過，希望小程式給用戶帶來的體驗是「用完即走」，不要打擾用戶。如果每個小程式都可以透過微信的聊天列表自由觸達用戶，那將會是什麼樣的災難？

品牌忠誠度想表達的是消費者對品牌的認同程度，但如果完全站在消費者的立場，那麼我們應該思考的不是消費者對品牌的忠誠度，而是品牌對消費者的忠誠度。與消費者建立一種長遠而忠誠的產品雇用關係，才是持續滿足消費者需求的本質。

◆真正的競爭對手並不是你的同行

從雇用的角度來看待消費者完成任務的過程時，我們對競爭對手的理解也就提升了一定的高度。我們並非在創造任務，而是在發現任務。任務可能是長久不變的，但是處理任務的方式會隨著時間的推移、科技的進步而發生巨大的改變。例如，隨著科技的進步，完成「遠距離資訊傳遞」這個任務的方式發生了巨大的變化：從傳統的郵寄紙質信件，發展到了發電報、發電子郵件、發簡訊、打電話、發微信等更快捷的方式。需要完成的任務一直沒有變，但是處理任務的方式一直在變。

福特汽車的創始人亨利・福特說過，如果去問人們要什麼，那麼他們只會說需要一匹更快的馬。福特說的是處理任務的方式在變，而「更快」這個需要完成的任務本身並沒有變化。消費者「雇用」的是讓他們更快到達目的地的產品，如汽車、火車和飛機等。這些產品解決的是完成任務的效率問題。

對企業來說，競爭的關鍵不在於打敗對手，而在於更高效地幫助消費者完成任務。這才是讓消費者選擇「雇用」我們的產品而放棄競爭對手產品的關鍵所在。

矽谷傳奇投資人約翰・杜爾（John Doerr）有一次問，Netflix 是否在和亞馬遜競爭，Netflix 執行長里德・哈斯廷斯（Reed Hastings）回答：「實際上，我們是在與你為了放鬆而做的所有事情相競爭。」他還告訴杜爾：「我們和電子遊戲競爭、和飲酒競爭，這個競爭對手特別難對付！也和其他影音網站競爭，還和棋牌遊戲競爭。」

競爭轉換到了新的賽道：打敗我們的不是對手，顛覆我們的也不是同行，就像打敗康師傅速食麵的不是其他品牌速食麵，而是「餓了麼」

這樣的外賣平臺，任何能幫助消費者迅速解決一頓飯的產品都是康師傅的競爭對手。

創造需求，喚醒消費者自己都不知道的潛在動機

你可能經常會聽到某些人的勸告，比如「創業一定要解決剛性需求，不要總想著自己能創造需求」，又或者是「創業者是沒有能力和資源去教育市場的，這是大公司的事情，創業公司應該去解決已經存在的痛點和認知」。這些觀點都對，但是需求也可以被創造出來，解決需求和創造需求兩者並不矛盾。需求什麼時候可以被創造出來？

由福格行為模型可知，一個人做出某個行為，需要具備 3 個要素：動機、能力和觸發。我們可以將之總結成動機和容易度兩個面向，並由此形成 4 個象限（見圖 3-3）。接下來我們分別從動機和容易度來看看需求是如何被創造出來的。

◆ 創造需求的核心

特斯拉創始人伊隆．馬斯克除了致力於生產汽車，還在探索很多前沿技術。比如，他創立的一家商業火箭航太公司 SpaceX，使火箭的發射成本下降了百倍，讓火箭可回收、可重複發射。他甚至嘗試讓人類移民火星。

試想，火星旅行是我們現在的剛性需求嗎？肯定不是，我們甚至連一點需求都沒有。但是，10 年、20 年之後，如果馬斯克或者其他人使火星旅行像坐高鐵一樣簡單安全，並且交通成本也下降到跟現在坐高鐵和飛機旅行一樣，那麼我們會不會產生火星旅行的需求？我想答案是顯

而易見的，需求將會被創造出來。我們的潛在動機是旅行，這是沒有變化的，至於是去火星或是其他地方旅行，則只是目的地不同而已，並沒有本質的區別。如果我們旅行的動機很高卻沒有付諸行動，那麼原因其實是容易度出了問題，也就是想做而做不到。

在交通工具主要是馬車的時代，消費者當然不會說他需要一輛汽車，因為那個年代還沒有汽車這個概念，但是更快到達目的地這個潛在動機是一直存在的。人類的底層動機從沒變過，只是解決這個動機的手段和效率在不斷發生變化。**創造需求的核心就是喚醒用戶自己都不知道的潛在動機，將這個更高效率的「新選擇」的容易度降低到消費者可以接受的程度，需求即被創造出來。**

接下來，我們分別從動機創造需求和行為創造需求兩方面來討論創造需求的方法。

◆動機創造需求，喚醒用戶的潛在動機

很多時候消費者並不知道自己在某件事情上是有痛點的，因為他們已經習慣了，並沒有覺得這樣做有什麼不合理。所以，喚醒消費者的潛在動機是創造需求的關鍵所在。

許多廣告內容是商家的自賣自誇，這種老王賣瓜式的宣傳方式正在失效，廣告把產品說得再好，受眾的反應都是：「你是 XX 品項第一，你的產品加起來繞地球幾圈，跟我有什麼關係？」在這種情況下，如何與消費者建立關係？我們需要洞察消費者當前行為習慣中的不合理之處，讓他們意識到之前的行為是有問題的。這樣才能喚醒消費者的潛在動機，讓他們知道產品或服務與自己的關係，從而提高動機，產生需求。

未卡寵物，創造養寵新需求

2017年初，兩個年輕人唐納德（Donald Kng）和妮可·李（Nico Li）在上海的一個共用辦公空間開始了創業之路。截至2021年，在短短4年的時間裡，這家名為未卡的創業公司從0做到了10億元人民幣的估值，受到資本市場的追捧。

未卡最初只是一家傳統貿易公司而已，代理國外的一些寵物食品品牌。在做代理的過程中，它不斷與消費者溝通，發現了消費者行為中一個不合理的地方，從而找到了真正的轉捩點。

未卡發現很多飼主會對自己的寵物以母子（或母女）相稱：當狗狗犯錯時，飼主會像媽媽一樣教訓她的「孩子」；當飼主拖著疲憊的身軀回到家時，會像對待「孩子」一樣，抱著寵物，和牠互動溝通。

唐納德認為這種關係是有問題的，飼主不會真的把寵物當成自己的孩子看待，真實的情感並沒有如此深入。他認為，飼主與寵物的關係更像是平等的室友關係，而不是從屬關係。如何處理這種室友關係或許是一個新的機會。

基於這種洞察，未卡提出了「人寵」的概念，做出了一系列擬人化寵物用品，如寵物版的西瓜貓砂盆、自嗨鍋、奶茶、寵物包子等。總之，人吃的、用的東西，寵物也有一份。

擬人化寵物用品的理念是讓飼主和寵物之間的情感連接更親密。養寵物本質上是人類情感的投射，因為寵物不會說話，無法準確地表達自己的感受與想法，牠們更多的是被動接受來自飼主的情感。對飼主來說，表達情感最簡單、最直接的方式就是把自己喜歡的一切與寵物分享，讓寵物也能體會到他們生活中的小樂趣，這就是室友關係的體現。

（接下頁）

未卡的產品設計思路是圍繞飼主的生活空間和閒暇時間建立起品牌認知。可以說，品牌賣的是某種信仰，而不是只給消費者解決基礎問題或只追求性價比。唐納德認為，好的品牌要做的就是及時察覺消費者想要什麼並給予滿足。

因此，未卡在設計產品時採用了降維的思路，即把人類生活的潮流降一個層級去創造寵物用品，於是就有了寵物的自嗨鍋、奶茶、包子等產品。這樣就不需要再對消費者進行市場教育，因為消費者一看到產品就能產生情感共鳴。這是一種潛在動機的投射，而不是被創造出的新動機。唐納德在介紹未卡的未來規劃時說：「未來，在持續打造寵物創意產品的同時，未卡將嘗試推出更多人飼主題的產品，更側重於飼主的需求。」

在滿足消費者的需求這件事上，很多商家只做了一半。他們只說自己的產品可以滿足消費者的需求，但是缺了消費者對自己當前狀態感到不滿的表示。這是一種缺乏用戶視角的溝通方式，因為商家提前假定了消費者對當前的狀態是不滿意的，假定他們迫切想要改變現狀、尋找某些產品來解決問題。這種假設僅從商家視角出發，然而消費者的真實需求往往並不是他們假設的那樣。

在未卡的產品推出來之前，消費者對寵物用品並沒有新的需求，他們不需要寵物版的西瓜、包子或是奶茶。而未卡先是讓消費者關注到自己當前的某種行為是不合理的，然後將一個「新選擇」擺在消費者面前。於是，就像汽車剛面世那樣，新的寵物用品需求就被創造出來了。

動機創造需求的本質是發現消費者行為習慣中不合理的地方，然後喚醒消費者對產品的需求。比如，下面這兩句廣告語：「洗了一輩子頭髮，你洗過頭皮嗎」、「偶爾才去一次美容院，可怕的是每天都在衰老」。再比如，幾年前，京東收購了一款 App「今夜飯店特價」。為了喚醒消費者對特價飯店的需求，這款 App 從找到消費者行為中的不合理之處著手，提出了一句廣告語：「只住 8 小時，為什麼要支付 24 小時的錢呢？」消費者一看到這則廣告就會有恍然大悟的感覺。

一定要讓消費者意識到在使用產品之前自己到底哪裡不對，這是動機創造需求首先要解決的問題。

◆行為創造需求，讓消費行為更容易

班傑明．富蘭克林在競選賓州議會議長時，遭到一位政敵的演說攻擊。富蘭克林對這位政敵的攻擊非常不滿。在這種情況下，很多人可能會選擇反擊，但富蘭克林沒有這麼做，而是採取了另一種讓人意想不到的辦法。他寫了一封信給這位政敵說：「我發現你罵我的時候，引用了很多書的經典，聽說你手上有一本私藏的奇書，不知道能否幫幫忙，借我一下。」這位政敵收到信之後一臉茫然，不過被富蘭克林一誇，虛榮心作祟，還是同意了他的要求，將那本書送到了富蘭克林府上。

一週之後，富蘭克林將書歸還，並附上一封感謝信。據《富蘭克林自傳》記載，自那之後，這位政敵對富蘭克林的態度出現了 180 度大逆轉，轉而用「非常禮貌」的態度跟他交談。不僅如此，後來他們還變成了終生的好友。富蘭克林後來對此是這樣解釋的：「比起接受過你恩惠的人，那些曾經施予你恩惠的人更願意再幫你一次。」

這個故事和創造需求有什麼關係呢？在回答這個問題之前，我們先來設想一段場景：一位女士走出家門，進入電梯，準備去超市買點生活用品。在電梯裡，她看到了各種廣告，介紹的產品有水果、電器、護膚品等。進入超市後，她路過一個水果攤，發現有水果試吃，於是嘗了一口，覺得挺好吃，就順手買了幾斤水果。本來她沒有買水果的需求，但被試吃的機會觸發了行為，而且感覺良好，就買了。此時她買水果的需求並不是受到電梯裡的廣告影響而產生的，而是被試吃激發出來的。

富蘭克林的故事和臨時在超市裡買水果的邏輯是一樣的，都是讓別人的行為先發生，從而改變動機。也就是說，行為改變動機比動機改變行為快，這是行為創造需求的核心。

還記得前面提到的認知失調嗎？當出現認知失調之後，人們會透過改變行為去跟隨思維和感受，如工作不順就辭職。而且，認知心理學研究發現，當行為和結果無法改變時，人們就會透過改變思維來合理化自己的行為，也就是安慰自己。

舉個例子，一位環保主義者進入了一家傢俱公司工作，而且被分配去森林砍伐樹木。環保主義者的身份和他砍伐樹木的行為發生了衝突，導致他的思維、感受和行為不一致，也就是出現認知失調。這時候，他可以用兩種方式來緩解認知失調：第一種方式，改變行為來跟隨自己的思維，也就是換工作。但可能他有較大的經濟壓力，辭職會影響到生活。不過，他還有第二種方式，即透過改變思維來合理化自己的行為。也許他告訴自己，他在做讓人們生活更幸福的工作，如果沒有他的工作，這個世界就不會有那麼多美麗又實用的傢俱。這樣一想，他可能很快就會緩解認知失調。

行為改變動機，快過動機改變行為。**創造認知失調，就能讓消費者朝著我們想要的目標有所行動。**

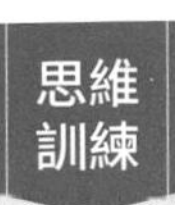

三頓半，改變消費行為，創造新的咖啡市場

2017～2019年，三頓半的銷售額經歷了爆發式的成長：2017年銷售額是1,500萬元人民幣左右，2018年達到3,000萬元人民幣，2019年的銷售額是2017年的10倍，達到1.5億元人民幣。這3年當中發生了什麼事？

三頓半主要產品是原創的精品即溶咖啡粉。之所以叫精品即溶，原因有兩點：一是咖啡豆比傳統即溶咖啡好，二是咖啡粉可以用冰水、冰牛奶沖，而且不用攪拌即可瞬間溶解。

三頓半之所以能成長得這麼快，靠的不是廣告，而是透過設計消費者的行為，讓消費者自發傳播。三頓半創始人吳駿將消費者行為設計總結為以下3點。

第一點，新喝法。三頓半有意引導消費者曬出自己的咖啡新喝法，除了用冰水、冰牛奶沖泡咖啡粉，還可以在咖啡裡加冰淇淋、椰子汁、豆奶等各種配料。面對自己創作的咖啡作品，消費者當然更有分享的動力。

第二點，新包裝。三頓半沒有用廉價的塑膠袋包裝產品，而是把產品裝在一個精美的小盒子裡，再裝進彩色咖啡杯形狀的塑膠小盒裡。很多消費者會忍不住將它擺在桌上拍照，並將照片分享出去。

第三點，新消費場景。三頓半在產品的使用場景上也做了不少引導，引導消費者在辦公室、飯店、旅行途中、戶外等場景中飲用三頓半即溶咖啡。

在創業初期，三頓半沒有透過傳統的廣告來宣傳產品，而是圍繞產品本身，引導消費者參與到產品的研發和體驗中，在產品設計階段就考慮了新喝法、新包裝和新場景的內容。表面上看，三頓半

（接下頁）

做的是傳播方式的設計，而實際上它做的是消費者的行為設計，最後讓消費者自發傳播。消費者自發傳播的目的不是為了展示產品，而是為了分享自己的生活方式。

2021 年 6 月，三頓半發布了 C 輪融資資訊，估值達到 45 億元人民幣。

讓消費者為產品做出一定行為，他們會覺得這也挺好。讓消費者用行為參與到產品傳播中，他們的思維和感受就會被統一來合理化自己的行為，從而對產品產生需求。

小米聯合創始人之一黎萬強寫過一本書叫《參與感》，書中講述了小米從 0 到 1 打造用戶口碑的過程。他在書中寫道：「網路思維的核心是口碑為王，口碑的本質是用戶思維，就是讓用戶有參與感。」為什麼要打造用戶的參與感？從企業角度看，按照黎萬強的觀點，這是一種體驗式消費，是為了在小米內部建立一套依靠用戶回饋來改進產品的系統。但是從用戶角度看，這樣做本質上是讓用戶做出一定行為參與進來。當行為已經做出，結果無法改變的時候，用戶就會改變自己的思維認知去合理化自己的行為。基於此，小米很多新產品會邀請用戶參與測試。

前面所講的動機創造需求和行為創造需求，分別從動機和容易度的角度討論了創造需求的方法。這些角度並不是割裂的，而是一個整體。

福格認為，行為的發生需要具備動機、能力和觸發條件 3 個要素。有人說這個理論和條件反射是衝突的：福格的觀點表明先有動機，再有行為；而條件反射理論說的是人的行為不是深思熟慮的結果，而是受環境和外在因素影響的結果。如何解釋這兩者的衝突？

其實兩種觀點並不衝突。福格說的是行為的發生需要同時具備 3 個要素，並沒有強調要素的先後順序，即可以先有動機，也可以先有行動，哪怕是條件反射引起行為先發生，也是因為行為背後已經有一個原本就存在的潛在動機。比如，我們在刷抖音的時候沒有購物動機，但最後卻做出了購物的行為，因為需求被激發出來了，也就是我們原本已有的潛在動機被喚醒了。可見，要創造需求，就要對用戶的潛在動機進行刺激並且重新排序，讓用戶原本已經存在的動機此時排在首位。

總而言之，當動機和行為不一致的時候，用戶就會產生認知失調，要緩解認知失調就需要從動機和容易度兩個面向著手，所以創造需求的本質就是創造認知失調。無論是從動機創造需求入手，還是從行為創造需求切入，都跟場景息息相關。它們是不可分割的整體，不能被割裂看待。

三維價值定位系統：從需求到價值轉化

創業者通常會認為自己做的產品有市場需求，然而事實總是很殘酷，最後就如得了「錘子症候群」一樣，手裡拿著一把「錘子」，到處找「釘子」。換句話說，看似萬能的產品，好像可以滿足很多市場需求，實際卻遠不如預期。那麼，面對眾多的市場需求，創業者到底該如何選擇？

要做出合適的選擇，創業者需要考慮這些問題：誰是目標消費群體？要向他們提供什麼產品或服務？要滿足他們什麼特定需求？這些都是創業者面臨的首要問題，即價值定位問題，這也是商業模式設計首先要解決的問題。

價值定位是一種價值取捨，它的重心與其說在於選擇，不如說在於放棄。設計價值定位該從哪兒切入呢？我們先來做一個實驗：兩人分一個橘子，如何分比較合理？我聽過很多答案，有的說平分，有的說先切的人後選，有的說把橘子榨成汁再分。這些分法都沒問題，但都基於公平考慮，而根本不在乎對方需要的是什麼。如果對方需要的只是橘子皮呢？面對同樣的情況，不同的人會有不同的需求。

前面的章節提到過如何發現需求、滿足需求和創造需求。可事實是，經過研究，創業者會找到很多市場需求。那麼，面對眾多市場需求，該滿足哪一個？創業者通常會在這個問題上陷入困境。是不是只要用戶提出需求，我們就該滿足呢？

張小龍有一次在內部分享會上提到，微信接到過很多需求。比如，用戶要求微信要顯示線上，要已讀，要給通訊錄做分組，要做更強的濾鏡，要塗鴉，要多終端同步，要雲端保存訊息，要影片、圖片一起分享到朋友圈，要群名片，要點讚頭像，要個人電腦（PC）版……該如何滿足這些需求？他認為，如果產品經理把這些都當作用戶樸素的需求納入產品功能，那將是非常可怕的事情。很顯然，並不是用戶有什麼需求我們就滿足什麼需求。張小龍說：「畢竟用戶永遠無法提出『找附近的人』、『搖一搖』這樣的新功能。」

我們需要基於對用戶的洞察提出自己的價值定位：我認為你應該這麼做才對。既然有價值定位，就會面臨一個問題：有人不認同這種價值怎麼辦？價值定位是選擇，是價值取捨，是放棄，無關對錯。價值定位是整個商業模式的核心，它描述了產品提供的價值和消費者需求之間如何建立聯繫，以及消費者要買我們產品的理由。價值定位的意義就是要定義清楚一個產品要賣給誰，他們把這個產品當作什麼，他們為什麼要買這個產品。

所有的生意都需要思考這個問題，即便是開一家餐廳，也需要思考下面這些問題。來餐廳吃飯的消費群體是誰？是路過的人，還是午休時過來吃飯的白領，抑或是晚上來約會的情侶？他們把這家餐廳當成什麼？可能是當成一個解決溫飽問題的快餐廳，或是旅途中的一個休息站，抑或是一個為情侶創造浪漫的約會場所。他們為什麼來這裡消費？路人也許是為了進來休息片刻，商務人士可能是為了談業務，情侶們或許是為了讓彼此的關係更進一步。

前面提到過，消費者透過雇用一個產品來在某個場景中完成某項任務。當消費者面對眾多產品時，會雇用哪一個？如何讓我們的產品成為消費者的「雇用」首選？

「水積三千，擇一瓢飲，需辨其清濁。出路繁多，擇一跋涉，需識其明暗。」創業者需要思考的是，面對眾多選擇，自己僅有的一顆「子彈」要打向何方。也就是說，要做好價值定位。有人說定位是工業時代的產物，現在是行動網路時代，未來將進入元宇宙時代，定位過時了。其實不然，我們應該問自己：我真的懂定位嗎？定位需要具備什麼條件？什麼情況下不適合定位？

查理・蒙格說：「只有知道一類知識失效的邊界，才配得上擁有這類知識。」學習任何方法，都應該了解它的前提條件和應用範疇。只有這樣，才能真正掌握它，甚至轉化成自己的方法論。因此，對待定位方法，不能盲目。

企業的本質是成為社會的器官，為社會解決問題，但很多企業管理者眼中的定位只是基於資訊不對稱的傳播定位。比如，有的企業花了很多錢做廣告，宣傳自己的企業是產業領導者，自己的產品是某品項第一。可是，這些跟消費者有什麼關係？**消費者能記住一家企業、選擇某個產品不是因為它是某類第一，而是在解決自己相應問題的層面上，它是最佳解決方案。**

價值定位就是要定義清楚一個產品要賣給誰，他們把這個產品當作什麼，他們為什麼要買這個產品。這可以用一句話來描述：對誰而言，我是什麼，給你什麼。

系統思維強調看待事物需要基於系統的視角，才不會盲人摸象，顧此失彼。我們在談論定位的時候，也不能從單一角度去看待事物，而要基於系統思維去看待價值定位，從多角度對事物進行定位。這跟導航系統的原理一樣，利用多顆衛星，採取多點定位，這樣才能互相糾錯糾偏，實現精準導航。

由此，價值定位也是一個多面向的系統，我給它取名為三維價值定位系統。顧名思義，它從 3 個面向對一個產品的價值進行提煉和定位。這 3 個面向分別為：產品定位、市場定位、傳播定位。它們從物理性的產品屬性和功能定位轉化到感性的心理定位，從人類的生理行為演進至心靈感受，從理性到感性。每一個層次的定位也都會從「對誰而言，我是什麼，給你什麼」3 個方面分別展開。

◆產品定位：創造差異化的相對優勢

麥克．波特在《競爭策略》（*Competitive Strategy*）一書中總結了 3 種獲取競爭優勢的方法：聚焦、總成本領先和差異化。

聚焦指的是在一個特定的細分市場，針對一類細分的目標人群，提出一種可以實現總成本領先或者具有差異化的價值。這麼一來，競爭策略就剩兩種。再換個角度看，因為具備了差異化，所以實現了總成本領先這個結果。其實，我們把波特的總結再梳理一下就是透過聚焦市場、創造差異化價值，實現總成本領先。這麼看來，創造差異化價值就是企業策略的第一要務。這也是產品定位的起點。

產品定位指，以企業的視角來看待一個產品具有什麼價值。下面將透過 3 個方面來展開說明（見圖 3-4）。

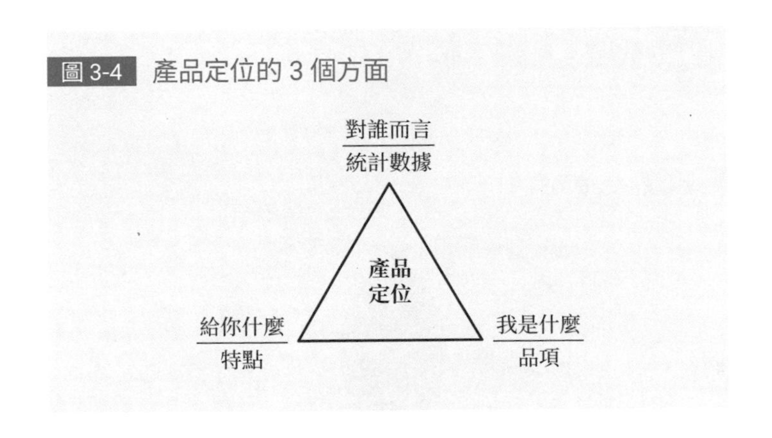

圖 3-4 產品定位的 3 個方面

對誰而言 在描述產品定位時，一些創業者會說「我們做的是針對 25 ～ 35 歲、月收入 8,000 ～ 10,000 元人民幣的中高端人群的產品」這類話。其實，在這個層次上的「對誰而言」只是統計數據，還沒有用戶輪廓出現。

我是什麼 在產品定位面向，我們把「我是什麼」稱為品項，即企業所生產的產品屬於食品類、飲料類，還是洗護用品類，抑或是社交類、電商類等等。

給你什麼 在產品定位面向，「給你什麼」是最關鍵的一環，決定了產品具有什麼特點。既然是特點，那就有和別的產品不一樣的地方，是產品的差異化價值。尋找相對優勢，開闢自己的戰場，就要揚長避短，以己之長攻彼之短。任何優勢其實都是相對的，需要看跟誰比。比如，在戰爭時期，一個老百姓手上有一把步槍，那麼他處於優勢還是劣勢地位？如果他拿著步槍去跟戰場上有武器的敵人正面交戰，那他肯定處於劣勢地位；如果他用步槍去村裡嚇唬沒有武器的惡霸，那他就處於優勢地位。產品差異化就是利用自己的特點，把別人的優勢變成劣勢，找到屬於自己的戰場（見圖 3-5）。

圖 3-5 產品差異化

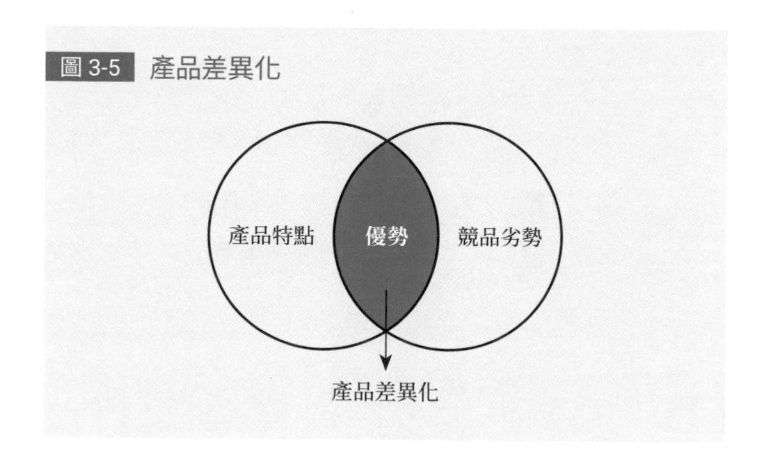

例如，到目前為止，淘寶系依然牢牢占據著電商的主導地位，是消費者心目中的電商代名詞。淘寶提出「萬能的淘寶」，天貓提出「上天貓，就購了」，繼續鞏固市場地位。同為電商，京東如何破局？

「不光低價，快才痛快」，這是有一年「雙 11」京東對淘寶天貓發起挑戰的信號。為什麼要提「快」？因為京東最大的特點和優勢就是自建物流，這是京東的王牌。淘寶創造了「雙 11」全球購物狂歡節，京東為了爭搶這塊蛋糕，用三段故事廣告提醒消費者：「雙 11，怎能用慢遞？上京東，不光低價，快才痛快。」

第一段廣告的主題叫「遲到的刮鬍刀」，講述的是一位男士在刮鬍子，刮到一半時刮鬍刀壞了，於是馬上在網上買了一個。但是等快遞送到時，他已經成為一個毛髮旺盛的野人。最後他憤怒地質問快遞員：「您還能更慢點嗎？」

第二段廣告的主題叫「遲到的防曬霜」，講述的是一位性感的女士準備去海邊度假，發現防曬霜沒了，趕緊上網下單訂購。等收到快遞時，她已經曬得全身黝黑，只剩下戴太陽眼鏡的眼眶部分是白的，於是憤怒地質問快遞員：「您還能更慢點嗎？」

第三段廣告的主題叫「遲到的指甲刀」，講述的是一位優雅的女士買指甲刀，最後變成了「梅超風」和「剪刀手愛德華」。

京東的做法是把自己的特點和競爭對手的缺點相比，創造差異化優勢。因為無論是跟對手比商品數量，還是比價格，它顯然都是比不過的。過去幾年，每年「雙 11」，京東都會針對淘寶的弱點展開競爭。比如「同是低價，買一真的，京東雙 11，真・正・低」，京東拿出了「正品」這個差異化優勢來與對手的弱勢競爭。還有一次，京東把「快」和「真」結合起來，提出：「同是低價，買一快的；同是低價，買一真的；同是低價，買一好的；同是低價，買一讚的。」在和淘寶、天貓的競爭中，京東每次都用自己的優勢對比對手的弱勢，不斷告訴用戶「還挑真假呢？別把網購當智力遊戲」、「網購買的是希望，別等到絕望」。可以說，京東能成功破局，與它的差異化策略分不開。

還有一家火鍋店，也利用差異化策略在紅海競爭中脫穎而出。海底撈在火鍋界的地位曾是數一數二的，而各地也有各自的火鍋品牌，所以火鍋市場就像特辣的火鍋湯底一樣，紅海一片。而一家叫巴奴的火鍋店卻在紅海競爭中勝出了。這家火鍋店最大的優勢就是食材好，但這顯然是不夠的，因為所有的餐廳都說自己食材好。巴奴的老闆找到了適合做火鍋食材的毛肚，以及「菌菇湯」這個特色湯底，甚至針對海底撈提出對標性的價值定位：「服務不是我們的特色，毛肚和菌菇湯才是。」消費者聽到這則廣告，自然會把它跟海底撈聯繫起來，產生「二選一」的感覺。

總的來說，差異化的建立不僅要考慮到如何與競爭對手形成區隔，還要根據競爭態勢和自身在市場上的位置來決定做法。如果一家企業是產業領導者，那麼它要做的就是始終捍衛自己領導者的形象；如果它不是產業領導者，那麼它可以做一個挑戰者，在一個細分市場，找到自己的細分位置，聚焦於自己的一畝三分地，在自己的地盤上建立根據地。這一切都是為了讓消費者形成差異化的認知，看到產品的不同，而不是看到它比競爭對手更好。差異化就是要獨特、唯一，唯一就是第一。

◆ 市場定位：明確「有效市場」

市場定位的 3 個方面（見圖 3-6）。市場定位就好比加入一個群體，每個成員都是獨一無二的，但是組成一個群體之後，它們就有了群體特徵和共同性。這時，「對誰而言，我是什麼，給你什麼」就變成了「對哪個用戶群體而言，這個產品用來做什麼，給用戶帶來什麼好處」。

圖 3-6 市場定位的 3 個方面

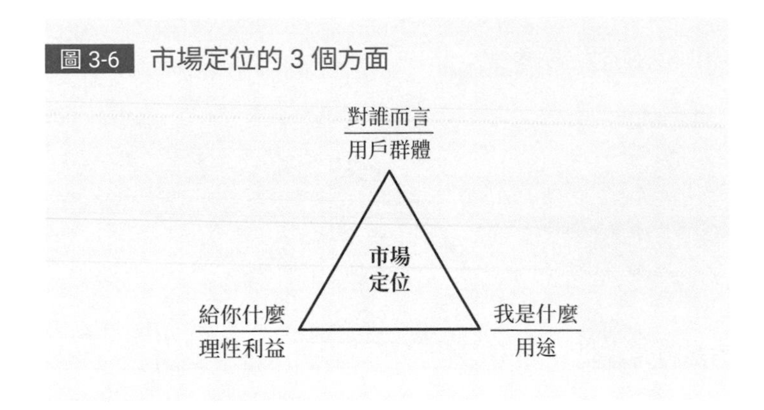

對誰（哪個用戶群體）而言 以產品視角定位，我們把用戶定義成「25 ～ 45 歲的白領，月收入 5,000 ～ 10,000 元人民幣，有家庭、有小孩、有車一族……」，以為描述清楚用戶輪廓就是進入了一個市場，但其實進入的可能是一個無效的市場。

傑佛瑞．摩爾（Geoffrey A. Moore）在他的著作《跨越鴻溝》（*Crossing the Chasm*）裡提到一個「技術採用生命週期」的模型（見圖 3-7）。到目前為止，這個模型應該是對「市場滲透」概念最好的詮釋。也就是說，一個成功的產品，最終的表現就是用最低的成本對大眾市場有效滲透。當產品的用戶規模到達一個臨界點時，就會跨越鴻溝，產生爆發式成長。

但問題是，大多數企業和品牌連早期市場的定位都錯了，連「溝」都沒看到就被市場拋棄了，還跨什麼「鴻溝」？我們來看一個反面案例。有一個火鍋外賣品牌曾經非常受歡迎，甚至發展了很多連鎖加盟店。它解決了各種火鍋外賣的痛點，如一次性火鍋設備、價格低廉、配送方便等。透過各種線上和線下的推廣方式，它的火鍋外賣成功滲透到

圖 3-7 技術採用生命週期模型

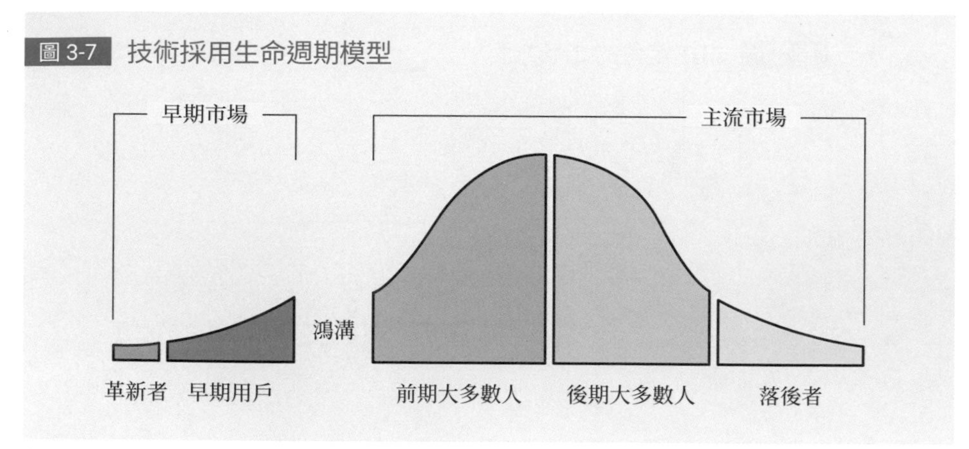

資料來源：參考自傑佛瑞・摩爾的《跨越鴻溝》一書。

很多城市家庭，貌似它的模式很快就會得到廣泛推廣。可事與願違，它的業績直降，融資也不順。問題出在哪兒？這個品牌不是已經成功滲透進早期大眾市場了嗎？

衡量一個產品是否成功滲透進早期市場，要先定義什麼才是有效市場。從宏觀上來分析，有效市場需要具備如下 4 個要素：

- 真實的需求。
- 提供商品的賣方。
- 有購買力的買方。
- 決策時互相影響。

前 3 個要素都不難理解，但第四點是最重要也最容易被忽視的一點。第四點說的是消費者決策時會互相影響，這個要素才是決定一個產品能否最終推向大眾市場的關鍵因素和槓桿點。

回看前面提到的火鍋外賣品牌，它看似進入了一個大市場，對自己的品牌也有目標消費者的定位，但卻忽略了消費者決策時會互相影響這個因素。消費者吃火鍋外賣的場景大多是封閉的，比如家中、宿舍裡等。在這類場景中，消費者數量少，決策時互相影響的機會少，品牌的影響範圍自然會小得多。也就是說，火鍋外賣面對的是很多單一的、獨立的市場，而不是一個有效的大市場。看看那些銷量好的速食外賣，它們幾乎都切入辦公室的場景。同事之間會討論中午吃什麼並互相參考意見，這就是「決策時互相影響」，也是速食外賣銷量好的重要因素。與火鍋外賣品牌相似的例子還有很多，比如，曾經很流行的各種 O2O 上門美甲、美容、美髮、化妝等服務的提供者，其實都陷入了同樣的困境。

透過這個例子我們不難發現，市場是由多個要素構成的，衡量是否進入一個精準市場的重要標準是，消費者在做消費決策時，是否在一個群體內互相參考意見、互相影響。

實際上，在行動網路時代，消費者做出購買決策越來越多地受到身邊的人意見的影響，即使在網上買東西，也在很大程度上依賴於別人的評價。消費者的主動分享和推薦是企業花再多錢也買不到的。更重要的是，消費者的分享都自帶場景。這意味著，這些互相參考意見的消費者具有相同的特徵和標籤。這些特徵使他們形成了一個群體，而群體成員之間有互相溝通的機制。

我們知道，企業行銷的目標是用最少的成本影響最多的消費者。結合以上分析可知，行銷人員若要用最低的成本刺激一個市場裡的消費者去主動討論、分享企業的產品和服務，關鍵就在於要進入一個消費者「相互討論、互相影響」的市場。因為只有這樣的市場才是有效的市場，這樣的消費者群體才是真正的目標消費者群體。

我是什麼（這個產品用來做什麼） 定義清楚了什麼是有效市場，就會發現，一個群體裡的消費者是有共同特徵的，他們在一個產品的使用問題上產生了相互影響。也就是說，他們對產品的用途有了一致性意見，即定義清楚了用這個產品來做什麼。

當我們用「35～45歲的白領，月收入5,000～10,000元人民幣」來描述一個目標群體時，這個群體就有幾億人。雖然他們是一個群體，但是需求千差萬別，購買一個產品的理由和用途可能各不相同。比如，有人買產品是為了自己用，有人是為了送禮，他們的需求不同，也就無法在某個共同需求點上產生相互參考意見的效應。

就算群體相同、需求相同，細分人群的需求也存在差異。比如，35～45歲的中產階級人群的買房需求存在很大差別。雖然他們屬於同一個群體，同樣要買房，但目的各不同，有人買房用來自住，有人用來投資，有人用來讓小孩上學……每一個不同的需求背後，都是一個個單獨的市場。

相同的產品會因為不同用途而產生不同的用戶群體（不同的市場），就像買包。女生買了是給自己用，而男生買了是送女朋友。雖然產品一樣，但是面對的消費者群體不一樣，用途不一樣，產品所展現的價值也就不一樣了。

當我們確定了消費者群體之後，接下來要考慮的就是：消費者想解決什麼問題，他們把我們的產品當成什麼，會用來做什麼？

給你什麼（給用戶帶來什麼好處） 如果一個消費者群體買房子的用途是投資，那麼很顯然，他們最關注的就是房子的升值空間。這時，房地產公司的廣告就可以打出「地段好」這個交易價值。如果消費者群體買房的用途是安居宜住，那麼房子的交易價值可能就是「山清水秀，遠離城市喧囂」。

在產品定位模組中，當我們說一個產品是「正品」時，描述的是它的屬性、特點。市場定位的核心就是，從產品的自我視角進入消費者視角，從關注產品的特點和屬性上升到關注屬性能給消費者帶來的實際使用價值，從「是什麼」上升到「有什麼用」，也就是功能利益。在這個層面，消費者對產品的用途和功能的訴求是理性的，所以我們也稱功能利益為理性利益。下面舉幾個產品的例子：

- iPod，產品屬性是「大容量」，功能利益是「把1,000首歌放進口袋」。
- 小米體重計，產品屬性是「靈敏度高」，功能利益是「喝杯水都能感知到」。
- OPPO手機，產品屬性是「充電快」，功能利益是「充電五分鐘，通話兩小時」。

功能利益要告訴消費者，產品的屬性能給他們帶來什麼直接利益，從而讓產品屬性更容易被消費者感知到。我們可以用這個問題來定義功能利益：這個產品的特點有什麼用？但是，在這個問題上，商家所認為的產品價值和消費者真正在乎的價值往往是不一樣的。

比如，有一個高端優酪乳品牌，一直宣傳自己的奶源來自歐洲有機牧場，但它的產品銷量平平。顯然，消費者並不買單，因為他們感受不到有機牧場的奶源有什麼實際價值。後來該品牌透過調查發現，很多媽媽買優酪乳給孩子喝是因為看中產品的另外一個屬性，即「常溫」。她們認為寶寶喝了常溫優酪乳肚子就不怕涼。於是，該品牌調整了自己的宣傳策略，提出了「常溫奶，不怕涼」的功能利益，產品銷量也隨之上漲。

◆傳播定位：消費者傳播的是他們的故事，而不是你的產品

傳播定位是價值觀層次的定位，它涉及的 3 個方面（見圖 3-8），可以用一句話來表述：對有什麼心理的人而言，這個產品代表著什麼意義，這個意義為什麼這麼重要。

圖 3-8 傳播定位的 3 個方面

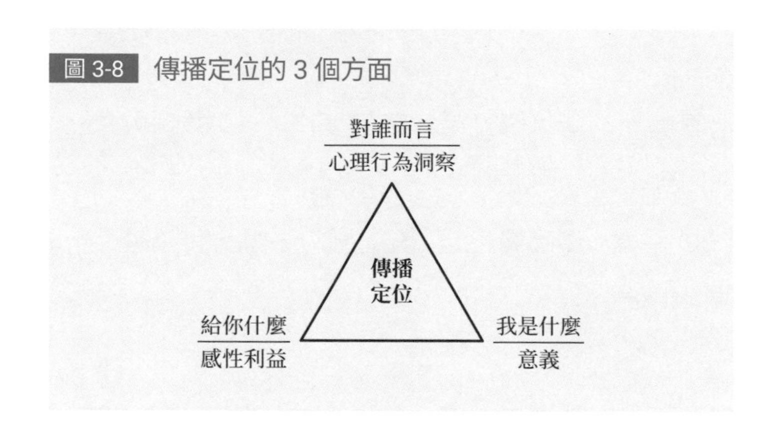

對誰而言（對有什麼心理的人來而言） 從產品角度出發，我們根據統計學原理定義了消費者的基本資訊。從市場角度出發，我們進一步找到了一個具有共同特徵的群體。至於如何向這個群體傳遞有效的資訊，則需要了解其獨特行為和心理特徵。

舉例來說，一個人正在開車，原本的雙向道因為突發事故變成了單向道，很快造成了塞車，而兩邊排頭的分別是一輛計程車和一輛小客車，任何一方都不想退讓，導致其他車也走不了，他該怎麼說服他們讓步呢？他的第一反應可能是說「麻煩讓一下，我趕時間」之類的話。這顯然是站在自己的角度去說服別人，而沒有弄清計程車司機真正在意的是什麼。哈佛大學的一位談判學教授遇到這種情況時，可能會走下車，跟計程車司機說：「兩方之中，只有你是專業司機。」計程車司機聽了可能會會心一笑，主動讓路。他們可能想獲得他人的肯定，體現自己開車技術好，是專業司機。

透過觀察消費者群體的獨特行為，我們可以了解他們內心的真正動機，從而進一步明確傳遞什麼樣的資訊來打動他們。有效的傳播，不光要有動人的理念，還要建立在對人和人性最大程度的關注之上。

下面將以人常有的從眾心理為例，講述如何圍繞它來做好傳播。人總是希望能夠盡量和群體保持一致，以消除內心的矛盾與不安，尋求歸屬和認同感。

所以當百事可樂宣傳它是「年輕一代的選擇」時，消費者會覺得自己不喝就落伍了。它所做的，就是激發一個人對群體歸屬的心理動機。

我是什麼（這個產品代表著什麼意義）　「使用這個產品對我的意義是什麼」體現的是消費者的一種價值觀。對一個成功的品牌來說，要想獲得消費者長期的認可和信任，光靠傳播產品價值是不夠的，還應該輸出某種價值觀，在人們的生活中扮演某種角色。讓品牌成為有社會共鳴的某種價值觀念和形象，這才是傳播定位的意義所在。價值和價值觀塑造了產品價值和企業文化的一致性，共同形成了策略。

一位男士送給女朋友一束玫瑰花，目的是什麼？很明顯，玫瑰花的產品屬性和功能利益都不重要，重要的是它所代表的意義：愛情的象徵。當 Roseonly 品牌提出「一生只送一個人」的價值定位時，這束玫瑰花所代表的意義就是一種「愛的承諾」。所以當一位女士在朋友圈曬玫瑰花的時候，她可能不是在傳播產品好不好看，而是在分享她的愛情故事。

給你什麼（這個意義為什麼這麼重要） 產品屬性和功能利益都是給消費者傳遞理性的購買理由，以說服他們。無論是展示各種技術，還是擺出數據，都是為了讓消費者相信選擇我們的產品沒錯，是滿足消費者的理性訴求。不過，功能利益將隨著競爭對手的不斷進入而逐漸同質化，如果產品已經處於這樣的競爭環境下，就需要從功能利益升級到感性利益。感性利益就是一種感性的購買理由，是消費者購買產品的情感因素，是無關對錯的群體偏見，是「我就是喜歡」的固執。在這個層面，影響消費者購買決策的是情感因素，是產品對消費者獨特心理行為的洞察，所以我們也稱感性利益為心理利益。與感性購買理由相關的例子不勝枚舉。

戴比爾斯（De Beers）的一句「鑽石恆久遠，一顆永流傳」，就讓鑽石這種沒有太高價值且不具實用性的東西成為永恆愛情的象徵，讓世界各地眾多消費者都願意為它買單。

父母花錢為孩子報補習班，從理性購買理由來看，目的是讓孩子學習知識或技能，但是從感性購買理由看，很可能只是因為「不想讓孩子輸在起跑線上」。感性利益沒有對錯，這就是為什麼那句「學鋼琴的孩子不會變壞」如此深得人心。

微信剛推出時，張小龍將它推薦給朋友，不料遇到了不小的阻礙。他有一次在內部分享會上說，如果把微信定位成比簡訊更省錢的通訊工具，那麼微信可能就失敗了。如果微信的競爭對手推出一種類似的產品，把產品定位在比簡訊更省錢，那麼它也沒辦法跟微信競爭。

「免費發語音和文字資訊」是微信的產品屬性之一，「省錢」是微信的功能利益。張小龍並不認同微信的核心價值是功能利益。他如果從功能利益的角度出發，去給朋友推薦微信，那顯然是無法得到別人認同的。他自己也認識到了這點：「微信剛出來的時候，我們推薦朋友安裝，但是他們都沒興趣，當時我們很驚訝，覺得這麼好的東西，怎麼會沒有興趣？」

這是很多創業者可能面臨的窘境，他們總覺得自己的產品好、沒問題，可是推薦別人使用的時候，對方卻沒有多大興趣。對此，張小龍想到一個辦法：「我們想到了打動他們的一招，說微信可以看到附近有哪些帥哥和美女，這些人迅速安裝上了。」

張小龍分析認為，如果微信的賣點是省錢，每個月省 10 元人民幣，那這樣的驅動力顯然不夠。但如果讓用戶每個月交 10 元人民幣，就可以看到附近酒吧有哪些人，那可能會讓用戶很興奮。他說：「我在想，為什麼是給用戶省錢而不是讓用戶交錢呢？他們對交錢的興趣其實更大一點。我們讓用戶使用的驅動力確實不是來自這是一個工具或者省錢。如果認為把這個功能做到世界領先，專業程度很高，就能怎麼樣，那是錯誤的想法，因為這不是真正的心理驅動力。」

他將微信定位為一種生活方式。如果用戶不使用微信，就沒有進入這種生活方式，就會變成一個落伍的人。這會令用戶感到恐懼，人對落伍的恐懼感是非常強大的。微信正是利用這種心理來讓用戶接受和使用它。張小龍總結說：「我們發掘的是用戶背後的心理訴求，這點是做產品的人最應該去思考的，我們不是在做一個功能，而是要怎麼滿足用戶的訴求。這也是微信最基本的產品思路。」

傳播定位是基於用戶視角的定位。我們要轉變以自我視角告訴別人「我是誰」的習慣，而以用戶視角發現消費者需要什麼或者不要什麼（趨利避害）。以產品視角做傳播，我們就只會說「我是某某品項的領導者」「我是某某產業的第一名」……可是，這些跟消費者有什麼關係？

曾經有一篇非常著名的長文案，文案標題叫作「我害怕閱讀的人」。一開始看到這個標題，我們會有點好奇，為什麼要害怕閱讀的人？於是忍不住讀下去，「跟這一群厲害的人講話，我就像一個透明的人，蒼白的腦袋無法隱藏，他們的一小時就是我的一生。」、「我害怕閱讀的人，我祈禱他們永遠不知道我的不安，免得他們會更輕易擊垮我，甚至連打敗我的意願都沒有。」發現沒有？這就是利用人們的恐懼心理，激起那些焦慮落後、害怕自己變成別人眼中沒有存在感和價值感的人的緊迫感，讓他們趕緊去閱讀。

我經常對創業者說，不要做品牌故事，而要做有故事的品牌。品牌故事的主人公是品牌自己，而有故事的品牌的主人公是消費者。消費者為什麼要分享產品？實際上他們不是在分享產品，而是在分享他們的故事。

接下來，我們來看一個案例，其中提到了一個從產品定位、市場定位到傳播定位的完整過程，並很好地說明了什麼是用戶視角。

思維
訓練

一個從產品定位、市場定位到傳播定位的完整過程

有一次我去 4S（銷售 Sale，零件 Spare Part，服務 Service，資訊 Survey）店買車，付完訂金回家之後，我發現自己經歷了從產品定位、市場定位到傳播定位的完整過程，最終買單。我自認為是很難被套路行銷的。然而，這一次，我卻甘願為套路付費。和大部分人買車一樣，我先透過各種管道了解所要買的汽車品牌和車型，然後直奔品牌 4S 店，但最後卻買了一輛和原計畫不一樣的車。

走進 4S 店，接待我的汽車銷售員看起來並沒有什麼過人之處，招待過程也很正常。銷售員在介紹車的時候，也沒有顯露過人的銷售能力。他給我介紹了一輛車的各種性能和用途。我聽得心不在焉，在店裡走走逛逛，忽然被一輛城市 SUV 吸引。銷售員馬上跑過來說：「這輛車有一個很重要的功能，就是四輪防鎖死煞車系統（ABS）。」

「有什麼用呢？」對汽車不太了解的我繼續問道。

銷售員解釋道：「四輪防鎖死煞車系統，可以提高行車時車輛緊急煞車的安全係數。換句話說，沒有 ABS 的車危險係數會增加，很容易造成嚴重後果，所以有 ABS 更安全。」銷售員不斷地解釋著。他似乎在想辦法把我教育成一個汽車專家。

我回覆說：「安全還是挺重要的，但是感覺有點性能過度了，這個功能可能一輩子也用不上那麼一、兩次吧。」此時，銷售員還是很難說服我接受這項功能。但是他馬上接過話說：「您說得沒錯，它只是起到一個防護作用。如果您和家人在一起，這個功能在關鍵時刻可是能救命的。」此時，我徹底被打動了。「關鍵時刻能救命」徹底激發了一個男人對家庭的責任感，最後自己還感覺很慶幸買到了這輛車。

我們來檢討這個過程。首先，銷售員從產品的角度介紹了這輛車的產品特點，也就是差異化——四輪防鎖死剎車系統。但是，大部分消費者包括我在內都不是專業人士，自然也就不知道這個特點有什麼用了。

其次，銷售員從產品屬性的角度更進一步地推進到功能利益，強調四輪防鎖死剎車系統更安全。然而，我對更安全這個功能利益不僅不買單，反而還覺得性能過度，可能一輩子都用不了一次。

最後，銷售員轉換了我的角色。他了解到我買車主要是家用，而不只是代步車，所以在角色上把我定位成一個對家庭負責的人，這樣的人在選擇汽車的時候怎麼能不考慮家人的安全呢？此時，這輛車從用途上升到了意義感——家庭交通安全的保障。產品的交易理由從理性的功能利益「更安全」，提高到感性利益「關鍵時刻能救命」。我的購買動機由此變得最強。

回想整個過程可以發現：這位銷售員在我的追問下，一步步從產品定位轉換到市場定位，最後轉換到傳播定位；傳播定位從產品特點（四輪防鎖死剎車系統）轉換到功能利益（更安全），最後轉換到感性利益（關鍵時刻能救命）；市場定位從個人特點進一步細分到群體，最後定位成「一個有家庭責任感的人」；在品項上，從 SUV 轉換到家庭用車，最後落在「家庭交通安全的保障」這個意義上。整個過程完整地重現了三維價值定位系統的路徑。

根據企業發展階段選擇價值定位

價值是什麼？價值就是我們講了一個故事，其中最打動人之處。我們需要對這一點窮追不捨，直到真正明白一切，並將之表達出來。價值定位不只是提出價值，更重要的是讓消費者感知到價值。一切沒有被感知到的價值，都是偽價值。

三維價值定位系統是一個價值階梯，從屬性、功能利益到心理利益，沒有對錯、優劣之分，我們需要尋找適合自己的階梯層級。在品牌的不同發展階段，所訴求的價值也不一樣。在早期產品階段，功能價值可以讓消費者更快認識產品。當有越來越多的人認識企業，逐漸形成品牌認知之後，感性價值和價值觀可以讓消費者更了解企業、認同企業、跟隨企業。比如，蘋果公司早期產品 iPod 主推功能價值，即「把 1,000 首歌放進口袋」，而蘋果品牌逐漸深入人心後，主推的便是品牌價值觀「Think different」（非同凡想）。所以，在不同的發展階段，企業需要選擇適合自己的價值定位。

價值定位是一個系統，不是一個單一要素，不能以單一視角定位，而要從不同面向、以不同視角分別定位，最後實現整體一致性。只有在市場外部和組織內部都實現認知一致性，企業的經營活動才能力往一處使，不做廢動作。

價值定位不是基於資訊不對稱的心智定位，因為這樣的定位將很快被競爭對手模仿。每家企業都可以說自己是某某品項領導者、開創者，到底誰是真正的領導者，就看誰的廣告多、投放的時間長。

任何價值創新都有紅利期，都不是一勞永逸的。如果一家企業創造了一種獨特的價值，獲得了很高的利潤，那麼越來越多的同行甚至跨界競爭對手就會逐漸進入它的市場，競爭將會趨向白熱化。此時，這個市場比拚的就不是單純的產品，而是綜合能力。也就是說，同樣都是為了解決一個問題，誰的解決方案效率更高、成本更低，誰就能最終從市場勝出，這就是我們接下來要討論的「交易成本」。理解了這一點，才能真正理解企業存在的價值本質。

解碼商業模式 DECODING BUSINESS MODELS

1. 設計商業模式時首先要解決的問題是價值定位問題，也就是要基於對用戶的洞察，定義清楚一個產品要賣給誰，他們把這個產品當作什麼，他們為什麼要買這個產品。
2. 要用系統思維看待價值定位，從多角度進行定位。
3. 三維價值定位系統的 3 個面向：產品定位、市場定位、傳播定位。
4. 價值定位不只是提出價值，更重要的是讓消費者感知到價值。

價值循環系統 環節 2——交付價值

交付價值的手段是降低社會交易成本

如果說企業的本質是成為社會的器官，創造了一種獨特的價值，因而解決了一個社會問題，那企業交付價值的手段是什麼？為社會解決問題的本質又是什麼？答案是降低社會交易成本。什麼是社會交易成本？在沒有電話之前，人與人之間的溝通是透過書信完成的，溝通成本非常高；在沒有汽車之前，人們進行長途旅行的效率非常低，這些都是社會交易成本。電話的出現、汽車的誕生，在某種程度上都起到了降低社會交易成本的作用。

所謂交易成本，是指為了完成一個任務，前前後後要付出的全部代價。任何阻礙任務完成的阻力，都是交易成本。這聽起來可能有點抽象。假設我們打算購買一個網路課程，以學習一項新技能。那麼，從下載 App 到挑選科目、從選定老師到交易付款、從付款到聽課評價等，任何一個環節不夠通暢，都可能導致交易無法順利完成。這一系列環節包含搜尋成本、資訊成本、金錢成本、決策成本、監督交易進度的成本等。

一個社會問題最終由誰來解決，取決於誰解決問題的效率更高，也就是誰的交易成本更低。交易成本的概念和企業的價值有什麼關係？關於這個問題的答案，可以追溯到英國經濟學家羅納德·哈里·寇斯（Ronald H. Coase）發表的論文。

1937 年，27 歲的寇斯發表了一篇論文《企業的本質》（The Nature of the Firm）。這篇論文回答了 2 個哲學性的問題，即這個世界上為什麼會有企業和企業的擴展邊界在哪兒，並首次提出了「交易成本」這個概念來予以解釋。1960 年，寇斯又發表了另一篇論文《社會成本問題》（The Problem of Social Cost），法律經濟學由此誕生，他被譽為新制度經濟學的鼻祖。1991 年，81 歲的寇斯獲得了諾貝爾經濟學獎。

一個充滿爭論的社會總成本問題

在揭曉世界上為什麼會有企業這一問題的答案之前，我們先來看 2 個案例：第一段是《牛與小麥》，第二段是《火車與亞麻》。

有兩塊相鄰的地，左邊的地種小麥，右邊的地養牛。這時，如果右邊的牛衝過柵欄，跑到左邊的麥地吃小麥，那你覺得牛的主人是否應該阻止？答案顯而易見，必須阻止。

以前的火車都是燒煤的，在行進的過程中會噴出很多火星。一段鐵路經過一塊地，地裡種的是亞麻。當火車經過這片亞麻地的時候，噴出來的火星一下子把亞麻點燃了。火車把亞麻燒了，鐵路公司需要賠償嗎？所有人都認為應該賠償。

如果答案這麼明顯，就沒有討論的必要了。那些偉大的思想家總是能在一些我們眼裡的常識性問題上有深刻的洞察。這 2 個例子有一個共同點，那就是都有一方損害到另一方的情況：牛吃小麥，損害了種麥子的人；火車燒了亞麻，損害了種亞麻的農夫。生活中其實還有很多這樣的例子。比如，有人在我們面前吸菸，我們被迫吸了二手菸，健康受到損害；霧霾嚴重，導致城市空氣品質不好，城市和市民都受損害。

當一方損害了另一方的時候，需要承擔賠償責任嗎？答案是肯定的。我們不僅要讓損害者對被損害者做出賠償，還要讓他們改進，保證下次不再犯同樣的錯。很多人都是這麼認為的，但有一個人持有不同觀點，他就是寇斯。寇斯很堅決地說：「不對，事情沒有這麼簡單。」為了說明這種想法為什麼不對，他還專門寫了一篇文章。芝加哥大學的幾位經濟學家和法學家看到這篇文章後，覺得不可思議，他們都認為寇斯錯了。

他們準備好好教育一下寇斯，於是著名的《法律與經濟學期刊》主編艾朗・戴維德（Aaron Director）[1] 在家裡舉辦了一次晚宴。他邀請的人裡有幾位後來獲得諾貝爾獎的經濟學家，包括彌爾頓・傅利曼、喬治・斯蒂格勒（George J. Stigler）[2] 和寇斯。在這次晚宴中，他們討論的主題是損害別人的人是否要做出賠償。為了把問題講清楚，有人甚至搬出了道具來還原牛吃小麥的場景。辯論進行到一半時，觀點出現了偏離，傅利曼開始批評在座除了寇斯之外的其他人。最後，所有人都感到驚訝，他們經歷了經濟學思想史上重要的一夜。

---

1 法律經濟學領域的奠基人，美國傑出的法學家、經濟學家，芝加哥經濟學派重要人物之一。

2 美國著名經濟學家、芝加哥大學教授，1982 年諾貝爾經濟學獎得主，同傅利曼一起並稱芝加哥經濟學派領軍人物。

◆所有的衝突和損害，本質上都是在爭奪資源

寇斯說：「所有的損害都是相互的。」牛損害了小麥，火車損害了亞麻，表面上看都是一方在損害另一方，但寇斯認為應該換個角度看，雙方其實是為了各自不同的用途在爭奪一些相同的稀缺資源，比如鐵路公司和種亞麻的農夫其實是在爭奪那塊土地的使用權。這番論調一出，寇斯受到了很多人的批駁。

為了把觀點論證清楚，戴維德邀請寇斯再寫一篇文章，詳細闡述他的觀點。於是寇斯發表了《社會成本問題》。這篇文章發表後，還是有很多人批評他，因為寇斯的「所有損害都是相互的」這一觀點與很多社會現實問題相悖。有一句格言，大致意思是「你可以行使你的權利，但是請不要損害別人的權利」，關於這一觀點的爭論持續了 30 年。

◆誰避免意外的成本最低，誰的責任就最大

這一爭論最終讓芝加哥大學教授理查．愛普斯坦（Richard Epstein）理清楚了。他用歸納法歸納了關於寇斯觀點的所有爭論。

假設兩種資產的擁有者是同一個人，會發生什麼情況？如果兩種資產的擁有者是兩個人，會發生什麼情況？如果兩種資產歸屬於第三個人，又會發生什麼情況？比如牛和小麥這兩種資產，如果同屬於一個主人，那麼牛能不能吃小麥則取決於哪種資產價值更高。如果小麥的價值比牛高，那牛當然不能吃小麥。反之，牛就可以吃小麥。

再來看火車與亞麻的例子，如果鐵路公司、亞麻同屬於一個主人，那麼他會怎麼做？要讓火車不損害亞麻，可以讓火車改道，不要靠近亞麻地，但無疑這樣做的代價和成本相當高。所以，如果鐵路和亞麻同屬

於一個主人，那麼他當然會採用成本最低的做法，如更換亞麻種植地或者不把亞麻放在鐵路旁等。

如果鐵路公司和亞麻分別屬於兩個主人，那麼毫無疑問，大多數人都認為鐵路公司要賠償農夫。但是著名的法官小奧利弗．溫德爾．霍姆斯（Oliver Wendell Holmes Jr.）發表了不同的觀點。他認為，如果鐵路和農夫的總收入和總產出不能達到最大，那麼農夫可能要負一定責任。

這是站在更高的角度（第三人）看問題，鐵路和亞麻都是社會的，是國家的資產和保護對象，而國家追求的是資源和價值的最大化，所以答案就是另外一個。也就是說，國家要從社會總成本的角度來看問題。正是基於這個觀點，寇斯才認為，火車損害了亞麻，責任可能在農夫的身上。由於誰付出的成本更低，誰就應該承擔更大的責任，而農夫避免意外所付出的成本更低，因此，從社會總成本的角度看，需要改變的是農夫，而不是鐵路公司。

問題在於，如果火車損害了亞麻，最後要讓農夫承擔責任，把亞麻種植到其他地方，那麼農夫就要付出一定的成本，這個成本由誰來承擔呢？答案是鐵路公司。這樣一來，解決這個問題的社會總成本就降到了最低。

消費者的選擇：總成本最低

從社會總成本的角度看，企業如何降低交易成本？上文提到了一個假設：所有資源的產權同屬於一個人。這種情況下資源不存在交易，也就是交易成本為零，資源的配置將會達到最優。但在現實生活中哪有這種情況？在社會中，處處都有交易，有交易就有成本。

為此，寇斯在 1990 年又寫了一篇文章《社會成本問題的筆記》（Notes on the Problem of Social Cost）。他在文中寫道：

> 我從來就沒有說過現實生活中的交易費用是零。相反，現實生活中的交易費用是很高的。我想勸我的經濟學同行們要放棄、要離開那個世界，不要活在那個以為交易成本是零，以為只要有一個政策，人們就能執行的社會裡。你永遠都要看到現實生活中的種種困難、種種障礙。

寇斯認為，企業之所以出現，正是「管理協調」代替「市場協調」並降低成本的必然結果。也就是說，企業組織的交易成本低於市場組織的交易成本，所以企業才得以產生。比如，如果每個人自行扔垃圾，那麼個人處理垃圾的成本很低，社會所承擔的垃圾處理成本很高，而垃圾處理公司（企業組織）比個人（市場組織）處理垃圾的交易成本低得多。

寇斯從社會總成本的角度出發，認為企業之所以存在，是因為它降低了社會交易成本。**如果從社會總成本的角度思考企業價值，那麼不難理解，消費者之所以選擇某個產品，是因為這個產品在眾多選項中實現了總成本最低（所謂最低，都是相對的）。**

比如，淘寶平臺上有很多商品可供選擇，而且沒有中間商賺差價，商品價格更低，可以幫助消費者花費更少的時間成本和金錢成本買到更多的商品，所以成為很多消費者的選擇。

再比如，消費者想買國外的優質商品，但不懂外語，等學會了外語再去國外買，那時間成本、學習成本和金錢成本都非常高。這時，跨境電商就出現了。如今消費者可以在天貓國際、京東國際等購物平臺上買到自己想要的商品。

又比如，為了解決偏遠地區的學生沒有好的教育資源的問題，網路教育出現了。北京四中、成都七中等中國名校都開放了網路學校資源，便於偏遠地區的學生即時和名校學生一起上課。哈佛大學、史丹佛大學等世界名校也開放了部分課程，為全世界的學生提供了享受頂尖教育資源的機會。

企業存在的目的，就是透過幫助社會降低各種交易成本，從而解決各種社會問題。讓昂貴的商品變便宜（金錢成本），把遙遠地區的商品運到家門口（時間成本），讓複雜的事情更簡單（學習成本）……這些都是降低交易成本的做法，是企業要完成的任務。

既然企業要做的是降低交易成本，那生產昂貴奢侈品的企業降低了什麼成本呢？要回答這個問題，我們不妨想像一個場景：在社交場合裡，判斷一個陌生人是否有錢或者有身份地位最快的方式是什麼？除了朋友介紹，我們基本上只能透過他的衣著配飾來判斷。這時候奢侈品的作用就體現出來了。如果他的衣著配飾都是奢侈品，那麼我們能很快判斷出他的經濟實力不俗。而從另一個角度來說，奢侈品也是某些消費者用最低交易成本快速「建立形象」的方式。

企業規模的邊界由內外部交易成本決定

新的問題來了，既然企業存在的目的是降低交易成本，那麼從社會總成本的角度看，全世界只有一家企業不就行了嗎？事實證明不行。為什麼不行？這個問題的答案和寇斯的另一個觀點，也就是與企業內部交易成本有關。換句話說，就是企業規模存在邊界。寇斯認為，企業規模的邊界由外部交易成本和內部交易成本的對比確定。隨著企業規模擴大，管理複雜度遞增，規模產生的邊際效應遞減。當內部交易成本等於企業外部交易成本時，與其自己做，還不如對外採購。當內部交易成本等於或者大於外部交易成本時，成長的邊際效益就是負的，企業的成長停滯不前。

企業要想發展，就要降低內部交易成本。外部交易成本越低的事情，越應該外部化；內部交易成本越低的事情，越應該內部化。也就是說，企業自己做的事情必須比市場更高效，否則就應該將業務外包出去。比如，企業可以把設計標誌的工作外包出去，而不需要專門聘請一位設計師。不過，仍有很多企業養了一些成本大於收益的部門。這也是為什麼經常有某些公司強調狼性文化，驅逐「小白兔」。

很多企業在規模做大之後，就開始做併購。但現實情況是，併購成功的案例少，失敗的居多。在商學院裡，大家會分析文化衝突、制度衝突等，究其根本原因，就是內部交易成本上升。這些企業可能只看到了外部的業務協同效應，想著如何做大做強，甚至透過併購來建立產業壟斷優勢。但是企業合併之後，會因為各種彙報機制、錯綜複雜的流程制度等，導致不同團隊之間的溝通成本不斷上升，從而形成「大企業病」。用寇斯的觀點來解釋就是，隨著內部交易規模的擴大，各種生產要素的調度更加複雜，經驗和判斷的失誤也會增多，導致新增資源的使用效率逐漸降低。這就決定了企業不可能無限制地擴大到完全替代市場的作用。

為了降低內部交易成本，一些企業想了各種辦法，如「海星模式」、「阿米巴」、「內部創客化」等。華為的主要創始人任正非在降低內部交易成本方面有非常獨到的見解。他經常旗幟鮮明地反對自主創新。在具有可選擇性的領域，華為更願意採用合作夥伴的解決方案，並對合作夥伴持續優勝劣汰，吐故納新，從而長期與業界最優秀的夥伴進行合作。

任正非說：「如果華為採取策略結盟的方式，甚至兼併收購合作夥伴，就會失去選擇權，這意味著臨近熵死[1]。」他總是強調：「我們永遠不上市，因為上市會影響我們的決策。」上市公司的決策機制一旦被資本市場綁架，內部的交易成本就會提高。

偉大的企業家都是哲學家，他們具備了哲學級、原理級的思維方式。我們只有如他們一般，擁有這種思維方式，思考為什麼會有企業，才能更加理解這個世界為什麼需要我們的企業。企業存在的本質就是透過降低社會交易成本，為社會解決問題。熊彼特說：「所謂經濟發展，並非在於為女王提供更多絲襪，而是在於透過不懈努力，讓工廠的女工們都能穿得起絲襪。」企業只有實現了綜合交易成本的領先，才會被市場選中。而實現綜合交易成本領先就是企業的核心競爭力。

那麼問題來了，如何才能在交易成本方面實現領先？或者說，我們要如何建構這種「非我莫屬」的核心競爭力？接下來，我們將開始建構能力系統。

1 任正非所說的「熵死」是一個物理學概念，源於熱力學第二定律，也叫熵增定律。一個孤立系統的熵一定會隨著時間推移達到極大值，系統會達到最無序的平衡態，這個過程叫熵增。最後的狀態就是熵死，也稱熱寂。

解碼商業模式

DECODING BUSINESS MODELS

1. 企業存在的目的，就是透過幫助社會降低各種交易成本，從而解決各種社會問題。
2. 一個社會問題最終由誰來解決，取決於誰解決問題的效率更高，也就是誰的交易成本更低。
3. 消費者之所以選擇某個產品，是因為這個產品在眾多選項中實現了總成本最低。
4. 企業規模的邊界由外部交易成本和內部交易成本的對比確定，企業要想發展，就要降低內部交易成本。

5 如何交付價值，建構「非我莫屬」的能力系統

我原本一直對「做產品就是要找到使用者痛點」這句話深信不疑，但後來意識到，並不是找到痛點就有機會創新和成功，因為大多數痛點和機會並不屬於「我」。如果沒有解決這個問題，那麼這個商業模式在一開始就無法成立。我們在談如何交付價值的時候，實際指的是「做這件事情的人憑什麼非我莫屬」。

如何才能建構「非我莫屬」的能力系統，是本章要解決的重點問題。我將透過如下 4 個問題展開論述：

- 到底什麼是企業的核心競爭力？
- 如何建構企業獨特的經營活動，從而形成核心競爭力？
- 如何建構從相對優勢到絕對優勢的核心競爭力？
- 未來的競爭將如何演化？

讀完這章，我們將真正理解獨特能力的真相，掌握建構能力系統的方法。而且，我想在一開始就指出：不要擔心沒有「一招制敵」的高科

技技術，也不要擔心缺乏某種壟斷的、稀缺的資源，哪怕我們所從事的是最傳統的產業，也可以建構出自己的能力系統。

跳出能力圈陷阱

創業沒有足夠的能力和資源，該怎麼辦？這個問題讓大多數人一開始就不敢行動。這是典型的掉進能力圈陷阱的表現。我們只有跳出能力圈的陷阱，才能突破自己。

巴菲特的投資邏輯裡有一個很重要的基本原則，就是要清楚自己的能力圈。他說：「每個人都有自己的能力圈，重要的不是能力圈有多大，而是待在能力圈的範圍之內。如果主機板中有幾千家公司，你的能力圈只涵蓋其中的 30 家，只要你清楚是哪 30 家，就可以了。」

有人認為巴菲特想告訴我們的是，一定要做能力範圍內的事，不懂就不要做，沒有能力也不要做。但我認為這是對能力圈理論的誤解。巴菲特的老搭檔查理．蒙格說過，「如果你不知道一種知識失效的邊界，那你就不配擁有這種知識」。我想用蒙格的「矛」去戳戳巴菲特的「盾」，探討一下能力圈理論的失效邊界在哪裡。

我們需要回到巴菲特提出能力圈的語境。基於投資的視角，能力圈理論完全沒問題。投資者必須很清楚地了解一家企業是做什麼的、有什麼核心競爭力、當前的價格是不是被低估了、未來的價值潛力可能有多大等，還必須看懂這家企業的財報，才能投資。這一切對投資者來說都非常合理，不懂不投，不熟不投。

但是，能力圈理論並不適用於創業者，因為創業者往往處於資源不足、能力不足的狀態。對創業者而言，能力圈其實是能力陷阱。也就是說，透過長期的經驗累積，我們會建構出自己的能力和思維定型，自然樂於做那些自以為很擅長的事情，最終就會一直擅長做那些事。做得越多，就越擅長，越擅長，就越願意去做。這樣的循環可以讓我們獲得更多的經驗，但也正是因為這樣，我們才更容易落入能力陷阱，而在其他方面無法突破，甚至不敢去突破。

伊隆・馬斯克創建的特斯拉差點破產，創建的 SpaceX 也有好幾次處在破產邊緣。他一開始就擁有了造車能力和造火箭的能力嗎？當然不是。他一開始甚至不具備絕大部分能力，而只有一顆野心。於是他就這樣開始創業了，在一次次造車、實驗火箭失敗的過程中，一步步建構能力，擴大能力圈。如果馬斯克也選擇待在能力圈範圍之內，那就會有多少錢辦多少事，有多少人做多少事，而不會有今天的成就。

有人可能會說：「馬斯克是異類，一般人不能與他相提並論。」其實，我們身邊的任何一個創業者當前所擁有的能力、團隊和資源，都不是在創業之初就擁有的，而是逐步累積的。很多創業者在多年之後，甚至連創業的方向都發生了多次轉變，而且這些都不在他們原本的能力圈範圍內。

未來是高度不確定的，我們現有的能力和資源都不足以完成目標。如果把現有的能力圈放在一個快速變化、充滿不確定性的外部環境中，那麼我們顯然無法適應。為了適應變化，我們需要具備快速學習的能力。

如何才能跳出能力圈陷阱？我們需要改變對能力的認知。創業者的能力圈是在不斷放大的。作為創業者，最應該具備的能力是基於對外部環境和機會的判斷而產生意圖，再去擴大能力圈。打個比方，一位軍事指揮官在戰爭中為了獲得一場戰役的勝利，先有必須拿下一座山頭的意圖，基於這個策略意圖，再去分析需要建構什麼樣的能力，接著組織軍隊、籌備武器、設計進攻路徑和防守策略等，然後逐步建構能力，甚至邊打邊累積能力。

能力是優勢，也是陷阱。能力不是一開始就有的，幹著幹著也就有了。所謂的優勢也有週期，不是一朝擁有就能讓人安枕無憂。能力圈一開始很小，只要跳出能力圈範圍，幹著幹著，能力圈就大了。

不管是作為創業者，還是作為職場人，每個人都有一個當下的能力圈，但是，只有跳出去，才能逐步建構自己的核心競爭力。

什麼是企業的核心競爭力

企業的獨特能力就是企業的核心競爭力，是企業從市場中脫穎而出的關鍵。

在投資過程中，我經常問創業者一個問題：「你的核心競爭力是什麼？」在所有的回答中，有一個出現的頻率最高，即核心競爭力是產品。其實，產品從來都不是一家企業的核心競爭力。為什麼？

假如一位農婦有一隻下蛋的母雞，她把牠每天下的蛋賣了，可以賺到很多錢，那麼雞蛋是她的核心競爭力嗎？當然不是，那隻母雞才是。下蛋是母雞的工作，而養母雞是她的工作。她要關注的是母雞，而不是雞蛋。企業的每一個產品就像是母雞下的每一顆雞蛋，它只是結果，而真正的核心競爭力是原因，即企業做出好產品的能力。

一套琢磨了多年的產品研發流程；一種獨特的組織文化，讓企業可以吸引到頂級人才加盟；一個對產品有極致追求的團隊，團隊成員可以自覺加班，只為了解決一個小問題……這些因素才是企業的核心競爭力。它們讓企業可以源源不斷地「下蛋」，創造出好的產品。只有找到這些因素，把它們提煉出來，讓它們可以應用和複製在每一個產品上，企業才能找到自己的核心競爭力。

「核心競爭力」這一概念是 1990 年美國學者 C. K. 普哈拉（C. K. Prahalad）和加里・哈默[1]在《哈佛商業評論》上發表的一篇文章《公司的核心競爭力》（The Core Competence of the Corporation）中提出的。他們認為，核心競爭力是企業獨特的競爭優勢，它透過產品和服務給消費者帶來獨特的價值、效益。也就是說，核心競爭力應該是有助於企業在市場競爭中取得並擴大優勢的重要源泉。核心競爭力理論和資源基礎理論認為，企業必須發展那些有價值、稀缺、不易被模仿和不可替代的異質性資源和能力。

企業的本質是為社會解決問題，解決問題的方案就是建立價值定位，即做好產品或服務定位。圍繞實現產品或服務的行動，構成獨特的經營活動組合，這就是企業核心競爭力的來源，也是麥克・波特提出的策略定位。說到定位，你可能會想到影響力很大的傑克・特魯特的定位理論。在這裡，我們有必要對特魯特的心智定位和波特的策略定位進行區分。

特魯特的心智定位是一種基於傳播視角的定位；而波特的策略定位是一種經營活動的協同組合，後者不只是告訴你要成為什麼，還告訴你更重要的是如何做到。特魯特的心智定位指的是品牌要在消費者心智中占領一個詞，成為品項的代表。他認為消費者心智才是最終的競爭戰

---

1 普哈拉與哈默合作的巔峰之作是 1995 年出版的《競爭大未來》（*Competing for the Future*），曾被《商業週刊》評為年度最佳管理圖書。

場，這是從傳播視角進行的定位，是一種基於資訊不對稱的宣傳手法。心智定位主張品牌要成為品項第一，因為只有第一才能被消費者記住，才能占領消費者的心智。

但是，如果進入消費者心智是結果，那原因是什麼？要如何做到呢？特魯特說：「要投入足夠的傳播資源」。「足夠」意味著什麼？意味著不計成本。一個新品牌，如果在創立之初不計成本地投入足夠多的傳播資源，那它的結果有很大機率就是傾家蕩產，成為「沉默的大多數」。即使它能撐到最後，成為被人津津樂道的「成功案例」，也只是源於倖存者偏差。很顯然，按照特魯特的理論去推理和得出的結論是有問題的。

餐飲業是特魯特的定位理論在中國最早的實踐領域。我們不妨想想：誰是餐飲業第一？如果正好想到了心目中的第一，那麼再想想自己只吃一家嗎？並不是。市場的真相是，你有你的客戶，我有我的客戶，最重要的是找到自己的客戶群體，然後做好產品和服務，去贏得目標客戶。

波特旗幟鮮明地反對特魯特的心智定位。他認為，定位不是簡單地定下做什麼，如果只是某種單純的定位，那麼競爭對手很快就可以跟進模仿，自己的優勢也會隨之喪失，所以競爭優勢是短暫的。比如，一家企業創立了一個新的品項，對外聲稱它是這個品項的領導者。不久，另外一個競爭對手發現這個市場真的有利可圖，於是馬上跟進模仿，但是它投入的廣告更多，而且不斷對外說自己才是這個品項的領導者。最後消費者只會相信廣告更多的那家企業，而創立新品項的那家企業根本經不住競爭的考驗。

為了進一步說明二者的區別，我們來打個比方，有個人占了一個位置好的座位，如果採用心智定位，那麼他就會對外聲稱這個座位是自己的，可是他還沒坐穩，另外一個身體較為強壯的人就過來搶他的座位，並且很輕易就把他趕走了。如果採用策略定位，那麼他會用很多手段把這個座位占住。不管是用欄杆圍住、築高牆擋住，還是拿蓋子蓋住，總之，就是要讓競爭對手無法輕易搶走他的座位。

可以說，策略定位就是用多種組合的手段和實力取得策略位置。這是一套「經營組合拳」，定位過程也是一個建構綜合能力系統的過程。策略定位不只是要做對一件大事，更要做對一系列小事。

有一位財經作家曾採訪吉利控股集團董事長李書福，問他如何看待特斯拉現象，也就是如何看待電動汽車產業的問題。李書福說：「特斯拉的本質不是要做汽車，汽車只是它的載體。」關於跨界造車的問題，他認為，製造一輛能夠吸引消費者的車，打造一個新的概念，並不難；有一個好概念、一個簡單的定位，要造出幾輛車也不難；但是，要建構一整套獨特的經營活動，形成一套強大的能力系統，就沒那麼容易了。汽車業是大規模工業，需要具備一致性、可靠性、耐久性、大規模、經濟性和可持續性等，而汽車製造是一個完整的體系，裡面涉及很多配套技術的應用，以及技術設施的形成，包括晶片、作業系統及網路系統等。這些環節只有協同合作，配合得非常嚴謹，才能完成造車任務。這套獨特的經營活動可以實現 3 個結果：獨特的差異化價值、實現總成本領先、讓競爭對手難以模仿。

策略定位是一套獨特的經營活動，是一個整體系統，不能拆開來看。當年朱元璋向學士朱升徵求平定天下的策略意見，朱升說：「高築牆，廣積糧，緩稱王。」這句話可以很好地概括波特的策略定位。定位不是口號，不是一招打天下，而是用一套獨特的經營活動取得策略地位。

那麼，如何才能讓定位不停留於口號呢？波特認為，策略定位就是要做到與眾不同。它要求企業家精心選擇一套獨特的經營活動來表達一種獨特的價值定位。一個策略的成功取決於做很多事情，並且要保持它們的一致性，即所有的經營活動都必須一致服務於策略目標。

在具體講如何建構獨特經營活動的方法之前，我們先來看兩個企業案例，看看它們都做了哪些經營活動來服務於品牌的價值定位。

思維訓練

足力健老人鞋，建構競爭結構

足力健的產品定位是老人鞋，但如果只是在消費者心智認知意義上定位為老人鞋，那麼它就會被迅速模仿，無數的老人鞋品牌就會出現。事實也是如此，目前市場上的老人鞋品牌至少有幾百個。但是很顯然，它們都無法跟足力健抗衡。

為什麼它們都無法撼動足力健的市場地位呢？因為足力健除了提出老人鞋的定位和口號，還在以下幾方面做了一些獨特的經營活動，下面逐一概述。

第一，圍繞消費者需求研發產品。足力健針對老人穿鞋的場景進行研究，針對老人的腳型特點和穿鞋需求進行獨特研發。比如，加寬鞋面、加高鞋腰、擴大鞋內空間等，做出鯰魚頭鞋型，寬鬆舒適不擠腳。

第二，採取平價策略。足力健在生產端透過自主生產建立成本優勢，在銷售端採取了低價策略，如 10 元人民幣 3 雙襪子、最低 49 元人民幣就能買到一雙專業老人鞋等。這樣做既讓利給消費者，又形成了巨大的競爭優勢，從而在一定程度上有效阻擋了新的競爭對手。

第三，款少量多，自主生產。不同於採用「款多量少」模式的快時尚品牌，足力健的產品是功能性的，核心產品系列少而精，每款產品的出貨量是巨大的。透過自主投產的模式，足力健能夠嚴格把控每一個生產細節，保證產品品質，最大程度地降低生產管理成本。

第四，極致服務。足力健強調極致服務，以半跪式服務為核心的服務模式，給消費者帶來獨特的體驗。除此之外，足力健還打造了送貨上門、郵寄到家、會員優惠等服務體系。

第五，銷售模式。足力健圍繞超市開店，累積了大量精準客群。隨著門市的快速擴張和品牌認知度的提高，超市客群逐漸成為成熟市場，因而尋找新的增量也成為足力健面對的新課題。

第六，以央視為中心媒體投放廣告。足力健每年都斥資數億，在央視投放廣告，廣告每天播放，引導消費者購買產品。還在電梯廣告、北京衛視養生堂和其他衛視等媒體平臺投放廣告。足力健在廣告方面的巨額投入，其實也提高了投資門檻，阻擋了競爭對手。

足力健透過一套獨特的經營活動，形成了獨特的競爭結構（見圖5-1），真正創造了老人鞋的差異化價值。它不僅做到了消費者心智認知意義上的定位，更在產品的研發上實現了突破。為了不斷對老人鞋進行研究，足力健還創建了專業的足部研究院，針對老年人足弓塌陷、前腳掌變寬等問題進行研究，掌握了大量的老年人腳型數據，製作了擁有獨家專利的鞋楦，做出了真正讓消費者滿意的產品。並且，它還在品項結構、生產規模、門市服務、銷售模式和壓倒性的廣告投入上形成獨特的經營模式，實現總成本領先，讓競爭對手難以模仿。

圖 5-1 足力健獨特的經營活動

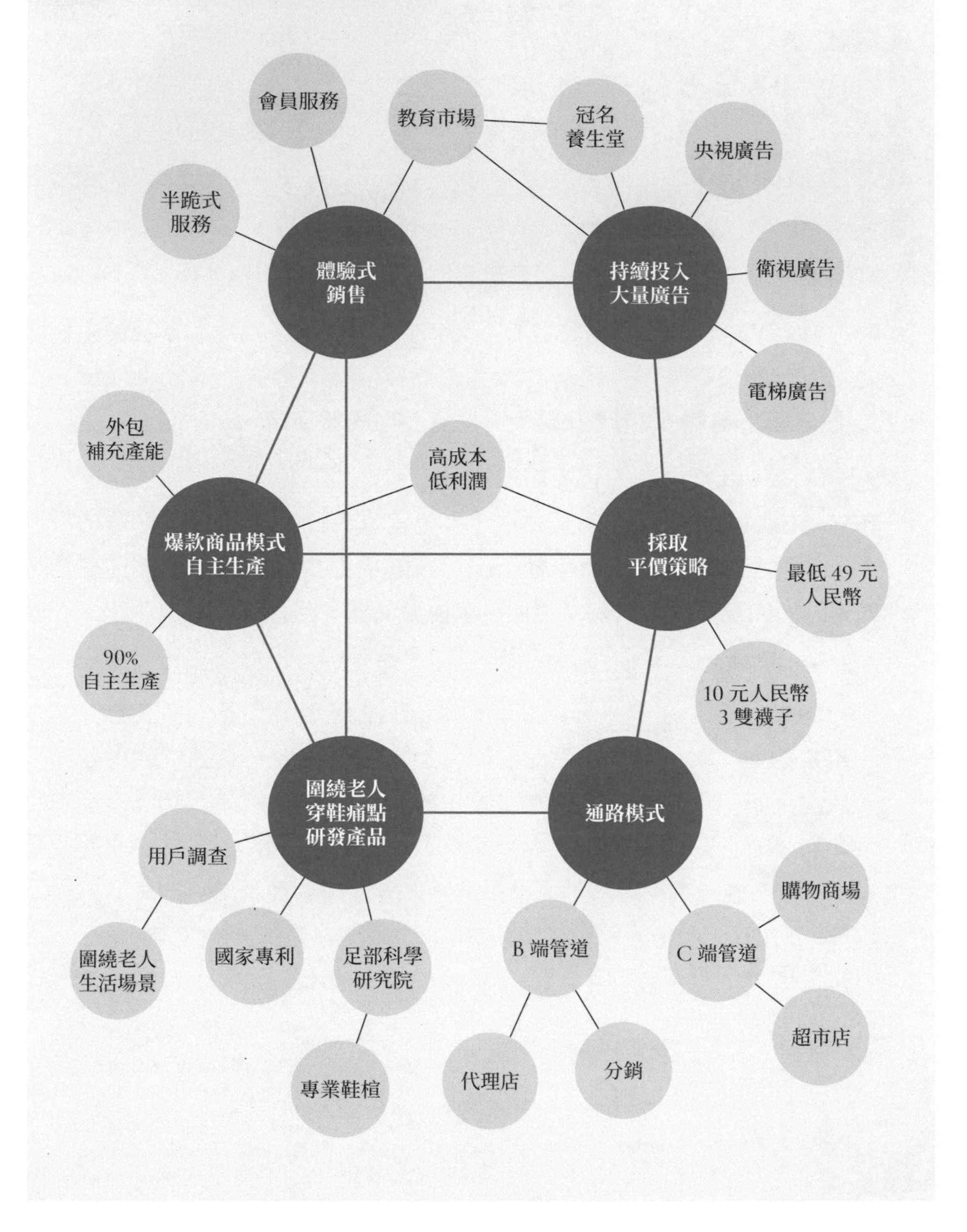

為什麼一套獨特的經營活動可以讓競爭對手難以模仿？波特認為，如果只有一個經營活動，那麼競爭對手可能模仿到90%；如果有6個經營活動，每一個競爭對手都模仿到90%，那麼6個90%相乘，最後其實也只模仿了一半（約53%）而已。

獨特的經營活動組合與總成本領先也是高度關聯的。獨特的經營活動基於獨特的成本結構，這不是指某個部分的成本比對手低，而是獨特的成本結構帶來的總成本領先。總成本領先的公司，在某些方面可能投入巨大，但在別人成本巨大的某些方面，它幾乎沒有成本。比如，足力健自建工廠的成本是巨大的，廣告成本也是巨大的，但它有產品優勢，在通路、銷售規模等方面的成本是極低的，所以它的總成本是領先的。

思維訓練

絕味和周黑鴨，同樣的品項，不同的經營組合

同類企業經營的產品可能一樣，但是它們的經營活動組合卻可能完全不同。哪怕它們的產品定位都是一樣的，只要經營活動不同，它們的產品差異化價值和綜合成本就會各有差異。比如，絕味和周黑鴨雖然都做滷味食品，但是它們從生產到銷售都不一樣。

在生產端，截至2021年，絕味在中國布局了21家中央工廠，實現冷鏈生鮮24小時配送到店，產品主要是新鮮散裝的，最佳食用日期3天。而周黑鴨只在武漢和河北設有2家工廠，產品自2013年以後都使用調氣包裝，最佳食用日期7天。

在客單價上，截至2021年，絕味的客單價為25～35元人民幣，周黑鴨的客單價為40～60元人民幣。絕味由於擁有規模優勢，原材料成本較低，因此形成了規模化的成本優勢。公開消息顯示，絕

（接下頁）

味每噸原材料的成本僅為周黑鴨的 70% 左右。

在銷售端，絕味鴨脖的店鋪大部分是加盟的，截至 2021 年末，在中國地區的門市已超過 13,000 家。周黑鴨的店鋪在 2019 年前都是直營的，直到 2019 年才正式開放加盟。很顯然，直營體系的管理成本較高，擴張速度也會有所限制。

絕味能夠快速發展加盟商得益於它早期在資訊系統上的投入。在一年只有 3,000 萬元人民幣利潤的時候，它就投入 6,000 萬元人民幣建立了企業資訊化管理系統。對於加盟商的管理，絕味獨創了一個由加盟商民主選舉產生的加盟商委員會，實現加盟商自治管理，這些都是絕味獨特的經營活動。

由於產品定位和銷售組織不同，因此絕味和周黑鴨的通路與終端布局也都有所不同。絕味已經滲透到中國所有城市和不同的銷售通路，而周黑鴨主要布局在一、二線城市的機場、火車站、商場等人流量較集中的地方。

從公開財報可以得知，周黑鴨因為自營，銷售價格按終端零售價格計算，毛利率較高，2021 年約為 57.78%；絕味按給加盟商的批發價計算收入，毛利率比周黑鴨低，2021 年約為 32.06%。但在整體收入上，絕味的規模要比周黑鴨大得多。截至 2021 年底，周黑鴨全年總收入約為 28.7 億元人民幣，淨利潤約為 3.42 億元人民幣；絕味全年的總收入為 65.49 億元人民幣，淨利潤為 9.81 億元人民幣。

透過對絕味和周黑鴨進行對比分析，我們可以看到，哪怕同屬一個賽道，產品定位都是做滷味，它們的經營活動組合也是完全不同的。當然，這個對比不是要評價誰更優秀，兩家企業發展階段不同，各有特點和優勢，也各有壁壘。

醫生問診模型，如何建構獨特的經營活動

前面兩個案例中提到的企業，其實都不處於所謂的高尖端產業，它們所處的產業很難用一種獨特的技術或者資源來壟斷市場。從核心競爭力的角度看，什麼才是有價值的、稀缺的、不易被模仿和不可替代的異質性資源與能力呢？答案是一套獨特的經營活動。那麼，要如何設計一套總成本領先、讓競爭對手難以模仿的經營活動呢？

所有經營活動的設計，都必須和策略目標一致，服務於最終目的。任何與策略目標無關的動作都是廢動作，這是設計經營活動的整體指導方針。我們需要把這個指導方針當成一個路標，不斷從中獲得回饋，才能不偏離方向。首先，要思考設計哪些經營活動來達到策略目標。在這個層級還談不上競爭，而目標應是讓企業活下來，要形成把產品和服務做出來的能力。其次，要建構競爭優勢，占領策略制高點。產品和服務做出來之後，如果市場反應非常好，那麼很快就會有新的競爭對手出現。競爭對手可能是本產業的巨頭，也可能是新的進入者。這時該如何建構競爭優勢，占領制高點？

接下來我想用一個模型來詳細講解制定經營活動的方法和路徑，為了便於理解，我稱之為「醫生問診模型」（見圖 5-2）。

對於來就診的人，醫生並不會馬上給他開藥，而會先診斷病因，可能還會讓就診人去拍 X 光、抽血等，才能診斷出病因。確認病因之後，醫生需要給就診人制訂治療方案，輕症就採取藥物治療，重症可能會進行手術治療。制訂好方案之後，醫生還需要控制執行過程、制訂各種預防方案，以及叮囑就診人一些注意事項。

醫生看病的過程就是一個圍繞策略目標設計經營活動的過程，其中

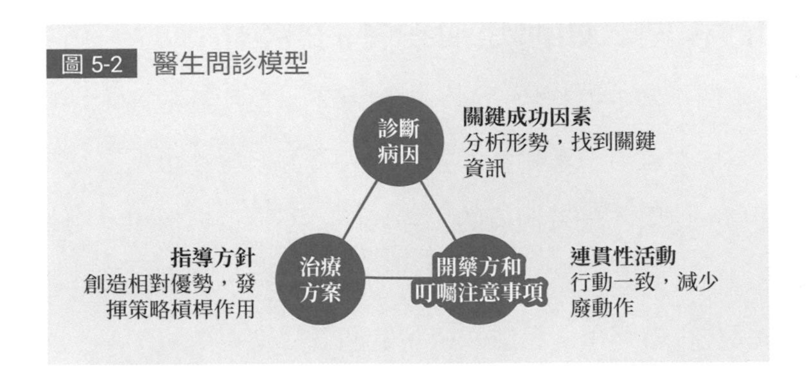

圖 5-2 醫生問診模型

包含 3 個核心環節：一是分析當前形勢，找到關鍵問題，制訂確定關鍵成功因素（診斷病因）；二是制訂指導方針揚長避短或創造相對優勢，以應對可能面臨的困難和挑戰（制訂治療方案）；三是採取一系列連貫性動作（開藥方和叮囑注意事項）。接下來，我們來逐一拆解這 3 個環節。

◆關鍵成功因素：分析形勢，找到關鍵資訊

我們每天都有各種想法、各種創新、各種玩法。有想法當然好，但是想法太多反而不好。由於我們的資源和精力都是有限的，因此，設計經營活動時，要確定和選擇做什麼、不做什麼、先做什麼、後做什麼等。

很多創業者認為自己有某些資源、某些能力、某些社會關係等，似乎只要擁有了這些，就可以實現預先設定的策略目標。**其實，創業者有什麼資源和能力並不重要，重要的是實現策略目標需要什麼樣的資源和能力**。就算有再好的資源和能力，如果都派不上用場，那也只是好看的擺設罷了。

為此，我們需要確定的是：實現策略目標需要哪些關鍵成功因素。

關鍵成功因素指的是對成功實現目標發揮關鍵作用的因素。一套系統中總存在著多個變數，會影響系統目標的實現，其中幾個因素是有關鍵和主導作用的。透過識別關鍵因素，可以找出實現目標所需的總體關鍵資訊。如何識別關鍵成功因素？用關鍵成功因素分析法[1]。

從產業的角度看，任何一個產業的興衰都離不開產業上下游的效應影響。我們經常說外部環境具有不確定性、變化性，其實說的是產業的構成要素可能發生變化，產業鏈的上下游效率也可能出現變化。當外界環境發生重大變化時，產業鏈對企業的影響非常大。吞噬企業利潤的往往不是競爭對手，而是產業鏈上下游的其他企業。

產業鏈的本質是上下游關聯企業之間的產業價值鏈。透過對產業價值鏈進行分析，企業可以找到自己在產業價值鏈中的位置，評估同一價值鏈上其他企業的整合程度可能對自己造成的威脅。從產業價值鏈的角度出發，我們可以把產業鏈的類型分為開放型和封閉型。

開放型產業鏈指的是所有企業都可以透過公開管道獲得這個產業的要素。比如服裝產業，這個產業鏈上下游的棉花、紡織、印染、布料、輔料、加工等所有要素，都可以被任何企業獲取。在開放型產業鏈上，關鍵成功因素就是那些稀缺資源，如產品設計、品牌行銷、銷售通路、供應鏈資源等。再比如手機產業，拋開技術上「關鍵」的問題，它的產業鏈也算是開放型，任何一家手機工廠都可以採購到一部手機所需要的任何零件。相比之下，在這個產業裡，供應鏈就是稀缺資源。錘子手機

---

1 關鍵成功因素分析法（Key Success Factors，KSF）是資訊系統開發規劃方法之一，1970 年由哈佛大學教授威廉．札尼（William Zani）提出。它指的是透過分析找出企業成功的關鍵因素，圍繞這些關鍵因素來確定系統的需求，並進行規劃、建構能力。

曾掌握很多資源，如產品設計、行銷能力等，但是在供應鏈上沒弄好。這意味著它沒有掌握產業稀缺資源，也就缺少了關鍵成功因素。

封閉型產業鏈就是那些得到政策支持或者擁有獨家資源之產業的產業鏈。比如從事醫藥研發生產的企業，需要經過省級和國家藥品監督管理局審核並取得相關資格，這種資格無法在市場上輕易獲得。再比如金融產業、石油產業、通訊產業等，它們的產業鏈都屬於封閉型。在封閉型產業鏈上，關鍵成功因素就是獨家資源，這些獨家資源也是相關企業的核心競爭力。比如一家生產阿膠的企業擁有市場上大部分的驢皮，而驢皮是阿膠的核心原料，所以這家擁有獨家資源的企業擁有核心競爭力。

總而言之，創業者有什麼資源不重要，重要的是實現策略目標需要什麼樣的資源和能力，如何創造條件擁有它們。

◆ 指導方針：創造相對優勢，發揮策略槓桿作用

指導方針雖然具有指導意義，能夠指導人們朝著某個方向行動，卻沒有明確界定行動內容。就像高速公路上的各種指示和標誌，它們指引我們前進的方向，約束我們的行為，但是並不會具體告訴我們要如何開車、應該開什麼車。

再來看看我們前面提到的足力健的例子，這家企業透過調查分析發現了老人穿鞋的痛點，提出了老人鞋的價值定位，確定了關鍵問題，並找到了成功的幾大關鍵要素，即產品、行銷、通路和供應鏈。針對這些關鍵要素，足力健如何制訂整體的指導方針呢？首先，圍繞老人穿鞋的痛點研發產品，確定款少量大的爆款商品模式；其次，確定「B 端通路＋ C 端超市終端」的通路模式；再次，在行銷上採取平價策略和持續

性壓倒式的廣告投放策略；最後，透過自主生產建構強大的供應鏈能力。至於這些方案的具體實施，則不是這個階段要做的事情。

企業在制訂指導方針時，確定的是整體經營活動的方向、界定範圍，即哪些業務一定要做、哪些業務絕對不做。至於在哪些城市開店、開多大的店、人員如何培訓、加盟商如何管理、在哪個電視台投放廣告等，都是下一階段要做的事情。一個好的指導方針應具備以下兩大核心特徵。

一是揚長避短，即透過創造優勢因素或者利用現有的優勢因素來克服所面臨的困難。一些企業在談論核心競爭力時，總是迫不及待地把自己的競爭優勢全盤托出，如更低的成本、更好的品牌、研發能力、經驗、大客戶等。這些當然都是競爭力的來源，但是不代表競爭優勢。

任何優勢都是相對的，它取決於企業在產業中所處的位置和對手，用一句話來形容就是以己之長攻彼之短。比如，京東跟淘寶競爭，如果比商品數量、商家數量、價格，那它肯定比不過淘寶。於是京東採用了創造差異化優勢的策略，利用自建物流和正品優勢，與對手比更快、比正品。

京東的這兩大優勢是對手無法快速超越的，原因有二：首先，物流建設是一個需要時間的工程，不是用錢和人就可以馬上堆出來的；其次，京東店鋪採用「自取＋B2C」模式，商品品質有保證，彌補了C2C和B2C模式的缺點。京東用自己的優勢和競爭對手的缺點相對比，創造了相對優勢，避開了正面競爭。

二是發揮策略槓桿作用，找到最佳發力點，創造高影響力。比如，特斯拉汽車剛進入中國的時候，面臨的第一個問題就是如何才能高效滲透市場，讓更多人知道自己的品牌。面對這個問題，傳統的汽車品牌可能會舉辦一個發布會，或者參加車展，邀請各大媒體來報導、發布廣告，然後透過 4S 店去銷售。但是特斯拉採取的策略是找當時中國最有影響力的網路科技產業領軍人物，如時任汽車之家總裁的李想、時任 UC 優視董事長兼 CEO 俞永福等，來為品牌背書。伊隆・馬斯克甚至親自到中國來交鑰匙給首批車主。特斯拉透過這些網路科技產業的高影響力人群來影響更多的人，發揮強大的策略槓桿作用，產生了轟動效應。

我們沒有一個絕對的標準來衡量一個指導方針是不是唯一的好方針，或者是不是最好的方針。但是，如果沒有指導方針，就沒有行動準則可以遵循。好的指導方針可以指導企業將主要精力集中到某個或某些關鍵性經營活動上，指導決策層做出連貫性決策，採取連貫性動作。

◆ 連貫性活動：行動一致，減少廢動作

永遠不要在非策略機會點上消耗策略資源。任何和策略目標不一致的行動，都是浪費資源。**企業在設計具體經營活動時，應該注意各個經營活動的連貫性，即指導方針、資源配置及具體的執行應該協調一致。**但是很多企業的日常經營活動和策略卻往往出現偏差，比如神州專車曾經讓司機給乘客講笑話，這就是一個廢動作。

在網路叫車的早期發展階段，我們經常聽到有關安全問題的報導，特別是女乘客的安全問題屢見報導。在此情況下，神州專車開始大打安全牌，滿足了很多用戶對安全的訴求。神州專車圍繞「安全專車」這個價值定位建構了一系列經營活動，如定期保養車輛、使用車況良好的自購車輛、招募技術好無犯罪紀錄的專業司機、送每位乘客價值百萬的意

外保險等。透過一系列圍繞「安全」的連貫性活動，神州專車建構了「安全專車」的核心優勢和競爭壁壘。

為了給乘客提供良好的乘車體驗，神州專車給乘客準備了紙巾、雨傘、Wi-Fi 等。這些都能給它的口碑加分，但讓司機講笑話的服務卻引來很多乘客的不適和抱怨。首先，司機開車講話就是一個安全隱患；其次，司機不是脫口秀演員，不是每個司機都有幽默感、適合講笑話，講得不好反而會很尷尬；最後，神州專車的價值定位是「安全」，講笑話這個動作和價值定位沒有一致性，這是一個廢動作。

步步高創始人、OPPO 投資人段永平講過一句話：「做企業如跳水運動員，動作越少越好。」我認為這句話包含兩個層次的含義：第一層，動作少意味著力量要強，要做核心動作，要創造差異化優勢，要發揮槓桿力量；第二層，動作要連貫，不要做跟價值定位無關的廢動作。

核心競爭力需要透過一套獨特的經營活動來建構。從建立價值定位到建立經營活動組合，是從 0 到 1 建構商業模式的過程。這個過程的核心就是創造差異化的產品和服務，做最關鍵的動作，用最低的成本發揮最大的槓桿能量。做到這些，才能建立起相對優勢，進入競爭無人區。然而，就像熊彼特所說「任何創新都有紅利期」，這個無人區的紅利期也是短暫的，任何一個市場，只要有利可圖，就會有競爭者進入，如果企業無法形成絕對優勢，就會逐漸被市場淘汰。

接下來，我們需要建構從相對優勢到絕對優勢的核心競爭力。

從相對競爭優勢到絕對競爭優勢

有一部電影叫《鳴梁海戰》，講的是 1597 年發生在朝鮮鳴梁海峽的一場海戰。在這場海戰中，朝鮮三道水軍統制使李舜臣指揮水軍，擊退數量和裝備遠勝己方的日本水軍。這場海戰的勝利被朝鮮稱為「鳴梁大捷」。

單從雙方的裝備和實力看整體戰局，幾乎沒人對朝鮮艦隊抱有任何希望。敵人擁有碾壓性的實力，朝鮮艦隊可以說是抱死一戰。但是李舜臣發現了己方的關鍵優勢：戰艦品質好，水軍作戰經驗豐富，訓練有素，對本土環境更熟悉，單艦作戰能力很強。他很清楚優勢是相對的，所以要盡快找到最大化發揮單艦作戰能力的方法，以此來削弱敵人的優勢，限制敵方的規模優勢。

他發現了一個可以發揮己方優勢的地方，就是鳴梁海峽。如果能把日本艦隊引入這個區域，那就可以發揮朝鮮艦隊兩方面的優勢：一方面，該地水流湍急，一般的戰艦無法通行，但朝鮮的艦隊在這樣的環境中訓練了無數次，早就適應了；另一方面，此地通道狹窄，無法發揮規模優勢，朝鮮艦隊就可以創造出一對一的作戰機會，發揮單艦作戰能力，逐艦擊破敵軍。最終，朝鮮艦隊利用有利的環境和自身優勢，以弱勝強，擊敗了數量龐大的日本艦隊，創造了奇蹟。

我們都懂得揚長避短的道理，但是商場如戰場，對新創企業來說要面對的競爭更殘酷。在產業巨頭林立的市場中，新創企業，不僅毫無優勢可言，還可能因產業巨頭迅速跟進而失去好不容易擁有的一點創意小優勢。

所以，作為創業者，我們需要經常問自己：「如何設計一個策略，最大程度地發揮自己的優勢，並且讓自己的劣勢變得不那麼重要？如何將這種優勢持續下去，使之成為一種絕對優勢？」

◆三種競爭關係

鳴梁海戰的勝利讓很多人以為，只要有足夠的謀略和奇謀巧計，就能發揮優勢，獲取勝利。但事實是，在這場海戰後，李舜臣在衡量地勢和局勢後決定暫時撤退。日軍最終達到了占領朝鮮水軍基地的策略目的。從這場海戰最終的結果來看，實際上是日軍獲得了勝利。

不管是戰場還是商場，「不謀萬世者不足謀一時，不謀全域者不足謀一域」。如果不能從長遠的角度去謀劃，那麼一時的聰明是短視的；如果不能從大局的角度去謀劃，那麼即使治理好一個區域，也是片面的、微不足道的。

《戰爭論》（*On War*）的作者、著名軍事家卡爾・馮・克勞塞維茲（Carl von Clausewitz）說：「所有的會戰都是為了最後的決戰。」策略競爭的目的最終還是要從創造相對優勢轉為建構絕對優勢，而我們要做的就是從長遠的、全域的角度去思考企業所處的產業環境及競爭態勢，透過相對優勢創造差異化的價值，透過核心競爭力建構持續的絕對競爭優勢。

麥克・波特在 1979 年提出了非常著名的波特五力分析方法，由此形成了一個模型（見圖 5-3）。它是一種競爭策略分析方法，從產業價值鏈的視角來分析企業所處的市場環境和競爭態勢，並為企業建構競爭護城河提供分析方法論。

我根據不同的競爭態勢把其中的 5 種競爭要素分成了 3 種競爭關係。

第一種競爭關係是兩個水平的博弈關係，也就是供給方和買方的關係。

當供給方所提供的產品價值在買方產品的總成本中占有較大比例

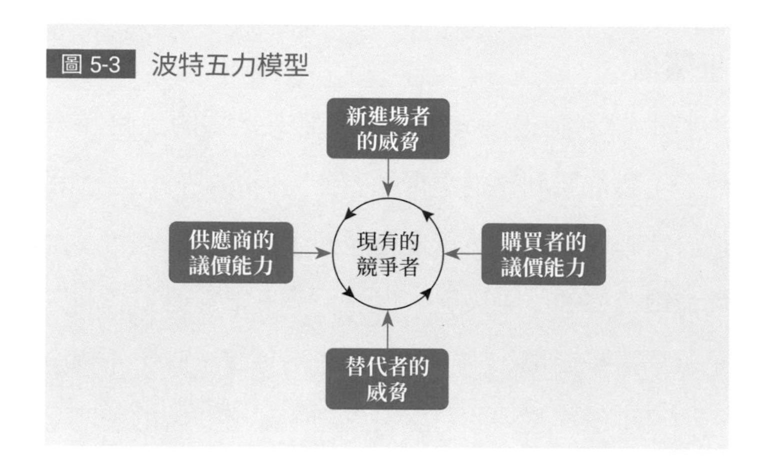

圖 5-3 波特五力模型

時，對買方產品的生產過程非常重要；當供給方所提供的產品嚴重影響買方產品的品質時，供給方對買方潛在的議價能力就會大大增強。

舉個例子，電腦顯示卡的配置越高，圖形處理效果越好，玩遊戲時就沒有卡頓，所以顯示卡的配置是消費者（特別是遊戲玩家）在挑選電腦時首先考慮的要素之一。

從產業鏈的角度看，顯示卡製造商是 PC 製造商的供應商。我們以輝達和聯想為例，前者是全球知名的顯示卡製造商（供給方），後者是中國老牌 PC 製造商（買方）。輝達以強大的圖形處理器（Graphics Processing Unit，GPU）著稱，其 GPU 可以安裝在多家 PC 品牌的電腦上。而聯想可選擇的顯示卡供應商很少，因為全世界的 GPU 基本被輝達、AMD 和英特爾壟斷。2022 年，輝達的 GPU 在全球顯示卡市場中占有超過 80% 的占比。可以看出，對 PC 製造商來說，顯示卡供應商的議價能力非常強。換句話說，聯想（買方）對顯示卡供應商的議價能力非常弱，基本上沒有談判空間。

第二種競爭關係是 3 個垂直競爭關係，也就是新競爭進入者、替代

者的威脅和當前產業競爭者之間的關係。

新競爭進入者屬於潛在競爭者，它在給產業帶來新生產能力、新資源的同時，也會與現有企業發生原材料與市場占比的競爭，最終導致產業中現有企業盈利水準降低，甚至有可能危及這些企業的生存。這方面典型的例子就是蘋果公司。在 2007 年 iPhone 出現之前，諾基亞在全球手機市場上還處於無可爭議的霸主地位，2006 年全年淨銷售額創下約 411 億歐元的歷史紀錄。然而，在 iPhone 出現後的短短 4 年內，諾基亞就失去了全球手機銷量第一的地位。

替代者指的不只是本產業有同樣功能的其他產品，還包括一切效率更高的解決方案。比如，19 世紀之前的歐洲以馬車為主要交通工具，那時候人們對馬車的新需求是希望馬車跑得越快越好。為了滿足人們的需求，養馬人不斷地改良馬的品種，給馬餵優質草料，想方設法讓馬跑得快一點。但對養馬人來說不幸的是，汽車被發明出來了，馬車逐漸變成了古董。養馬人的錯誤在於以為只要線性地提高產品的性能，就可以讓產品長盛不衰，而沒有注意到替代者的威脅。在技術為全產業賦能的當下，企業必須對科技有充分的、全域的了解，才有可能避免被替代者突然取代。當然，對企業來說，最好的替代者就是革新後的自己。

水平競爭與垂直競爭都是影響一個產業或企業的外部因素。那麼，什麼是影響企業的內部因素呢？**答案就是第三種競爭關係，即產業競爭者之間的關係。**

我們一直強調企業要建立自己的護城河。無論是產業壁壘，還是技術壁壘，都可以成為企業的護城河。如果一個產業的進入門檻低，產業內勢均力敵的競爭對手眾多，同行競爭者提供高度同質化的產品和服務，那麼身處其中的企業基本上就只能靠「燒錢大戰」來解決問題。典型的例子有當年的 Uber、滴滴、共享單車和社區團購等。打鐵還需自身硬，一家企業要想不被取代，就要提高自己的絕對競爭實力。

根據對波特五力模型中 5 種競爭力量的討論，我們可以將自身的經營與競爭力量隔絕開來，努力從自身利益需要出發，影響產業競爭規則，先建立相對優勢，占領有利的市場地位，再發起進攻性競爭行動，來對付這 5 種競爭力量，增強自己的市場地位與競爭實力，最後形成絕對優勢。

然而，很多人對波特五力模型有誤解，他們只是簡單地套用模型，而不理解其真正的內在邏輯。他們的誤解主要有：第一，認為這 5 個作用力單獨存在、互不關聯，購買者、供應商、替代者和競爭者只在各自領域產生作用和影響；第二，認為這個模型只對大公司有用，只有大公司需要防範競爭者、替代者和潛在進入者；第三，把五力模型當成一個預測模型，認為它的作用是預測未來競爭趨勢。由於存在這些誤解，因此很多人認為，波特五力模型過時了。但是，事實並非如此，原因如下。

第一，任何企業都處在一個產業價值鏈裡的某個位置，價值鏈裡上下游的企業實際上互相依賴、互相影響，而不是單獨存在。供給方和買方彼此需要、互相依賴，他們之間的議價實際上不是競爭，而是博弈。

第二，波特五力模型並不是只針對大公司。其實，不管是大公司，還是小公司，都應該清楚地認識到自己在整個產業價值鏈裡所處的位置，自己也可以是別人的替代者或潛在進入者。只有清楚地知道自己的位置，才能知道應該扮演什麼樣的角色，採取什麼樣的獨特經營活動。

一家工廠（供應商）可能在某一天搖身一變成為購買者，原本的客戶（購買者）可能為了降低成本或提高品質而自建工廠（供應商）。這種情況已經很常見了，有很多代工廠走上了打造自主品牌之路，也有很多品牌商為了提高競爭壁壘而滲透到全產業鏈。

第三，波特五力模型並不是一個單純分析當前狀態的靜態模型，與其說它是用來做預測的，不如說它是用來思考未來不變的規律的。這 5 種作用力綜合起來，決定了一家企業在某個產業中的競爭力、綜合成本及盈利能力。這 5 種作用力隨著產業的不同而不同，隨著產業的發展而變化。

◆ 從競爭關係到競合關係

波特五力模型只講了 5 種類型的競爭博弈，卻沒有講合作，其實這是不全面的。

著名經濟學家貝利・奈勒波夫（Barry J. Nalebuff）與亞當・布蘭登伯格（Adam M. Brandenburger）在合著的《競合策略》（*Co-opetition*）一書中提到，傳統的商業策略大都注重競爭，而忽視了互補，如果缺少互補，那麼公司就不得不和別人合作來創造互補。如何透過合作來形成互補呢？

如果一種產品或服務能夠讓另一種產品或服務更具吸引力，那麼這兩種產品就可以被稱為互補者。在合作競爭價值鏈中，商業活動的參與者分別扮演 5 種角色（見圖 5-4）。這 5 種角色以公司自身為核心，縱向看是顧客和供應商，橫向看是競爭者和互補者。競爭和互補關係在這 5 個參與者之間始終有所體現。

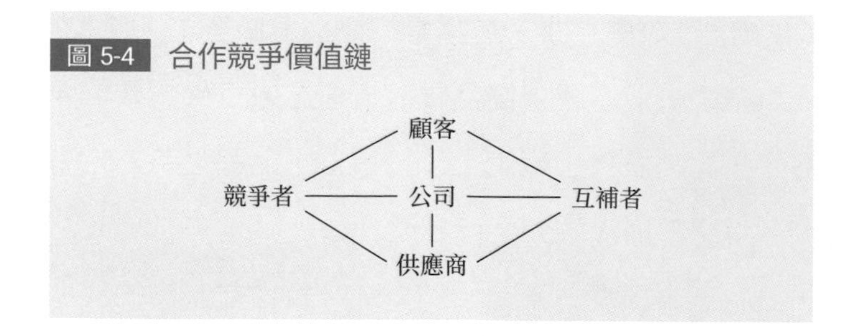

圖 5-4 合作競爭價值鏈

互補對於商業成功有多重要？我們回顧一下過去的成功案例。在 20 世紀，汽車是一種很貴的商品，消費者即使想買也沒有能力馬上支付全額。於是銀行和信用機構充當了汽車公司的互補者，貸款給消費者，讓他們有錢購買汽車。但汽車貸款不是那麼容易得到的，於是通用汽車公司在 1919 年成立了通用汽車票據承兌公司，福特公司在 1959 年成立了福特汽車信貸有限責任公司，讓汽車消費者可以更方便、更容易獲得貸款。

這樣做的好處顯而易見：便捷的貸款服務方便更多消費者購買汽車，而汽車購買需求的成長又促進了福特公司和通用汽車公司的貸款業務成長。在相當長的一段時間裡，福特公司從貸款中賺的錢比製造汽車的盈利還要多。

互補性思維也可以用來解釋一些商業失敗的原因。比如，Sony 在 1975 年推出的 Betamax 格式錄影機，一度獨占錄影機市場。沒過多久，日本 JVC 公司研發了 VHS 格式錄影機。雖然 Betamax 格式錄影機在某些技術方面比 VHS 格式錄影機更強大，但是可供 Betamax 格式錄影機使用的影片太少。最後 Sony 落敗，市場占比被 JVC 公司占據了 60%。如果 Sony 可以引入一些內容商作為互補，而不是靠自己購買影片，那麼 Betamax 格式錄影機或許不至於是後來的結局。

今天，互補在商業活動中甚至比競爭來得更重要。特別是在新興的產業中，面對既得利益者，新進入的創業者選擇互補性合作可能比競爭的勝算更大。互補性思維就是想辦法把市場做得更大，而不是與競爭者爭奪現有的市場。

這很好地解釋了特斯拉為什麼在 2014 年將自己所有的電動汽車製造專利免費給其他企業使用。當時新能源汽車在北美的市場占比只占 1% 左右，馬斯克很清楚，新能源汽車的對手不是同行，而是傳統的燃油汽車。要想與燃油汽車爭奪市場，就要盡可能地讓更多企業參與進來，使電動汽車技術得到廣泛應用。而且，作為其核心技術之一的充電系統是一個社會化的工程，單憑特斯拉一己之力，是不可能完成充電網絡布局的。所以特斯拉選擇開源自己的專利技術，盡可能地聚集更多的新能源汽車開發者，從而使整個新能源汽車產業被市場認可，進而使自身獲得更廣泛的成長空間。

在當時的情況下，對特斯拉來說，其他新能源汽車製造商既是競爭者，又是互補者。這就引出了競爭者和互補者更深層的關係：競爭者有時候也兼具互補者的角色。事實上，我們很難將競爭者、互補者、顧客、供應商完全分割開來，競爭者可能在某種情況下變成互補者，供應商也有可能變成競爭者。在這條價值鏈中，一個角色兼具幾種身份很正常。

一般來說，如果顧客同時擁有企業 A 和產品，所獲得的價值比單獨擁有企業 A 的產品高，那麼企業 B 就是你的互補者。比如，汽車保險公司就是汽車製造商的互補者。反過來，如果顧客同時擁有企業 A 和企業 B 的產品，所獲得的價值比單獨擁有企業 A 的產品要低，那麼企業 B 就是企業 A 的競爭者。

傳統的定義認為，競爭者就是企業所在產業裡的其他企業。但是如果按照上面所說的方法來確定競爭者和互補者，那麼產業界限就會變得無關緊要。所以企業需要從消費者的角度出發，去思考自己的產品價值所在。比如，客戶需要更加便捷的資金交易方式，銀行需要從客戶角度出發提供相應服務，否則那些致力於開發電子貨幣、線上轉帳之類的網路公司最終會成為它的競爭者，儘管它們所處的產業根本不同。

在強強合作的時代，我們更強調用長板與其他長板對接，共拼一支新的木桶，因此互補的力量顯得尤為重要。競爭固然存在，但用長板對接長板，合作共贏，才是創新浪潮最大的特點。

競爭正在演化，我們要如何建構面向未來的核心競爭力呢？

◆從競爭優勢到生態優勢

通常，傳統的策略框架邏輯背後有兩個重要的假設。第一個假設是零和博弈。因為核心資源非常稀缺，所以企業必須爭奪核心資源以創造競爭優勢，從而獲得競爭地位。這種爭奪體現在與競爭對手的關係上，就是短兵相接、互不相讓；體現在與上下游合作夥伴的關係上，就是要提高談判力量，爭搶利潤池中更大的占比。第二個假設是強調對內部資源的占有和控制。普哈拉和哈默在提出核心競爭力概念時，把它定義為「組織中的累積性學識，特別是關於如何協調不同的生產技能和有機結合多種技術流的學識」。可見核心競爭力是內生的。也就是說，在傳統的策略框架下，競爭優勢來源於企業在價值鏈上所占有的資源和地位（見圖 5-5）。

關於核心競爭力，京東原首席策略長、長江商學院原副院長廖建文提出了不同的看法。他認為核心競爭力有兩個局限：一是核心競爭力具有單一性，一家企業沒辦法在價值鏈的各方面都形成可持續的競爭優勢；二是核心競爭力往往會變成核心剛性，由於核心競爭力需要系統性的組織體系來支撐，因此，當產業發生變革時，核心競爭力越強的企業改變起來越困難。

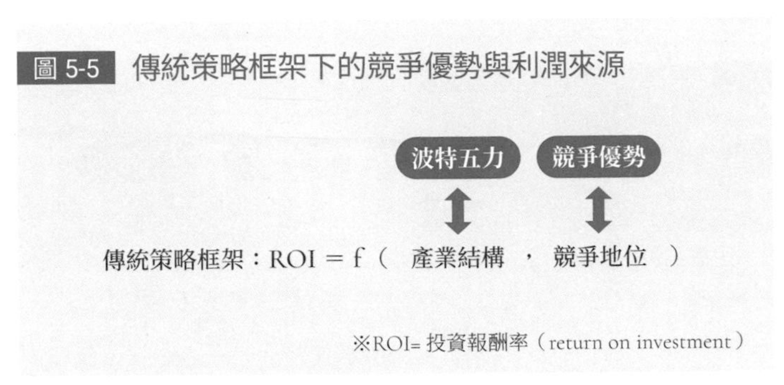

資料來源：廖建文，2016。

比如，在大工業時代，產業結構在相當長的時間裡保持穩定，消費者的訴求也相對單一，企業核心競爭力的局限表現得不突出。但隨著行動網路和智慧硬體的普及，產業環境和消費者需求都發生了巨大變化。核心競爭力的單一性和剛性問題成了主要矛盾，企業僅僅培養核心競爭力已經不夠了，還要注重打造生態優勢。也就是說，企業不光需要累積內部資源，還要管理外部關係，要與那些有別於自己的企業和個人在相互依賴、互惠的基礎上形成一套價值循環系統，從而打造出生態優勢。

生態優勢強調共贏，要把「餅」做大。比如亞馬遜 Kindle，雖然其主要業務不是出版，但是與它合作的優秀出版商的電子書下載量大，也會提高 Kindle 的影響力。具有生態優勢的企業能夠靈活地組合不同企業的核心競爭力，適應不斷變化的環境，形成協同並放大競爭優勢。

不過，生態優勢並不能替代競爭優勢，二者是平行的概念。競爭優勢主內，直接影響企業的競爭地位。生態優勢主外，追求的是跟外部資源產生連接。所以，競爭優勢和生態優勢解釋的是企業核心競爭力的不同面向。從生態視角來看，企業優勢與利潤來源如下（見圖 5-6）。

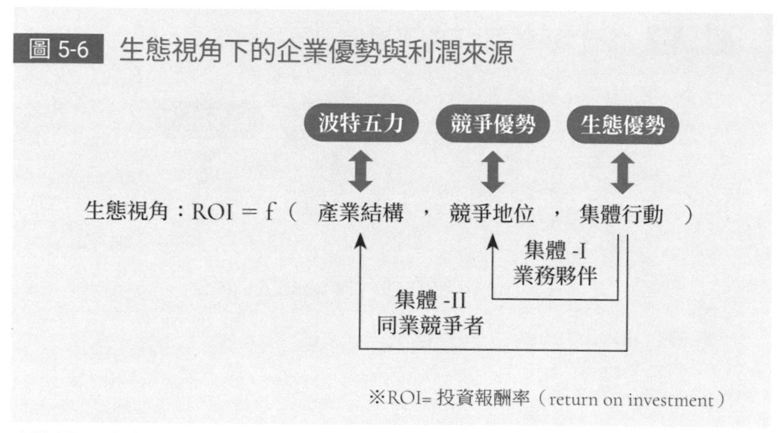

圖 5-6 生態視角下的企業優勢與利潤來源

資料來源：廖建文，2016。

那麼，如何判斷企業的核心競爭力呢？可使用一個判斷工具，即企業的優勢矩陣（見圖 5-7）。根據企業的優勢矩陣，可以把企業劃分為熊貓型、猛虎型、蟻群型和狼群型。我們分別來看看這 4 種類型企業的特點。

缺乏競爭優勢和生態優勢的企業屬於熊貓型企業。它們擁有的核心資源比較弱，也沒辦法調動其他合作夥伴的資源，通常只能依靠低廉的勞動力成本、政策保護等因素來求生存。

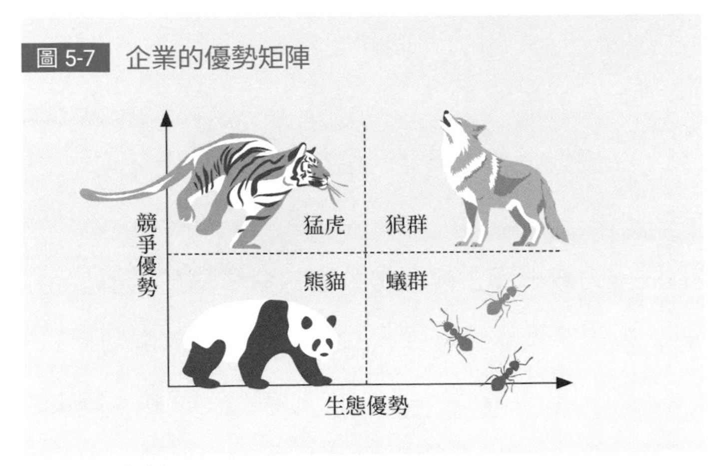

圖 5-7　企業的優勢矩陣

資料來源：廖建文，2016。

一些產業園區、孵化器內和享有獨家資源的企業就屬於這種類型。它們的生存依賴較低的要素價格，或與相關方有特殊關係，或受政策保護，但其實並沒有真正建立起競爭優勢和生態優勢。隨著勞動力和原材料成本上升，市場趨於透明，准入政策逐漸放開，以及對環境保護愈加重視，熊貓型企業的「保護罩」將不復存在，它們將不可避免地面對激烈的市場競爭。

適合熊貓型企業的穩定環境將會越來越少，企業間的競爭會越來越激烈，產業結構的變化也會越來越頻繁。所以，熊貓型企業要思考如何建構自己的競爭優勢。

有核心競爭力但缺乏生態優勢的企業屬於猛虎型企業。猛虎型企業能在既定的軌道上不斷創新，實現突破。然而，當產業發生巨變時，它們會面臨相當大的挑戰。比如，當年無線網路普及後，Sony 作為電子消費品領域的領先者，推出了電子書閱讀器和 MP3，但最後卻被亞馬遜的 Kindle 和蘋果 iPod 打敗。原因是亞馬遜和蘋果跟內容提供者一起建構了生態圈，而Sony公司固守硬體設計和工藝，不善於建構生態圈，只能在競爭中落於下風。

可見，猛虎型企業要學會利用自己的競爭優勢建立生態網路，這樣才能持續發展。

核心競爭力較弱而生態優勢較強的企業屬於蟻群型企業。它們就像蟻群一樣，對生態圈夥伴有強大的號召力，善於調動和利用外部資源。

當新技術使產業融合、跨界合作頻繁的時候，蟻群型企業會很有優勢，甚至比核心競爭力強的猛虎型企業還厲害。但從長期來看，產業環境的變化是間歇性的，在相對穩定的階段還是要依靠核心競爭力。所以，蟻群型企業要學會充分利用自己所在生態圈的力量來發展競爭優勢。

同時具備競爭優勢和生態優勢的企業，屬於狼群型企業。狼群型企業不僅擁有較強的核心競爭力，而且善於調動和利用外部資源。環境變化越來越快，越來越要求企業具有狼群的特徵。

未來的競爭正在不斷演化。我們應該從現在開始就建構面向未來的核心競爭力，將與其他企業之間的競爭關係轉變為競合關係，將自身的競爭優勢升級為生態優勢。

未來的競爭，是用戶價值的競爭

從古至今，商業戰爭論都特別盛行，人們常常把戰爭作為商業競爭的基本隱喻，提倡從戰爭的角度理解商業競爭，以軍隊管理的視角看待企業管理。正如法國詩人保羅．瓦勒里（Paul Valery）所說，我們不得不經常使用比喻，但在比喻與事實之間不假思索地劃等號是愚蠢的。隨著商業環境和競爭格局的變化，人們逐漸意識到，從戰爭的角度理解商業競爭是有缺陷的，因為商業競爭關係開始走向競合關係。

於是，有人把商業競爭比作競技運動，用球隊來比喻企業。企業之間的關係從戰爭走向了和平，戰爭沒有贏家，但競技參與者可以相互促進成長。在「戰場」上爭鬥的企業，以「運動員」的身份競技。在這種去身份化、去戰爭化的競爭中，每個參與者都展現了自己的技能，優勝者得到的不是被擊敗者的財產，而是被擊敗者的祝福和尊重。

在工業時代，參與競爭的企業不多，產品生命週期長。在這種環境下，產品和服務的價值是單一而固定的，消費者的需求在質和量上基本沒有太大變化。這樣的市場對企業來說只是穩定，而不是成長。穩定市場中的競爭很容易使企業的目光集中在對手身上，而不是集中在消費者身上。因為在成熟市場裡，商業競爭是一種零和遊戲，不贏就意味著輸，獲得市場占比的唯一方式就是吃掉對手的占比。戰爭的邏輯由此成為商業競爭的邏輯。

然而，隨著知識社會的到來，知識代替土地成為財富的基礎和資源。知識與土地最大的不同在於，知識並不是定量資源，人均知識占有量會隨著分享人數的增加而增加，會從定量變成增量。這就意味著知識資源會越來越多，產品生命週期將大大縮減，新的需求會隨著新產品的推出而產生，一個個新的增量市場會層出不窮地被創造出來。這時，對既有產品市場占比的爭奪就顯得沒有必要，甚至是荒謬的，因為耗費巨大的精力和時間搶奪的市場，可能很快就無人問津。

商場不再是戰場，商業競爭的裁判者不是贏家，而是被企業忽略的用戶，唯一的輸贏裁判標準是用戶價值。如果你的眼裡只有競爭對手，你就會找不到自己；如果你的心裡裝的都是用戶，那你的周圍將充滿機會。

解碼商業模式 DECODING BUSINESS MODELS

1. 不管是創業者，還是職場人，每個人都有一個當下的能力圈，但是只有跳出去，才能逐步建構核心競爭力。
2. 獨特的經營活動組合就是企業核心競爭力的來源。
3. 利用波特五力模型，先建立相對優勢，占領有利的市場地位，再發起進攻性競爭行動，增強自己的市場地位與競爭實力，最後形成絕對競爭優勢。
4. 從競爭優勢到生態優勢，建構面向未來的核心競爭力。
5. 判斷企業的核心競爭力的工具：企業的優勢矩陣。

價值循環系統
環節 3——獲取價值

獲取價值的本質：透過創新獲取利潤

麥克・波特說：「競爭的目的，不是為了打敗對手，而是為了獲得利潤。」從客戶那裡獲得多少利潤是衡量一家企業是否有獨特價值和獨特能力的標準。一家企業如何才能最大化地獲取利潤？熊彼特在《經濟發展理論》中的觀點給出了答案：創新，只有創新才能獲得企業家利潤。這是從起點、本質的角度對獲取價值的解釋。**只有創新者才稱得上是企業家，企業家透過創新獲取利潤，這就是獲取價值的本質。**

經濟為什麼會發展？這是《經濟發展理論》研究的主要問題。熊彼特認為，經濟本身是不會發展的，經濟發展是經濟以外的現象帶來的，這種現象就是企業家的創新。「創新」這個詞太普通，普通到每個人好像都懂，但是我說的創新可能完全不一樣。接下來我們嘗試基於熊彼特的理論指導來回答如下 4 個問題：

- 到底什麼是創新？
- 創新由誰來主導？

- 利潤產生的方式是什麼？
- 創新的方法是什麼？

創新，就是新組合

我們經常會聽到各種關於創新的名詞，如開拓式創新、升級式創新、破壞式創新、組合式創新等，而對創新最大的誤解就是把它等同於發明創造。根據熊彼特的觀點，科學發明不是創新，一種發明只有被企業家用於建立某種新的商業組合時，才能被稱為創新。

當蒸汽機被發明出來時，不能稱為創新，因為它本身沒有解決任何問題。只有將蒸汽機開始應用於紡織、發電、交通等工業領域時，創新才真正出現，因為它推動了火車的誕生和發展，推動了英國和歐洲的工業革命，使世界進入了偉大的蒸汽時代。創新不是發明，只要發明還沒有得到實際應用，那麼它在經濟上就是不起作用的。

熊彼特認為，所謂創新就是生產要素的重新組合。「新組合」是熊彼特理論中的一個核心概念。生產，意味著把我們所能支配的原材料和力量組合起來，每一種生產方法都意味著某種特定組合。用不同的生產方法生產相同的東西，意味著以不同的方式把這些原材料和力量組合起來，這些都屬於「新組合」。

通俗點講，企業生產某種新產品，使用了新的生產設備、新的工藝技術或者新的原材料等，都是與原有基礎不同的新組合。但是，只要有新組合產生就意味著創新出現嗎？並不是。熊彼特認為，把許許多多的郵車加起來，加到想要加到的地步，仍將永遠得不到一列火車。也就是說，新組合並不意味著把眾多不同的元素進行簡單堆積。

一切創新（新組合）都是手段，目的是解決未被解決的問題。比如，阻礙電動汽車普及的一大因素是電池價格太貴，於是伊隆・馬斯克把電池價格從每千瓦小時（kWh）600 美元降低到不足 100 美元。

馬斯克是如何思考的？他認為，不管現在的電池有多貴，我們都必須思考一個本質問題：電池是由什麼構成的？無非是鐵、鎳、鋁等金屬。這些是無論如何也減不下去的成本。其他成本都是在人工協作過程中產生的，那就有優化的空間。比如：在美國生產電池可能稅費比較高，那就不要在美國生產；如果某個技術路線比較昂貴，那就推動它的大規模普及應用，這樣價格就能降下來；如果某種模組設計出了問題，那就改變設計。

很多商學院的教授分析馬斯克拆解電池的例子，得出結論：馬斯克用這種所謂的「第一性原理」的思考方式，拆解了電池最基本的構成要素，最後找到了筆記型電腦的電池結構，所以特斯拉的電池就是用一堆筆記型電池組合形成的。

難道這就是所謂創新的本質嗎？問題是，馬斯克為什麼要拆解電池的構成要素？因為他想做特斯拉電動汽車。也就是說，重構電池要素（新組合）是手段，解決電動車供電的技術和成本問題才是目的。電池構成要素的重新組合就像蒸汽機的發明，技術本身不是創新，但是當這種電池新技術被應用在特斯拉電動汽車上時，創新就產生了，因為它解決了一個未被解決的問題，產生了新的物種、新的組合。

福特和豐田也解決了電池問題，但是卻沒有造出像特斯拉這樣的新物種。因為福特和豐田解決了電池問題之後做出來的是電動汽車，而特斯拉做出來的是網路智慧汽車。這是兩個物種，二者之間有本質不同。

電動汽車從下生產線的那一刻起，功能就在老化；但網路智慧汽車從下生產線的那一刻起，功能就開始更新迭代。

當新能源汽車慢慢普及之後，電池業成為一個新的規模巨大的產業，如何提高這個產業的效率就存在很大的優化空間。比如，生產線的改進、新的生產方法、新的原材料供給來源等，都進一步催生了更多的創新（新組合）。一種新組合只有被應用於解決一個新的商業問題，才可能出現真正的創新。就像再多的飛機也無法組成一艘飛船一樣，新組合不是簡單的要素堆積，而是產生一個新物種。

簡而言之，在熊彼特看來，「創新」是「新組合」的代名詞，創新就是新組合，新組合就是創新。

主導創新的主體是企業家

誰是主導創新的主體？企業家。但是這裡所說的企業家可能和傳統說法不一樣。通常認為，企業家就是創立或經營企業的人，是企業的經營者。而熊彼特把新組合稱為「企業」，把職能是實現新組合的人稱為「企業家」。他認為，只有實現新組合才能成為企業家，這一觀點比傳統的定義要狹窄一些，並不包括各個廠商的經理、工業家等，他們所做的只是經營已經建立起來的企業。也就是說，一個人只有在創新的時候，才是企業家，只有創新者，才是企業家。換句話說，經營者和管理者都不是企業家。

以阿爾弗雷德．馬歇爾（Alfred Marshall）為代表的新古典學派（劍橋學派）認為，企業家是透過組織賺取利潤的人。馬歇爾說，企業家透過一個組織，從那些效率不高的產業中實現套利，賺取利潤，利潤是組織的報酬。也就是說，他只把企業家的職能看作最廣義的「管理」和「經營」。

但按照熊彼特的定義，如果我們不能實現新組合，那麼即使能讓企業進入所謂的「管理」和「經營」狀態，並擁有且經營著企業，我們也不是真正的企業家。企業家並不是一種職業，也不是一種持久的狀態。從專門意義上講，企業家並不形成如同地主、資本家或工人那樣的社會階級。

總而言之，企業家不是一種身份，而是一種創新的狀態，是一種精神。舉例來說，一家企業如果去年創新了，它的老闆就是企業家；如果今年沒創新，老闆只是像一個普通管理者一樣經營著企業，那麼今年的老闆就不是企業家，而只是一個經理人。這麼說來，一個人在幾十年的企業經營生涯中，很少能一直被稱為企業家。從這個角度看，「創新」是動詞，而不是名詞。

企業家是一種特殊的類型，他們的行為是特殊的，是大量重要現象的原動力。企業家是一種稀缺資源，正因為稀缺，所以熊彼特認為，企業家也是不可繼承的。在《資本主義、社會主義與民主》（*Capitalism, Socialism and Democracy*）中，熊彼特認為企業家的功能是：透過利用一種新發明或者更一般地利用一種未經實驗的技術可能性，來生產新商品，或者用新方法生產老商品；透過開闢原料供應中心來源或產品的新銷路，或透過改組工業結構等手段，來改良或徹底改革生產模式。

綜上，其理論邏輯是企業家透過實現新組合（創新），推動經濟的發展。由此推知，企業家成批出現是社會經濟繁榮的唯一原因。從這個意義上講，與其說熊彼特創立了「創新理論」，不如說他創立了「企業家理論」。

企業家利潤才是真正的利潤

熊彼特把創新帶來的利潤稱為「壟斷利潤」。壟斷是激勵創新的動力，如果沒有壟斷利潤，就沒有企業家願意創新。透過創新所得到的壟斷利潤週期，被稱為「創新紅利期」。但是，所有高利潤的產業一定會吸引一批又一批新的競爭對手出現，他們會迅速跟上模仿產業先行者，甚至反超，把多餘的利潤擠得所剩無幾。因此，創新紅利期也是短暫的。對此，企業家一方面要提高創新的壁壘，延長創新紅利期；另一方面必須不斷創新，不斷跳出競爭，從而保證利潤的持續性。

這種企業家利潤是透過創新獲得的，那麼問題來了：很多企業並沒有什麼創新，不是也有利潤，也能賺錢嗎？雖然利潤不多，但是也能維持生存。熊彼特假定，在一種所謂循環運行的均衡情況下，不存在企業家，沒有創新，沒有變動和發展。在這種情況下，企業總收入等於總支出，生產管理者所得到的只是「管理工資」，因而不產生利潤。只有在實現了創新發展的情況下，才存在企業家，才產生利潤。這時，企業總收入超過總支出，這種餘額或剩餘就是企業家利潤，是企業家由於實現了新組合而應得的合理報酬。

張瑞敏曾經說過，海爾的家電利潤薄得像刀片一樣。因為缺乏創新的土壤。改革開放之初，中國商品緊缺，企業只要有生產能力，就可以把貨賣出去。我們也可以將那時理解成中國市場的創新紅利期，有產品就有創新。但是紅利期過後，考驗企業家的時刻才真正到來。這時候，能持續獲取利潤的，一定是那些能夠持續洞察市場需求、持續創新、持續滿足市場需求的企業。

沒有創新，獲得的微薄收益不是真正的利潤，而是社會付給企業的管理工資。在傳統製造業，一些工廠只是拿著「薄得像刀片」一樣的利潤艱難地活著。這些工廠生產的不是高科技產品，同行很多，競爭激烈，所以利潤不會太高。

綜上，企業的利潤可以分為兩種：第一種是管理工資，由社會付給企業；第二種是創新利潤，也就是企業家利潤，需要企業賺取。此時你不妨想一想，你的企業賺的是管理工資，還是企業家利潤？

問題又來了，資本家賺取的巨大財富，算企業家利潤嗎？不算。熊彼特說，資本家得到的不是利潤，而是資本利息。資本家透過投資企業家賺錢，利潤是由企業家創造的；資本家透過出售資本獲利，他們獲得的只能是利息。換句話說，企業家「雇用」了資本家。

如今資本市場常有一些聲音：某某企業拿到了 A 輪、B 輪融資；某某企業敲鐘上市，背後的投資機構賺了幾十倍、幾百倍回報等等。資本家之所以要投資一家企業，一定是因為這家企業有很大的發展潛力，未來有機會賺取巨額回報。這背後的邏輯正印證了熊彼特的觀點。

讓創新快於變化

一個產業之所以會衰退，其實是因為它匹配市場需求的效率下降了。企業之所以會遇到所謂的產業天花板，感覺無法突破，其實是因為它洞察市場需求變化的能力減弱了。所謂的「大環境不好」，本質原因不過是缺乏創新能力而已。企業經營者之所以會感到市場變化太快，是因為別人的創新速度太快。

牛牛成長，持續創新突破成長邊界

近幾年，隨著中國和家庭對孩子身體素質的重視，青少年體育市場逐漸發展起來，各種青少年體育培訓機構如雨後春筍一樣大量出現。不過其中存在很多問題，如運動場館數量少、課程內容單一、教練水準參差不齊等。牛牛成長洞察到了這些問題，開創性地將拼多多團購模式與 Airbnb 的場地群眾外包模式相結合，切入青少年體育市場。它因此脫穎而出，並迅速成為各大資本競相追逐的對象。

家門口的體育課

家附近沒有專業的青少年運動培訓場館，或者有場館但是培訓費用太貴，這兩個問題是當下青少年體育教育無法普及的重要因素。牛牛成長就從降低成本這件事入手，創造了「家門口的體育課」這個全新的場景。

如果一位用戶家社區有一塊可用的空地，那麼他可以將場地上傳到牛牛成長的平臺，然後發起適合該場地的體育課程團購。他可以和同社區或者周邊的人一起團購，團購成功後，牛牛成長會派專業的教練上門教學。由於沒有場地的高昂租金，因此，用戶的費用也大大降低，價格最低只要 99 元人民幣。

因其獨創的授課內容、良好的師資口碑，以及完善的平臺交易機制，牛牛成長在創立的當年就迅速在上海擴張業務，隨後將業務發展到深圳、廣州和成都等地。

牛牛成長把場地、課程、教練和用戶這幾個要素進行了重新組合，形成了一種新的商業模式。當然，牛牛成長做的不只是簡單的重新組合。當一個課程從專業的運動場館搬到社區的空地時，不能簡單遷移，而需要對課程內容進行重新設計，來配合相應的場景。

這種配合「家門口」場景的獨特內容，逐漸成為牛牛成長最核心的競爭力。

把牛牛成長商業模式的每一個要素分開看，我們會發現它們都是些傳統要素。但是，當這些要素被重新組合之後，這種生產關係的重組產生了新的生產力。牛牛成長如果沒有專門為「家門口」這個場景設計專門的課程，那麼這個新物種就無法成立，任何人都可以模仿。

總之，所謂的創新組合只是手段，不能為了組合而組合，而解決市場未被解決的問題才是目的。

家裡的體育課

2020 年初，線下教學受到重大衝擊，整個體育培訓產業全部停滯，但是青少年體育教育的需求並不會因此而消失，相關企業面臨的問題是如何提供更高效的解決方案。

牛牛成長團隊迅速行動，在短時間內完成線上課程的場景確立和商業化測試，並適時推出了「真人直播體育課」，幾乎實現了和用戶的無縫對接，把家門口的體育課變成了家裡的體育課，完成了一次重大的升級。因此，牛牛成長的收入不僅沒有下降，反而逆勢成長。截至 2022 年 5 月，其用戶涵蓋全球 60 個國家和地區，數量超百萬。至此，牛牛成長升級為擁有線上線下完整產品線的青少年體育教育平臺。

但是整個升級過程卻並不簡單。從家門口到家裡的客廳，雖然改變的距離很短，但牛牛成長卻需要完全重構整個教學體系。由於教學場地從社區轉到客廳，教學方式從上門教學轉到線上直播授課，線上的場景和線下的場景完全不一樣，因此牛牛成長需要再一次為新場景設計適合的課程。

（接下頁）

牛牛成長的真人直播體育課建構了一種非常有趣的場景：一個App，一個教練，4個來自世界各地的孩子，各種玩到停不下來的遊戲，練到大汗淋漓。牛牛成長的創始人葉峰表示，適合客廳場景的課程內容設計是整個商業模式的關鍵要素，牛牛成長做的不是簡單的排列組合，而是透過內容讓這種新組合產生新的生產力。這才是牛牛成長最重要的核心競爭力，市場上至今無人可以模仿。

在課堂遊戲的趣味性設計上，牛牛成長以任天堂作為學習榜樣，設計出大量螢幕互動遊戲。教練將遊戲融入專業的青少年體適能訓練中，透過豐富的場景描述和虛擬道具的組建應用，與孩子一同開始一段冒險與打怪的奇幻之旅。

無論是線上還是線下體育課，牛牛成長一直在突破產業邊界：家門口的體育課，突破了場地供給的邊界，平臺已有近萬個可用場地；真人直播體育課，突破了空間和地域的邊界，推出線上課之後，教練一個月上課可以超過250堂，教練能效提升了300%，也為用戶節省了大量培訓費用。

場地、用戶、課程和教練，這幾個要素極其傳統。如果沒有想清楚要解決什麼問題，那麼這4個要素是無論如何也組合不到一起的。但牛牛成長發現了用戶需求與市場供給之間的不匹配，而新組合方式正好可以解決使用者的問題，最終創造出了新的需求。

企業家是一種狀態，而不是一種身份。創新就是企業家的宿命，一旦不創新了，他就只是一個管理者，而不是企業家。消費者需求是一直存在的，但是滿足消費者需求的手段和效率會不斷發生改變。一切創新（新組合）都是手段，解決未被解決的問題才是目的。

熊彼特說：「經濟本身是不會發展的，是企業家的創新推動了經濟發展。」換句話說，市場本身是不會變化的，消費者需求也是不會變化的，但企業家的創新改變了市場，推動了消費者需求的變化。

解碼商業模式

DECODING BUSINESS MODELS

1. 只有創新才能獲得利潤。創新就是生產要素的重新組合，而主導創新的主體是企業家。
2. 一切創新（新組合）都是手段，目的是解決未被解決的問題。
3. 一種新組合只有被應用於解決一個新的商業問題，才可能出現真正的創新。
4. 沒有創新，獲得的微薄收益不是真正的利潤，而是社會付給企業的管理工資。

如何獲取價值，建構可持續的企業盈利系統

一家企業創造了獨特價值，並且擁有獨特的能力，此時它在市場上是否可以脫穎而出呢？還不夠。如果企業經營的成本太高，無法盈利，那麼即使它有獨特的價值和能力，它的商業模式也依然是無法成立的。因此，企業還需要建構盈利系統。

這一章將圍繞利潤產生的方式，詳細拆解利潤構成的具體要素和交易結構的設計方法，即盈利模式的建構邏輯。我不會只講那些讓人一頭霧水的收入模式或者組合設計，而是要探尋盈利模式的構成路徑。有了這個路徑，我們就相當於得到了一幅盈利模式的地圖，從而一眼看穿所有盈利模式的路徑形成規律，並且掌握盈利模式的創新方法。

圍繞建構盈利系統的過程，我們將深入討論如下 4 個問題：

- 盈利模式的困境和誤解：為什麼大多數人都忽略了盈利模式的創新？
- 盈利模式的結構：到底什麼是盈利模式，它的底層邏輯是什麼？
- 盈利模式的識別座標：盈利模式到底由哪些核心要素構成？

- 盈利模式創新：設計一種創新的盈利模式有哪些路徑？

盈利模式的困境和誤解

我們來思考一個問題：麥當勞是一家速食公司嗎？從 1990 年在深圳開設中國第一家餐廳開始，麥當勞在中國就成為「洋速食」的代名詞。它真的只是一家速食公司嗎？要回答這個問題，我們先要了解一下它的經營模式。麥當勞門市經營模式主要分為兩種：第一種是直營店模式，這些店面都由麥當勞直接投資和營運管理；第二種是加盟店模式，即加盟商給麥當勞交加盟費，獲得麥當勞的特許經營權。

從展開特許經營之初，麥當勞就確定了發展加盟商的基本原則。比如：不發展實力雄厚的加盟商，以避免客大欺店、逆向改變麥當勞的標準；不發展區域整體授權，只做單一店面的加盟授權等等。確定了不發展實力雄厚的加盟商制度之後，在發展加盟商的過程中，麥當勞遇到了很多問題，諸如加盟商因實力不足而難以獲得足夠的資金、因無法貸款而無力支付店面的房租費用和建設費用等問題。

如何解決這些問題呢？麥當勞選擇先代加盟商尋找合適的店址，然後長期承租或購進土地和房屋，再出租給加盟商。這樣一來，雙方都受益：對加盟商來說，資金問題得到了解決；對麥當勞來說，它的資金實力和銀行信用得到了充分利用，同時透過控制房產加強了對加盟商的管理。正因如此，麥當勞加盟業務的收入構成中，除了加盟費，還包括房租收入和房產投資的增值。

據公開財報顯示，截至 2021 年底，麥當勞在全球的餐廳超過 40,000 家，全年總收入為 232.23 億美元，其中，公司經營餐廳收入

97.87 億美元，約占總收入的 42.15%，專營餐廳收入 130.85 億美元，約占總收入的 56.35%。麥當勞對加盟餐廳主要收取加盟費和房租，2021 年加盟費占餐廳收入的 4% ～ 5%，房租占餐廳收入的 11% ～ 17%。麥當勞持有和承租著超過 50% 的加盟餐廳的房屋或土地所有權，房租收入遠超加盟費收入。可見，麥當勞不只是一家速食公司，更是一家房地產公司。

很多企業都非常關注營業收入和市場占比的成長，對企業應該如何盈利的問題卻缺乏深度的思考和設計。所有企業家和創業者都知道設計一種好的盈利模式有多重要。事實上，總有人在還沒有系統地思考商業模式、價值定位、經營活動組合、競爭策略等一系列經營問題時，就已經提前思考未來如何賺錢了。

然而，很多企業的收入來源單一，通常以產品或服務的收入成本差價作為單一的盈利來源，以產業內約定俗成的成本加成定價、計件定價等作為主要的盈利方式。在盈利來源和盈利方式既定的前提下，企業盈利模式大多圍繞著由供需狀況決定的價格水準展開，主要考慮企業成本結構、競爭對手定價及產品或服務帶給客戶的價值認知。而企業盈利的提升，更多的是透過客戶價值認知的提高和客戶規模的擴大來實現，忽略了企業盈利模式創新帶來的盈利空間。在單一的盈利模式下，企業也逐漸陷入了盈利的困境。

首先，收入來源單一、基本依賴主要業務是很多企業的現狀，隨之而來的就是激烈競爭。創新帶來的企業利潤是有週期的，即存在創新紅利期。而紅利期也是短暫的，因為會有對手不斷參與市場競爭。隨著產業內競爭的加劇，主要業務進入同質化階段，隨之開始出現價格戰和各種無效的促銷，最後導致企業的利潤越來越低，甚至虧損。

企業要想擺脫收入來源單一的現狀，除了要在業務上持續創新之外，還可以在現有業務基礎上設計新的交易結構、新的盈利模式，提高交易效率，創造競爭優勢。透過調整盈利來源和盈利方式，企業能夠拓展原有價值空間的規模和價值實現的效率。

其次，一部分人，特別是網路創業者，似乎認為只要抓住了用戶，有了一定的用戶規模，就能抓住一切。至於盈利模式，他們相信現在沒有也沒關係，未來總會有的。按照他們的設想，等有了一定量的用戶，他們就可以透過廣告賺錢，可以透過增值服務賺錢，也可以透過賣貨賺錢。但是，這不免又陷入另外的困境：有了用戶就一定能變現嗎？變現了就一定能盈利嗎？很多網路企業在擁有大量用戶之後，依然無法實現很好的商業化變現和盈利。

為什麼企業會陷入盈利模式創新的困境？最大的原因在於企業管理者或企業家對盈利模式產生了誤解，將商業模式直接等同於盈利模式。其實，盈利模式的定義範疇本身是明確的，但是他們對盈利模式的內涵和外延並不一定清楚，所以很容易把盈利模式跟商業模式、定價策略等混為一談。只有辨析商業模式與盈利模式、定價的區別，劃定盈利模式的定義範疇，才能真正理解什麼是盈利模式，才能從原理出發，更高效地設計盈利模式。為此，要明確以下兩點。

第一，盈利模式只是商業模式的一部分，並不能等同於商業模式。如果盈利模式是一個人的某個器官，那商業模式就是一整個人，是一套更大的系統，包含企業創造價值、交付價值和獲取價值的整個過程。而盈利模式主要關注的是如何獲取價值，也就是如何獲得收益、分配成本、賺取利潤。

第二，盈利模式不等於定價策略。「定價定天下」、「定價就是策略」曾經風靡一時。還有很多關於定價的說法，比如成本定價法、現行價格定價法、客戶價值定價法等。這些定價方法都有道理，但是盈利模式並不只是定價這麼簡單。

盈利模式的底層結構

如何才能跳出商業模式的困境和誤解？我們需要先了解盈利模式的底層結構，也就是盈利模式由哪些關鍵要素構成，然後才能控制這些關鍵要素。

基於系統論的視角，任何現象都是系統運作的結果，這也是建構商業模式的基石。系統的行為結果是由系統內部的結構決定的，從這個角度來看，盈利模式的結構是什麼呢？是交易結構。

為了更好地理解交易結構，我們需要先了解清楚收入和利潤是如何產生的。「收入從哪兒來」這個問題是所有企業最終都要思考的。無論企業的產品或服務多有價值，只有讓客戶願意為它買單，企業才可以存活並且持續發展。任何產品或服務都需要有兩個價值：使用價值和交易價值。

先來看使用價值。我們經常聽到「用戶量」這個詞，其意義是有多少人願意使用某產品或服務。很多企業光憑產品或服務的用戶量快速成長就可以不斷地獲得巨額投資，它們甚至都不知道怎麼賺錢。為什麼它們能獲得投資？因為投資人相信，只要產品或服務有用戶，企業早晚會有盈利模式。

再來看交易價值。即使產品或服務有再多的用戶量，企業也需要思考：如何賺錢？誰願意為這個使用價值付費？是讓用戶直接購買，還是讓廣告商之類的第三方付費？我們需要思考如何讓用戶持續購買產品或服務，以免用戶隨時更換賣家。

利潤從哪兒來？許多人談到盈利模式時會提到收入結構，而忽略成本結構。光有收入不代表有利潤。比如從理論上講，「流水」就是收入，但是這類收入之所以叫「流水」，是因為它們進得快，出去也快，沒有留存利潤，或者利潤很低。利潤的多少在很大程度上是由成本決定的，光談收入結構而不談成本結構的盈利模式是有認知缺陷的。收入和利潤產生的方式形成了一個交易結構。這個交易結構的功能和目的要解決 3 個問題：企業如何獲得收入、如何分配成本，以及如何賺取利潤。

交易結構的主體對象被稱為利益相關者。簡單地講，付錢買產品的人，企業的供應商、生產商、通路商等，任何跟企業有交易行為的主體，包括企業內部組織，都是企業的利益相關者。交易結構就是盈利模式的底層結構，北京大學的魏煒和清華大學的朱武祥兩位教授把盈利模式的結構拆分成以下 3 個維度，簡稱「三定」。

- 定向：價值的流向。簡單地說就是，收入從哪些利益相關者那裡獲取，成本支付給哪些利益相關者，有哪些成本可以轉嫁給其他利益相關者。比如常見的網路的免費策略「羊毛出在豬身上，讓狗買單」。
- 定性：計價方式。也就是指收支是按照時間或數量計價，還是按照價值計價。比如，遊樂園裡那些按時計費的遊樂方案，超市裡按重量計價的零食，直接標價的產品或服務等等。

- 定量：我們通常所理解的定價，主要指的就是「定量」，即確定收支來源、收支方式下的價格高低。比如，同樣是按照時間計價，有的產品或服務是每天100元人民幣，有的是包月500元人民幣。

其中，定量問題主要是定價的策略性問題，在市場行銷領域討論較多，而商業模式領域主要討論定向和定性的問題。我們可以基於兩個面向來討論盈利模式的結構：收支來源（定向）與收支方式（定性）。接下來，我們將逐一拆解收支來源和收支方式兩大面向，並且提供一個盈利模式識別座標。

盈利模式識別座標

盈利模式，就是收支來源與收支方式組合而成的交易結構。所謂收支來源，包括兩個主體：收入來自（或者成本支付給）哪些利益相關者；收入（或者成本支出）來自哪些產品、服務、獨特的資源或者能力。所謂收支方式，指的是固定、剩餘、分潤等。為了便於理解，我們可以將它類比為按消費資格計算的進場費、按消費次數計算的過路費、按消費時長計算的停車費、按消費價值計算的油費、按價值增值計算的分享費或價值共用型的免費等。

收支來源和收支方式可以形成不同的組合，如「低固定＋高分成」、「進場費＋油費」、「刮鬍刀＋刀片」等不同的盈利模式。接下來，我們分別拆解收支來源和收支方式兩個面向。收支來源包含利益相關者和交易內容兩個面向，加上收支方式之後，就形成了一個盈利模式識別座標（見圖7-1）。

圖 7-1 盈利模式識別座標

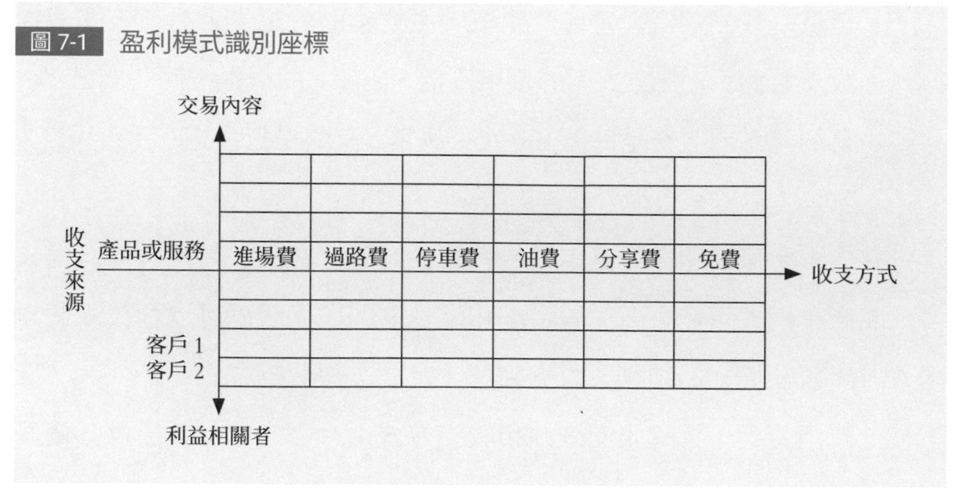

資料來源：《商業模式的經濟解釋》，魏煒、朱武祥、林桂平著。

圖中的縱軸表示收支來源，有兩個面向：一個是利益相關者，比如 C 端用戶、B 端用戶、供應商、合作夥伴等；另外一個是交易內容，也就是相關的產品或服務。縱軸只列舉了客戶、產品或服務，我們可以自行拓展多個利益相關者和相關產品、業務或資源。橫軸則表示收支方式，這裡僅列舉了進場費、過路費、停車費、油費、分享費和免費。我們同樣可以自行拓展，比如固定、分潤、剩餘等。

透過盈利模式識別座標，我們可以把企業的各種組合計價更直觀地展現。為了說明這一點，接下來舉個很多人都耳熟能詳的「刮鬍刀＋刀片」的例子（見圖 7-2）。

20 世紀初，推銷員金・吉列（King Gillette）發明了可更換刀片的刮鬍刀，同時創造了一種全新的商業模式：先將刮鬍刀拆成刀座和可更換的刀片，再以極低的折扣銷售刀座（同時附有兩個刀片），以此形成一定的用戶基礎。刀片變鈍之後，刀座卻未損壞，消費者自然會購買新刀片。由於刀片的利潤較高，又是易耗品，因此，成為吉列源源不斷的財源，形成了利潤的長尾效應。

這種行銷模式叫作交叉補貼模式。它把主要業務做成虧損乃至成本中心，以鎖定客戶，從而形成一個較穩定的經營平臺，為推銷高附加價值的關聯產品和增值服務創造條件。這就是「刮鬍刀＋刀片」商業模式成功的秘密。

「刮鬍刀＋刀片」模式在很多產業得到了充分應用。比如，小米先以極低的價格把手機和電視賣給消費者，再透過賣各種增值服務和內容盈利；雀巢把咖啡機很便宜地賣給客戶，再透過持續不斷地賣咖啡膠囊盈利。從成本的角度看，「刮鬍刀」是低利潤的，甚至是虧本的，也就是說成本很高。但是，未來透過「刀片」的持續銷售，企業可獲得持續盈利。這樣一來，企業的綜合成本就會很低。

圖 7-2 呈現出「刮鬍刀」和「刀片」各自的盈利模式，並標記了它

圖 7-2　「刮鬍刀＋刀片」模式

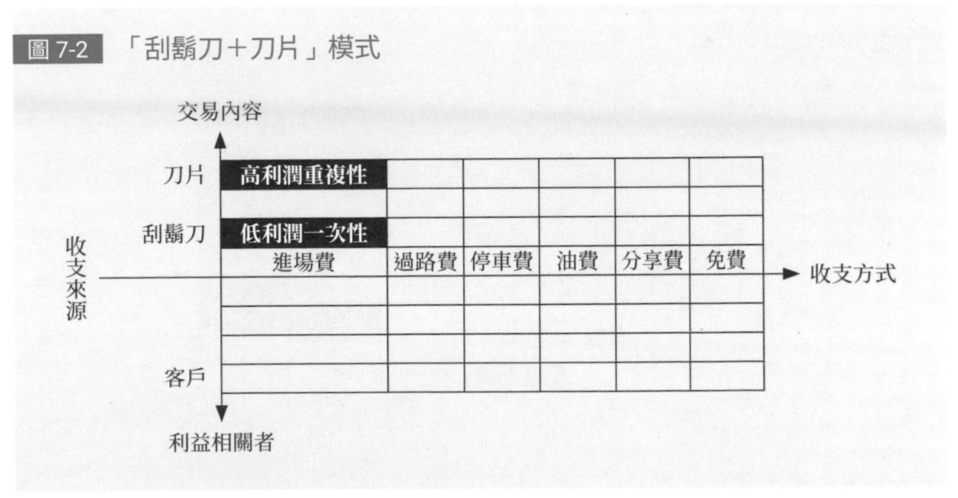

資料來源：《商業模式的經濟解釋》，魏煒、朱武祥、林桂平著。

們的關聯性。兩者之間的關聯性體現了一種組合計價方式。

除了「刮鬍刀＋刀片」模式，我們也可以基於利益相關者來做分類，從而展現更多的組合方式。比如，微信透過免費策略吸引用戶，累積了龐大的用戶數量，再透過賣遊戲、賣廣告等盈利，繼續拓展利益相關者。我們會發現微信用戶類型也發生了不一樣的變化，從C端的用戶拓展到提供遊戲的B端客戶、第三方廣告商等。當然，微信的用戶類別可不止這些，我們只是列舉幾個。

將用戶拓展後，可得到一幅盈利模式圖（見圖7-3）。它清晰地展現了企業的不同收支來源和收支方式，同時也提供了一種盈利模式設計的創新思考方式。例如，直接把各種不同的利益相關者、資源能力、產品或服務列在縱軸，把各種不同的收支方式列在橫軸，強制建立關係，擴大思考域。我們可以大膽假設，想想是否可以收客戶過路費，是否可以收供應商進場費（如對快消品進入超市、酒水進入KTV等收進場費）。

圖7-3 微信盈利模式

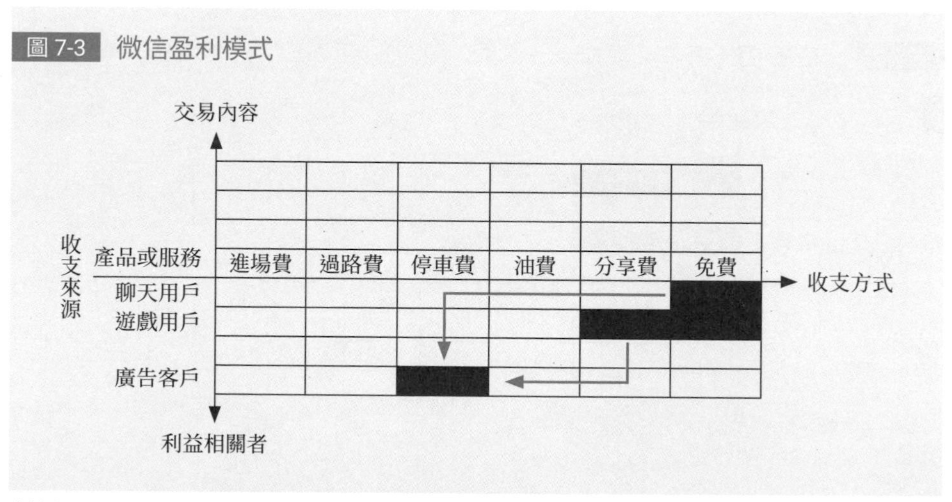

資料來源：《商業模式的經濟解釋》，魏煒、朱武祥、林桂平著。

盈利模式的設計方法與路徑

透過對收支來源和收支方式的座標分析，盈利模式的設計路徑主要有如下 4 個面向：

- 收入從哪兒來？
- 成本支付給誰？
- 怎麼收入？
- 怎麼支出？

看似簡單的幾個問題，其實背後包含著多樣化的結構和組合方式。假設一位發明者手上有一項技術專利，那麼他的盈利來源就有很多種：採用傳統銷售做法，直接轉讓專利的所有權，他一次性收取所有費用；讓渡專利的使用權，他仍然保持所有權，這樣就可以像收租金一樣每年收取費用；拿著專利自己創業，做成產品去銷售，獲取收入；把專利當成無形資產投入一個企業，借此持有企業一定比例的股權，和企業一起成長，這樣除了分紅，他還能享受股權增值的資本收益等等。

◆收支來源的利益相關者

收入從哪兒來？成本支付給誰？這兩個問題的答案指向盈利模式設計要關注的第一個交易對象，即利益相關者。在商業模式理論中，利益相關者有內外之分。內部利益相關者是指企業的股東、老闆、員工等，而外部利益相關者包括企業的客戶、供應商及企業的直營店、控股公司、參股公司和純市場合作關係的公司或組織等。這些內外利益相關者的資源、能力、利益訴求不同，在某種商業模式架構下，透過各種交易活動相互關聯，形成某種交易結構。

為了清晰地定義每一個利益相關者，需要從企業盈利的角度出發，以企業收支和成本的來源分別歸屬於哪些利益相關者為考量標準，來設計企業的盈利模式。

首先，從收支來源角度，可以把利益相關者劃分成 3 個類別，分別是直接顧客、第三方顧客，以及直接顧客＋第三方顧客。其次，從成本支出的角度，可以把利益相關者劃分為 4 個類別，分別是企業、第三方夥伴、企業＋第三方夥伴，以及零邊際成本。由此可以形成一個包含 12 種盈利模式的矩陣（見圖 7-4）。

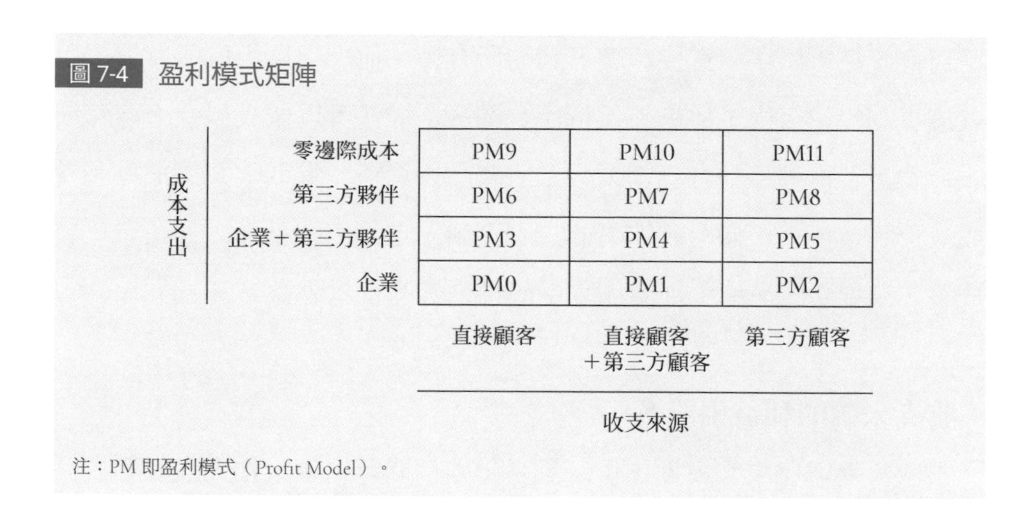

圖 7-4 盈利模式矩陣

注：PM 即盈利模式（Profit Model）。

這個盈利模式矩陣從 PM1 到 PM11，交易結構明顯比 PM0 複雜，一般至少要涉及三方利益相關者，其中存在很多盈利模式創新的空間。這裡就不逐一介紹了，僅列舉如下幾種主要模式。

PM 0 自產自銷模式，這是最普遍的模式。企業支付成本，並從直接顧客那裡獲取收入。比如，傳統製造型企業承擔原材料採購、生產製造和通路銷售的成本，透過直接銷售產品給顧客獲取收入，收入減成本就是企業的利潤。對企業而言，交易結構很簡單，除了原材料，基本只涉及兩個利益相關者，即企業本身和直接顧客。

PM 1 企業承擔成本，生產商品或服務，從直接顧客和第三方顧客那裡獲取收入。比如，雜誌向讀者收取訂閱費用，同時向在雜誌發布廣告的商家收取廣告費。在這種盈利模式中，廣告商的目標受眾是雜誌的讀者，因此是雜誌的第三方顧客，而讀者無疑是直接顧客。再比如，騰訊的網路增值服務同樣採取了這種模式，它提供的虛擬衣服、道具、寵物等產品都向直接顧客收費，而這些產品的邊際成本幾乎為零，同時騰訊也向嵌入其網路遊戲或其他應用的廣告商（即第三方顧客）收取服務費。

PM 2 企業承擔成本，生產商品或服務，對直接顧客免費，向第三方顧客收費。比如，Google、百度的搜索業務，電視台、免費報刊等等，都採用這種模式。與 PM1 相比，PM2 雖然減少了直接顧客的收入貢獻，但完全有可能透過免費擴大客戶規模和品牌效應，向第三方顧客收取更高的費用。PM1 和 PM2 的交易結構極為類似，在很多場合下可以相互轉換，差別僅在於是否對直接顧客收費，這樣的例子如今在網路領域非常多。

PM 5 企業和第三方夥伴承擔成本，向第三方顧客收費，對直接顧客免費。在這裡，第三方夥伴和第三方顧客可以作為同一主體出現。以 2012 年最流行的電視娛樂節目《中國好聲音》為例：浙江衛視和節目製作方作為企業和第三方夥伴，共同投入、共擔風險、共享利潤；中國移動同時作為第三方夥伴和第三方顧客，提供鈴聲下載服務，與浙江衛視和節目製作方進行利潤分成；全中國手機用戶作為第三方顧客，透過下載鈴聲為企業貢獻收入；電視觀眾免費觀看節目。

PM 6 企業零投入，由第三方夥伴承擔成本，直接顧客可以得到較低價格的產品和服務。比如，A 企業承接了一項業務，將其分包給第三方，由第三方負責成本投入，A 企業賺取純傭金。再比如，一些商業論壇的主辦方一般只負責召集與會人，具體的會場運作、服務都由企業提供和贊助，而與會人可能分層付費，VIP 座位高價，一般座位免費或者低價。

PM 11 企業承擔零邊際成本，提供商品和服務，向第三方顧客收費。PM9、PM10、PM11 分別從 PM0、PM1、PM2 衍生而來，關鍵區別只在於邊際成本為零，大多來自實體經濟的網路化或行動網路化。例如，從 PM2 衍生出來的 PM11 模式，可見於遊戲軟體廠商在遊戲裡提供廣告。與在傳統媒體投放廣告相比，網路或行動網路使遊戲裡的廣告邊際成本為零。

有一點需要指出，這種盈利模式的劃分只是範例，它的應用不局限於本書的劃分方式。只要是按照成本、收入面向合理劃分的盈利模式圖，均可用於相關分析，並給新盈利模式設計以啟示。

從利益相關者的角度思考盈利模式，關鍵在於尋找利益相關者之間的關聯性，站在他們的立場思考：他們的利益訴求是什麼？誰能夠影響他們？在什麼樣的條件下他們願意參與這個商業模式？只要在眾多利益相關者之間形成價值閉環，他們的需求有人滿足、成本能夠承擔、收益可以保證、優勢可以發揮，這就是一個完整的盈利模式閉環。

思維訓練

混沌學園，充分調動利益相關者的影響力

2014 年初，混沌學園創辦人、時任中歐創業與投資中心執行主任的李善友為中歐新生代創業領袖成長營（以下簡稱「中歐創業訓練營」）開啟了一項募資活動，明確要求學員必須一半自籌、一半募資學費。那次募資活動吸引了很多當時知名的創業者，比如泡否科技的馬佳佳、河狸家創始人「雕爺」孟醒、《羅輯思維》出品人申音等。他們透過各種社交媒體闡述募資理由，募資的參與者將獲得與他們面對面交流的機會。而吸引這些創業者的，除了李善友教授，還有中歐商學院這塊金字招牌。

不出所料，整個募資過程相當順利，活動成功完成。透過那次募資活動，中歐創業訓練營迅速拓圈，為李善友後來創辦混沌學園奠定了良好的基礎。

李善友充分調動了利益相關者的互利關係，先是透過中歐創業訓練營這個明星產品，吸引眾多知名創業者，又透過募資的方式讓中歐創業訓練營迅速拓展至中國各地。那次募資活動成功的核心是知名創業者的影響力，而普通的創業者只需支付很低的費用，就可以獲得和知名創業者交流的機會，這對他們來說的確很有吸引力。

在這個案例中，原本的付費主體只有這些知名創業者，透過募資後又加入了更多的利益相關者——普通創業者。這樣就結束了嗎？並沒有。在李善友後來創辦的混沌學園中，各大分園的首批園長都是來自中歐創業訓練營的學員。也就是說，他將學員變成了合作夥伴，改變了雙方的利益關係。李善友再一次透過這些知名創業者的高影響力，將混沌學園的產品推向全中國。

企業的自有業務是盈利來源的起點。企業對自有業務進行升級，提出更有力的客戶價值定位，改善客戶的滿意度或產品的性價比，從而帶來更大的客戶規模或客戶更高的價值認可度，是提升企業盈利來源的最直接路徑。

在傳統工業時代，企業透過給客戶提供商品或服務來獲取利潤，這是一個孤立的交易。可如果企業從利益相關者的角度來看待交易活動，那麼邊界就會打開，盈利模式就存在重新設計的可能性。比如，小米手機透過讓用戶獲得「參與感」，吸引大量用戶與之互動，進而從用戶回饋中獲得產品設計的靈感，並對產品進行快速迭代。這種盈利模式不僅可以讓小米從用戶那裡獲取利潤，還可以讓用戶從中獲利。因為它讓有特長的用戶參與進來成為第三方服務商，一起服務於小米的用戶，如設計供用戶使用的表情包、桌布、遊戲等，這樣設計者也能獲得收益。為了鼓勵有特長的用戶參與進來，小米展開了懸賞百萬的活動。

用戶變成第三方服務商，既可以從小米生態中獲取利潤，又會在利潤驅動下成為小米生態的宣傳者，甚至把能成為小米認證的服務商當成一種榮耀。一個簡單的交易活動，就能讓客戶扮演三個利益相關者的角色，即用戶、服務商、推廣者。為了讓小米生態內容足夠豐富，小米開始對外投資，衍生出小米生態鏈企業。這麼一來，小米就有了很多利益相關者，而它自身也成為別人的利益相關者，各方互相影響著。

企業的邊界打開後，要素間相互嵌入，盤根錯節，繁榮共生，盈利模式也必然朝著多樣化方向發展。

◆兩種收支方式

收支方式包含收入模式和計價模式兩方面。收入模式可以分成 3 大類：固定收益、剩餘收益、分潤收益。

收支來源不同也導致收入模式和計價模式不同。比如，有的購物商場只對開店的商家收取固定的店面租金，它的收益不受商家營收的影響，這種收益是固定收益，而商家交完固定租金之後，營收都是自己的，因此獲得了剩餘收益；也有的購物商場透過「低租金＋銷售分潤」的形式與商家共擔風險和利益，商家獲得的是剩餘收益，商場獲得的是固定收益和分潤收益；還有一些人流量比較少的購物商場為了更容易招商，降低商家的經營風險，確保商場可持續經營，而完全取消租金，採用純銷售分潤模式，商場和商家獲得的都是分潤收益，商家的營收直接影響到商家和商場的利益。

如果把商家和購物商場看作合約主體的甲乙方，那麼雙方的合作一般會出現 3 種收入模式：

- 甲方獲得固定收益，乙方獲得剩餘收益。
- 甲方獲得剩餘收益，乙方獲得固定收益。
- 甲乙雙方都獲得分潤收益，因為它們的收益在一個總產出量中存在固定的比例關係。

所謂固定收益、剩餘收益和分潤收益，都是針對一組利益相關者、一個總產出量而言的。同樣一個企業，在跟不同利益相關者合作時，其收益可能呈現不同的類別。以傳統的服裝製造業為例，工廠向供應商採購原材料，供應商獲得的是固定收益，工廠生產出來的商品賣多少錢跟供應商沒關係，所以工廠獲得了剩餘收益。但是，如果工廠只是幫助服裝品牌代工生產，也就是說品牌方按照統一的價差模式向工廠採購，那麼工廠獲得的是固定收益，而品牌方獲得了剩餘收益。因此，討論誰拿固定收益、剩餘收益或者分潤收益，需要結合與之合作的利益相關者。

關於計價模式，舉例來說，我們在淘寶上買東西時，支付的只有商品的費用，而淘寶會針對每一筆交易向商家抽取一定額度的交易佣金。不過，淘寶的盈利模式可不只有這一種。

個人想成為賣家，只需在淘寶上實名認證即可踏出開店的第一步，第二步開始就可以用各類免費的模板完成從發布商品到店鋪裝修的一系列工作，還可以借助淘寶新手教程順利開店。開通店鋪後，發布商品前，賣家需要繳納一筆保證金，作為商品發布的進場費。這筆費用是一次性繳納的，只有當店鋪關掉時才能收回保證金。如果賣家在經營店鋪的過程中有違規行為，那麼保證金將被平臺酌情扣除，並且賣家還要及時補充保證金。

發布完產品之後，賣家如果認為店鋪不好看，對免費的模板不是很滿意，也可以選擇設計精美的模板，不過這些模板都是收費的。為了吸引更多買家，提升店鋪形象，賣家不得不選擇收費模板。而這些模板通常按使用時長計費，比如按月或者按年計費。店鋪光設計精美還不夠，為了讓更多人光顧店鋪，賣家需要進行店鋪推廣。為此，賣家可以購買按時長收費的資源廣告位，也可以購買按點擊收費的搜索競價排名。

當店鋪產生了交易之後，淘寶會向賣家抽取交易佣金。如果賣家需要把賺取的錢轉帳到個人的銀行帳戶，那麼當轉帳達到一定額度的時候，淘寶會向賣家收取轉帳手續費。

講到這裡，我們不難發現，淘寶的盈利模式是多樣化的。它的收入既有一次性的進場費，也有按時長計算的店鋪裝修模板使用費、廣告費，還有交易佣金和轉帳手續費等等。透過這個案例我們可以發現，計價模式不同，盈利模式也可以有多樣化的設計組合。我們列舉了以下幾種盈利模式的計價模式（見表 7-1）。

表 7-1 盈利模式的計價模式範例

類別	計價模式	範例
進場費	消費資格	會員費、訂閱費用、歐式自助餐、一次性銷售
過路費	消費次數	按點擊收費的搜尋廣告、各種活動卡、投幣洗衣機
停車費	消費時長	手機通話按時長收費、各種租金、按時長收費的網咖
油費	消費價值	計件定價（一斤蔬菜、一件衣服、一頓飯）
分享費	價值增值	專利授權、加盟費、投資基金

進場費 顧名思義就是為消費者提供進場的資格，透過收取進場費，如會員費、訂閱費、歐式自助餐費等，獲得收益。消費者支付了進場費就可以獲得套餐式組合權益。這種計價模式的核心就是讓消費者感受到權益的超值。比如，會員費分為基礎會員費、專業會員費、高級會員費等，通常消費者都會選擇性價比最高的會員級別。

過路費 根據消費次數而定。這種計價模式的核心是把門檻較高的價格按次數進行拆解，降低消費門檻。比如，傳統健身卡通常都按半年或者年度收費，最低也是按月收費的，費用都是上千元人民幣。很多喜歡健身的人因為價格高而不願去嘗試。鑒於此，一些健身館採取按次收費的過路費模式。

停車費 以消費時長計價。這種計價模式的核心也是將高門檻的價格按時長的方式進行拆解，降低消費門檻。比如，廣告、飯店的計時房間、家政服務、各種租金等，都採用這種模式。採用停車費模式除了要降低消費門檻，更重要的是要激勵消費時長的延長。比如，房東通常都希望租客可以租久一點，如果簽的合約時間長一點，那麼房東也願意降低租金。停車費模式和進場費模式可以組合使用。比如，會員費也可以設置包月、半年、一年、三年，甚至終身制。

油費 大部分的商品都採取這種計價模式，如一斤蔬菜多少錢、一件衣服多少錢等。這種模式主要考慮企業成本結構、競爭對手定價，以及產品或服務帶給客戶的價值認知。

分享費 簡而言之，就是透過幫助他人創造增值而獲得利益，即成人達己。比如私募基金經理，透過投資幫助出資人創造收益，然後從收益中獲取利益分成。再比如連鎖超市的加盟商，最近幾年誕生了很多京東小店、天貓小店，這些其實都不是京東和天貓自己開的，而是一些私人雜貨店轉換的。傳統的雜貨店沒有品牌效應，銷售額不高，供應鏈沒優勢。京東和天貓在後臺的供應鏈、商品管理系統、收銀系統、數據分析等方面為雜貨店賦能，順便把這些門市的招牌也換了。雜貨店銷售額提升，京東和天貓自然也從中分享了收益。這種分享費模式還常見於專利授權領域，別人利用了專利的價值，也和專利所有者分享一部分收益。

以上 5 種計價模式可以單獨存在，也存在多種組合模式，這些都是盈利模式創新。接下來，我們看幾個案例，一睹盈利模式設計創新的魅力。

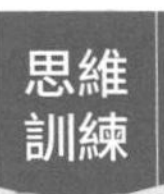

超級猩猩，開創健身計價新模式

傳統健身房重銷售輕營運、同質化嚴重、收入模式單一的痛點已經讓其舉步維艱。關於知名健身房倒閉的消息更是時有傳出：2017年，上海奧森健身公司的門市接連關閉；2019年，曾經風靡一時的老牌健身連鎖品牌浩沙健身的中國直營門市全線倒閉……

眾所周知，傳統健身房以預售健身卡和私人教練課為主要盈利模式，賺的是大部分辦了卡卻不來健身的群體的差價。據相關研究數據顯示，辦卡的會員中去健身房的比例不到10%。而想要健身和常去健身的群體對過度推銷產生了反感，因為利益的驅動和銷售 KPI 讓健身教練從技術顧問變成了銷售顧問。傳統健身房的盈利模式可以說已經窮途末路。它們該如何突破瓶頸？這是擺在整個產業面前的困局。

一家叫超級猩猩的健身機構開創性地提出「不辦年卡，沒有推銷，按次賣課」的零售模式，一針見血地抓住消費者的痛點，一舉打開了大眾健身市場。

從消費人群來看，「Z 世代」年輕人正在變成健身消費主體。但是這個群體普遍收入不高，傳統健身房的辦卡模式和價格讓很多想要健身的年輕人只能望而卻步。

超級猩猩堅持按次付費、不推銷、不要求辦年卡，這種模式一方面讓年輕人能透過很低的門檻參與到健身運動中來；另一方面使健身教練也不必違心地向會員不停地推銷辦卡和私人教練課，而只需接受用戶的選擇。

超級猩猩的主要營收來源是團體課和私人教練課，並透過零售制銷售模式建構了非常良性的盈利模式：單節團體課定價範圍為 69 ～

（接下頁）

159 元人民幣，私人教練課定價為 350 元人民幣和 500 元人民幣兩檔，均可單次約練。

據業內人士估算，超級猩猩一間店一個月大概可以開 300 堂團體課，年營收約 373 萬元人民幣，大部分店僅靠團體課收入就足以做到微盈利。超級猩猩創始人劉舒婷（跳跳）透露，正在營業中的店全部都在盈利。這足以證明其零售模式是非常成功的。

以用戶痛點為切入點，超級猩猩從場地選址、環境的佈置，到設計多樣化、高品質的健身課程，再到選用高素質的健身教練，持續地打造良好的用戶體驗，真正回歸幫助用戶健身的初心，成為用戶心中可信賴的健身品牌。

迪士尼，打造持續的盈利系統

「歡笑聲不會停，想像力不會老，夢想永不停歇」，這是迪士尼的創始人華特·迪士尼生前的一句名言。迪士尼先生雖然早已去世，但他創立的百年迪士尼王國還在影響著全球的「孩子」們。

目前，迪士尼的主要業務包括娛樂節目製作、主題公園、玩具、圖書、電子遊戲和傳媒網路，麾下擁有大量赫赫有名的公司，包括皮克斯動畫工作室、盧卡斯影業、福克斯影業、漫威漫畫公司、正金石影片、好萊塢電影公司、ESPN 體育、美國廣播公司等，業務版圖也早已遍布全球。

迪士尼的業務矩陣使其收支來源多樣化，其盈利模式組合自然也是複雜多樣的。由於 2020 年迪士尼的業績受到了較大影響，因此我們不妨看看之前的迪士尼是如何建構其盈利系統的。

根據迪士尼 2018 年的財報，全年營收為 594.34 億美元，全年淨利潤為 125.98 億美元，同比上漲 40%。在全年總營收中，約有

41.22% 的收入來自社交媒體業務，約 34.15% 來自主題公園和度假村業務，約 16.8% 來自影視娛樂業務，剩下的 7.83% 左右來自消費品及互動媒體業務。從這組數據中可以清楚地看到迪士尼的商業模式，就是「內容＋管道＋衍生品」的全產業鏈模式。

很多人根據這種收入結構得出結論：社交媒體業務、主題公園和度假村業務毫無疑問應該是迪士尼盈利的核心和發動機，原因是這兩項業務的營收在總營收中占比接近 80%。

這個營收結構最容易給人誤導，讓人以為內容 IP（智慧財產權，Intellectual Property）在迪士尼的地位並不重要，因為其收入在總營收中占比不到 5 分之 1。一些企業管理者也會犯這種對收入結構認識不清楚的錯誤，他們看到周邊產品賺錢、延伸業務有現金流，就決定偏離主業，最後導致企業失去核心競爭力。

華盛頓大學策略學教授陶德．詹格（Todd Zenger）對迪士尼的策略總結道：「迪士尼在家庭動畫及實景電影方面具有無敵競爭力，透過把電影人物和形象投放在其他娛樂資產上，這些資產或是作為電影業的補充，或是作為其價值的延伸。迪士尼公司借此來不斷創造價值，實現基業長青。」把這句話翻譯一下就是，在迪士尼的商業產業鏈條中，內容才是原動力，傳播管道是內容的放大器，衍生品進一步釋放了內容的價值。

看似龐大的迪士尼產業鏈，其核心就在內容 IP 上。內容 IP 是迪士尼具有衍生品能力的基礎，也是其他一切營收的源頭。高品質的內容 IP（如家庭動畫及電影），是迪士尼真正的盈利發動機。而對總營收貢獻最大的社交媒體業務與主題公園和度假村業務，本質上只是為擴大迪士尼公司的品牌影響力服務。

不妨以《冰雪奇緣》為例，看看迪士尼如何建構自己的盈利系統。

（接下頁）

迪士尼最擅長的應該是講公主類故事，動畫電影《冰雪奇緣》是其中最成功的 IP 之一。這部電影自 2013 年上映後，全球票房超過 12 億美元。在電影上映 4 個月左右，迪士尼就開始順勢發售光碟、單曲和原聲專輯。這些影像產品在全球的銷售量都非常高。與此同時，迪士尼又推出了一系列《冰雪奇緣》玩偶及其他周邊消費品，進行線上線下全通路銷售。2014 年光電影中兩位女主角的公主裙就在美國賣出 300 多萬條，創造約 4.5 億美元收入。

全球各地迪士尼樂園推出《冰雪奇緣》主題遊樂項目，吸引更多的遊客去消費。此外，迪士尼和 Sony 還聯合推出了《冰雪奇緣》版的 PS4 主機和各種休閒小遊戲、《冰雪奇緣》App 等，美國百老匯也借勢推出了《冰雪奇緣》的歌舞劇。儘管《冰雪奇緣》已經播出多年，但其授權的衍生品還繼續在全球各地熱銷，真正做到只需努力一次，即可獲得終生回報。

按照迪士尼「內容＋管道＋衍生品」的模式，其收支來源與收支方式呈現出多樣化的組合。雖然自 2020 年之後，主題公園這類人流量較為密集的娛樂場所首當其衝地受到大環境影響，但是迪士尼因盈利模式的多樣化組合而具有較強的抗風險能力，所以經受住了疫情考驗。

迪士尼發布的 2022 年 Q1 財報顯示：其 Q1 營收達 218.19 億美元，同比成長達 34%，高於市場預期；營業利潤 32.58 億美元，同比大漲 144%，實現淨利潤 11.52 億美元。

奧運會，從嚴重虧損到超級賺錢

如今世界各國都在爭相舉辦奧運會。然而，曾經的奧運會卻是一個不賺錢甚至虧損嚴重的計畫。是什麼樣的盈利模式讓奧運會從一個虧損的計畫變成一場可以促進國家的文化和經濟發展的盛會？

1984 年以前的奧運會，投資巨大、收入有限且維護成本高昂，往往導致舉辦城市或者舉辦國背上沉重的債務負擔。例如，1976 年蒙特婁舉辦奧運會欠下的債務，30 年後才還清。

1984 年的洛杉磯奧運會是歷史上具有劃時代意義的一屆奧運會，因為它開創了里程碑式的盈利模式。當洛杉磯獲得 1984 年奧運會舉辦權後，美國政府由於擔心在經濟上重蹈往屆奧運會的覆轍，因此明確表示，不會提供任何財務上的支援，一切相關費用由洛杉磯奧運會組委會自己想辦法解決。美國加州甚至還發布法律明文規定，禁止發行彩券以募集奧運會籌辦資金。

不僅如此，奧運會籌辦之前，洛杉磯還欠美國奧會和加州政府款項。這兩筆款項是以上兩個組織幫助洛杉磯爭取到奧運會的主辦權而付出的勞動報酬。

在沒有國家和城市政府經濟資助的背景下，曾經是旅遊公司老闆的彼得．尤伯羅斯（Peter V. Ueberroth）臨危受命，擔任洛杉磯奧運會組委會主席，創建了完全由民間私人商業組織主辦和運作的奧運會商業運作模式。

尤伯羅斯自掏 100 美元為組委會開設帳戶，以奧運會為平臺，充分挖掘注意力經濟的價值，想方設法縮小投資規模、降低營運成本、增加收益，創造了新的奧運會盈利模式。在奧運會舉辦成功的同時，舉辦國家、舉辦城市、贊助商等都獲得了各自希望的利益。

利用商業巨頭的競爭，增加贊助收入

商業贊助並非新鮮模式，以前的奧運會不乏知名贊助商，但贊助商多而雜亂，贊助收入也不多。對此，尤伯羅斯的助手喬爾想出了一個絕妙的主意：每個產業只選擇一家贊助商，贊助商總數限定

（接下頁）

為 30 家。看起來很苛刻的贊助條件，反而讓那些有意願做贊助商的企業之間出現了空前的競爭，大大提高了奧運會商業廣告權的價值。因為參與贊助資格競爭的企業也認為，奧運會贊助資格不應該是低價的。

例如，索斯蘭公司為了成為贊助商，在不清楚要贊助建造的一座室內賽車場是什麼樣的情況下，就答應了組委會的條件。美國通用汽車公司一次就贊助了 700 輛奧運用車。

可口可樂和百事可樂歷來是競爭對手，每屆奧運會都是它們交手的戰場。在 1980 年莫斯科奧運會上，百事可樂作為贊助商占了上風，並因此提高了知名度和銷售量。可口可樂決心在洛杉磯奧運會挽回面子。尤伯羅斯充分利用可口可樂和百事可樂對贊助資格志在必得的心態，獲得了可口可樂 1,260 萬美元的贊助。

最具戲劇性的贊助資格之爭要屬柯達公司與富士軟片的競爭。1982 年，尤伯羅斯經過一年多時間的努力，與柯達公司簽訂了價值 400 萬美元的贊助合約。但因為每拖延一週時間，就能獲得幾千美元的利息，所以柯達公司的一位財務經理為了利息收入，故意拖延支付贊助款，導致合約無法按時履行。

富士軟片乘虛而入，出價 700 萬美元，把柯達公司擠出去了。得知在家門口失去奧運會贊助合約，柯達公司的高層非常氣憤，把那位延誤合約履行的財務經理炒了魷魚，並透過輿論攻擊尤伯羅斯和洛杉磯奧運會組委會背信棄義、唯利是圖，以圖挽回敗局，結果無濟於事。

富士軟片利用這次機會，在啟動奧運會贊助計畫之後一、兩年內，就使自己在美國市場的占有率由 3% 提升到 9%。而洛杉磯奧運會組委會僅出售商業廣告承辦權，就獲利 2 億多美元。

高價出售電視轉播權

尤伯羅斯和他的團隊對電視轉播權的銷售進行了研究，發現出售廣告權的收益可以達到 3 億美元。他們經過周密研究，決定以 2 億美元的開價出售電視轉播權，並要求對方提供技術設備。美國廣播公司、哥倫比亞廣播公司及國家廣播公司對電視轉播權展開了激烈角逐。最後，美國廣播公司以 2.25 億美元買下轉播權，並同意提供 7,500 萬美元的技術設備，即電視轉播權總成交價為 3 億美元。

把奧運火炬接力權當商品

尤伯羅斯把火炬接力權也當作商品賣掉了。他規定，美國境內參加火炬接力跑的人，每跑大約 1.6 公里，交納 3,000 美元。尤伯羅斯的做法引起了非議，但他仍我行我素，把火炬接力權賣了 3,000 萬美元。當然，這筆錢最終捐贈給了慈善機構。

由於爭議太大，因此後來舉辦奧運會的國家不再透過出售火炬接力權利獲利。

減少投資，節省開支和營運成本

洛杉磯奧運會只是新建了 3 個場館，其他設施利用洛杉磯市現有的場館設施。例如奧運村由大學生宿舍臨時充當，沒有新建。洛杉磯奧組委採用志願者方式，節省了大量的人員開支，正式員工只有 200 多名，遠少於 1976 年蒙特婁奧運會的員工數量。

洛杉磯奧運會只耗資 5 億美元，就獲得了 2 億多美元盈餘，遠超人們預料。不過大部分盈餘都歸尤伯羅斯和洛杉磯奧運會組委會，國際奧會和各國奧會只分到一點。當然這是符合雙方約定的，因為籌辦奧運會之初，尤伯羅斯就向國際奧會提出，不要國際奧會出資，但是作為交換條件，必須把國際奧會按照慣例從電視轉播費中提取 8% 的比例再降低，國際奧會答應了。尤伯羅斯向世人闡釋了體育新

（接下頁）

理念：體育也是一種產業，而且是潛力無限的新產業。

洛杉磯奧運會的商業模式被後來舉辦奧運會的城市效仿。1988 年漢城（現稱首爾）、1992 年巴賽隆納、1996 年亞特蘭大和 2000 年雪梨都將奧運會做成了賺大錢的生意。

曾經在體壇默默無聞的尤伯羅斯，因為在洛杉磯奧運會的籌備工作中表現出了傑出的才華，而一舉聞名於世，成為新一代美國人的偶像。

解碼商業模式

DECODING BUSINESS MODELS

1. 如果企業經營的成本太高，無法盈利，那麼即使它有獨特的價值和能力，它的商業模式也無法成立。因此，企業還需要建構盈利系統。
2. 透過調整盈利來源和盈利方式，能夠拓展原有價值空間的規模和價值實現的效率。
3. 盈利模式只是商業模式的一部分，並不能等同於商業模式，也不等於定價策略。
4. 收支來源與收支方式組合而成的交易結構，就是盈利模式的底層結構，它包含以下 3 個面向：定向、定性和定量。
5. 以自有業務為起點進行升級，提出更有力的客戶價值定位，改善客戶的滿意度或產品的性價比，從而帶來更大的客戶規模或客戶更高的價值認可度，是提升企業盈利來源的最直接路徑。

8 成長系統，建構應對突變環境的成長路徑

克雷頓・克里斯汀生早在2001年就提醒說：「中國企業基於低成本的競爭優勢構不成商業模式，他們要獲得真正的競爭力，遲早要轉向對商業模式的關注。商業模式是抵擋產業惡性競爭和整體經濟低迷的最終的防禦工事，是在令人絕望的冬天裡置身於充滿希望的春天的時間機器。」

能否經受住時間的考驗，即是否具有可持續性，是衡量商業模式好壞的重要面向。價值系統、能力系統和盈利系統構成了商業模式的空間面向，這3個面向使商業模式具有獨特性。如果加上1個時間面向，那麼商業模式結構就從靜態的變成了具備時間性的動態的。

為什麼商業模式需要動態結構呢？動態的，才是真實的。《21世紀商業評論》主編吳伯凡曾經在一篇文章中寫道：

> 一個商業模式一旦被創造出來，在資訊透明的時代很快就會成為一種被同行競相徵用的「類公共資源」。其橫空出世的競爭優勢可能因為這種徵用（常常還表現為創造性徵用，而且

是被擁有強大資源和能力的對手徵用）而迅速遞減，直至完全消失。所以，成功的商業模式在獨特性之外，還必須具有一種特性：對被徵用具有免疫功能，即可持續性。

其實，商業模式中的「模式」一詞容易讓人產生誤解，讓人以為只要建構一種完美的商業模式，它就可以放之四海而皆準。實際上，任何一種成功的商業模式都無法脫離其成長環境，以及自身能力與環境的匹配性。

將一種商業模式移植到一個新的市場環境中，需要對其進行重新調校和修正，且需要重新理解原有的價值定位。比如，一家店開在上海很受歡迎，開到另外一個城市可能就會無人問津，因為環境變了，用戶輪廓也變了，在零售業裡甚至有一個「第二家店必敗」的「魔咒」。此時，企業所需要的能力和資源也會發生相應的變化。當環境改變時，企業需要不斷建構新的能力和資源來建立新的競爭門檻，匹配新的市場，甚至尋找新的盈利模式。

在一個動態變化的環境中，或許我們可以把商業模式的「模式」理解為「原型」。一個原型來到新的使用環境後必須得到調校和修正，商業模式也不例外。商業模式如何才能具備可持續性？接下來我將從如下3個方面逐一拆解：

- 在一個突變的生態環境中，企業需要具備什麼樣的思維方式？
- 如何向生態學學習建構可持續成長系統的方法？
- 是什麼導致成長困境？如何突破困境？

突變思維，應對不確定性必備的思維方式

當我們討論如何建構商業模式可持續性問題時，首先要面對的現實就是任何一個企業所處的環境都是不確定的、非連續的。由此帶來一個我們不得不面對的問題：再完美的商業模式都會遭遇不確定性和非連續性，即遭遇環境突變。當環境突變成為一種常態時，如何應對突變的挑戰就成為新的課題。

◆世界是一個複雜系統

早在18世紀，英國神學家威廉・佩利（William Paley）[1]便以「鐘錶匠」隱喻生物的演變：就像手錶這樣精密複雜的事物絕不可能無中生有、突然出現一樣，複雜程度遠超手錶的生物勢必經由巧手特意創造而來。理查・道金斯（Richard Dawkins）[2]提出了不同觀點，他在《盲眼鐘錶匠》（*The Blind Watchmaker*）一書中寫道：「物種的演化並沒有特殊目的，生命自然選擇的秘密源自累積，如果把大自然比喻成鐘錶匠的話，它只能是一位『盲眼』鐘錶匠。」

「不確定性」逐漸成為當今時代的共識。20世紀中期，隨著混沌理論[3]的出現，人們漸漸改變了看待世界的角度。混沌理論表達的是，一個完全被數學公式精確描述的系統，即便沒有外部因素的干擾，也可能變得無法預測。最典型的一種混沌現象就是蝴蝶效應，它指的是

1 英國神學家，在1802年出版的《自然神學》（*Natural Theology*）中闡明，心智這樣複雜的機能不可能隨意產生，而必然是被設計出來的。不過，佩利最終以上帝創造一切來解釋心智的產生過程，顯然是武斷的。

2 英國皇家科學院院士、牛津大學教授。《伊甸園外的生命長河》是其又一經典作品。——編者注

3 研究確定性非線性系統的學科，研究內容主要有非線性映射的宏觀特性，動力學系統的弛豫時間問題，自我組織與耗散結構等等。該理論最大的貢獻是用簡單的模型獲得明確的非週期結果，對氣象、航空及航太等領域的研究有重大的作用。

在動態系統中，初始狀態微小的變化，會引起整個系統長期的巨大的連鎖反應。

蝴蝶效應的提出者愛德華·諾頓·羅倫茲（Edward Norton Lorenz）曾做過兩次計算：第一次是從原始數據直接算出將下雨的結果；第二次由於電腦儲存原因導致初始數據的小數點後十幾位被四捨五入了，損失了一點精度，然而就是這極度微小的精度差異導致算出的結果與第一次完全不同。

這裡需要指出，混沌並不是指事物的複雜性超過了某個臨界點後變成不可預測的混沌狀態，它可以是一個非常簡單的事物，也可以是一個我們非常熟悉或者非常簡單的法則，其中沒有任何隨機性因素的干擾，但還是可能出現完全無法預測的結果。

在複雜系統中，初始狀態的輕微變化都能引起巨大的不同。在複雜系統中，由於各組成要素之間內部的交互作用和外部因素的相互影響，系統具有非線性和突變性特徵，因此在傳統的線性研究典範內很難處理系統的相關問題。基於此，眾多學者投身於該領域的研究，從而促使一個新的交叉學科——複雜性科學形成，並提出了許多新的理論。

◆複雜環境中的不確定性和非連續性

面對不確定性和複雜性，我們應該如何應對呢？

事物的變化多姿多彩，紛紜繁雜，但總不外乎兩種基本方式，即漸變和突變。漸變是指事物連續穩定的變化，如炮彈的飛行、物體的自由下落、地球周而復始地繞太陽旋轉等。而突變是指事物在短時間內完成巨大激烈的變化，如山崩海嘯、颱風驟至或世界各地突然發生的「黑天鵝事件」等。突變，意味著連續漸進的過程突然遭遇中斷。

習慣了恆常或漸變的商業環境的企業，在突變的環境中會遭遇兩大難題，也就是發展方向的不確定性和發展路徑的非連續性。「往哪兒去」和「如何去」是策略管理的核心問題，而發展方向的不確定性代表著「往哪兒去」不確定，發展路徑的非連續性代表著「如何去」不清楚。

如果把複雜環境下未來發展方向的不確定性和發展路徑的非連續性都按「高」和「低」程度劃分，那麼可以分出恆常、無常、動盪和突變4種狀態（見圖8-1）。

圖8-1 複雜環境中的不確定性和非連續性

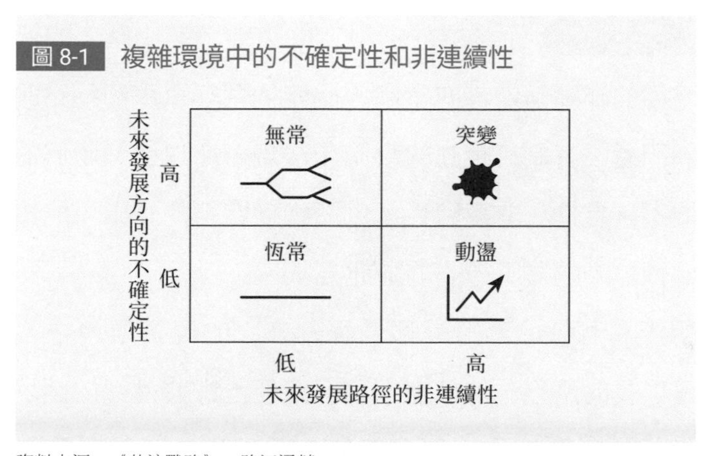

資料來源：《共演戰略》，路江湧著。

第一｜恆常狀態 大多數企業都習慣了這樣的環境，發展路徑很清晰，方向也很確定。它們通常處於產業鏈的上游，相對穩定，如棉花種植企業、紡織製造企業等。這種狀態下的企業面對的最大挑戰是如何防範因思維固化而形成組織慣性和惰性。

第二｜無常狀態 無常的狀態通常發生於產業的更迭時期。以傳統製造業為例，德國提出了「工業4.0」，中國提出了「中國製造2025」，似乎都為製造業指明了方向，但是很多企業不知哪裡才是正道。大部分製造工廠其實沒有太大變化，它們一邊觀望，一邊沿著既定的方向走，發展路徑還處於連續性狀態。處於這種狀態的企業在策略上應保持多樣化和靈活度，避免把所有雞蛋放在一個籃子裡。

第三｜動盪狀態 動盪狀態通常發生於新產業的初始階段。比如，區塊鏈、數位貨幣，從方向上看似乎確定性很高，但是會如何發展，誰也不知道。也就是說，它們發展方向的不確定性很低，但是發展路徑的非連續性較高。

第四｜突變狀態 企業處於不穩定的突變環境中時，方向的不確定性和發展路徑的非連續性都非常高。比如，共享單車和網路叫車誕生之初，相關部門還沒有制訂相應的政策和法規，所以這類新興的企業就存在非常大的不確定性和非連續性。處於突變狀態的企業可能出現結構性創新，比如微信，顛覆了過去的通訊方式。

在「明天和意外，不知道哪一個先來」的現實環境中，思考如何建構可持續成長的路徑，如何應對發展路徑上即將遭遇的困境，如何跨越突變，讓組織不斷進化，是當下每一個創業者都需要具備的思維方式——突變思維[1]。

三曲線理論，企業成長的核心路徑

很多植物都需要經歷從種子發芽、生長開花到衰亡的生命過程。但

---

1 突變論（Catastrophe theory）研究的是自然界和人類社會中的連續漸變如何引起突變或飛躍，並力求以統一的數學模型來描述、預測和控制這些突變或飛躍。

在一個植物園裡，不管什麼季節，總有一些植物正在生長，另一些正在開花，還有一些則在衰亡……社會中也存在同樣的現象，總有生命在生長，也有生命已消亡，但生態系統是永生的。企業如何建構一套系統，讓自己可以如植物園裡的植物一般生生不息呢？

如果我們把一家企業當成一個生命主體，那麼它必然也要經歷從出生、少年、青年到老年直至死亡的整個生命週期。更重要的是，這個生命週期不是連續的，而是突變的，單一生命體隨時會面臨連續性突然被中斷的狀況。企業如何才能跨越隨時可能發生突變的生命週期？這是擺在每一個創業者和企業家面前的問題。一項業務就像一朵花，會經歷從生長、盛開到凋謝的過程。一家企業的業務存在從興盛到衰亡的事實，就等於這家企業必須倒閉嗎？

隨著外部環境的變化，一家企業的業務和收入來源會漸漸成熟直至老化。如果企業以持續成長為目標，那意味著其業務更新的速度必須快過衰亡的步伐。企業必須在發展主要業務的同時實現新業務突破，這是實現持續成長的核心難題。

麥肯錫曾經花了兩年半的時間，做了一個關於「成長」的大型研究計畫。這項研究工作調查了四大洲的 12 個國家、10 個產業部門的數十家企業，其中既有嬌生、迪士尼這樣的知名企業，也有一些名不見經傳的中小企業。透過這項研究，麥肯錫發現，很少有企業可以保持逐年成長並長期維持超出產業平均成長率的發展速度。於是它在「成長」這個議題上持續研究了多年，又經過在世界各國的成功實踐，提出了策略三層面理論，幫助眾多企業跨越突變的環境，突破成長的魔咒。

隨著主要業務的不斷發展，企業的生存結構變得越來越複雜。發展到一定階段後，企業將會遭遇成長瓶頸，遭遇的時間因企業各自的核心競爭力差異而有所不同。在主要業務衰退之前，企業應該啟動並實現第二層業務的成長。「第二層業務」就是管理哲學家、倫敦商學院創始人查爾斯・漢迪（Charles Handy）[1]所說的「第二曲線」。

基於麥肯錫的策略三層面理論，企業有必要在三個不同的層面同時展開積極的經營活動，以取得核心業務和新業務之間的平衡，這就是我們所說的「三曲線」。漢迪在講第二曲線時提過「S 型曲線」。由於 S 型曲線能夠更具體地描述一項業務的發展過程和生命週期，因此接下來我會繼續使用 S 型曲線的說法來解釋麥肯錫的策略三層面理論。

◆ 第一曲線：守衛和拓展核心業務

第一曲線業務是企業的核心業務。我把它類比成「碗裡」的業務，它是企業當前的飯碗。這部分業務是企業生存的根基，是企業主要的收入和利潤來源，直接關係到企業的生死存亡，也是企業發展第二曲線成長業務的能力來源。如果沒有成功的第一曲線業務，那麼第二曲線和第三曲線的業務很可能因為得不到足夠的能力和資源支持而失敗。

在第一曲線業務中，企業的核心是快速找到市場破局點，快速發展以維持企業在市場競爭中的地位，並且盡可能發掘出第一曲線的所有潛能。第一曲線業務創新是沿著既有路徑的創新，如對現有技術的持續改進、產品的升級迭代、流程的不斷優化等，通常表現為線性成長。

在絕大部分時間裡，企業做的都是這種連續性創新，走的是改良式

---

1 著名的管理思想大師。英國《金融時報》稱他是歐洲屈指可數的「最像管理哲學家」的人，並把他評為僅次於彼得・杜拉克的管理大師。

發展道路。即便是大家十分熟悉的蘋果公司也是如此，它最近一次重大的產品創新還是在 2010 年「賈伯斯時代」推出的 iPad。此後的創新都是對 iMac、iPod、iPhone、iPad 等核心產品的持續升級。

但是做連續性創新的企業可能掉入創新陷阱。按常理來講，如果第一曲線業務運轉正常，看起來蒸蒸日上，那麼企業管理者會很自然地希望第一曲線業務繼續發展下去，有什麼理由不把它當成對未來的預期呢？然而，人往往會被成功蒙蔽雙眼，失去對未來的判斷，在回顧過去的時候，才發現那已經是巔峰了。不幸的是，這種事後諸葛於事無補。比如，諾基亞在功能手機處於市場主導地位時，連續 14 年處於產業領先地位。但在智慧手機時代，諾基亞迅速衰落，最終被微軟收購。

據混沌學園創辦人李善友在其《第二曲線創新》一書裡所寫，連續性創新很重要，但是連續性創新有一個隱含假設，即只要努力，就能持續成長。然而，沿著同一條 S 曲線的連續性創新，存在著一個致命的問題：連續性創新不可能無限持續下去，無論是技術、產品，還是組織或者公司等，都一定會到達創新極限點。

◆ 第二曲線：建立「積極求變＋市場選擇」的進化路徑

第二曲線業務是市場選擇的結果，而不是頂層設計的結果。進化論告訴我們，物種的進化是「隨機變異＋自然選擇」的結果。對企業而言，如何適應快速變化的市場環境是生存的關鍵，這就需要企業積極求變，而不是等著隨機變異。「積極求變＋市場選擇」就是第二曲線業務的進化路徑。

我稱第二曲線業務為「鍋裡」的業務，顧名思義，它指的是「碗裡的飯」吃完了，「鍋裡」還有沒有另一道「菜」。第二曲線業務源於第一曲線業務，但並不是第一曲線業務的延伸。

以大家熟知的微博為例：在 PC 時代，新浪做了部落格，由於當時寫部落格文章的門檻比較高，因此大部分人無法參與創作；進入行動網路時代之後，人人都可以參與內容創作，一句話、一張圖片都可以成為創作內容，由此誕生了微博。如果新浪沿著第一曲線做產品改良優化，那麼就無法做出微博，因為微博的底層結構和部落格是不一樣的。隨著 4G 和 5G 技術的普及，短影片和直播應運而生。無論是微博，還是短影片和直播，都有結構性的變化，而不是對原有產品結構進行改良。

第一曲線業務創新是一種連續性創新。熊彼特對創新做過如下定義：「創新不是在同一條曲線裡漸進性改良，而是從一條曲線變為另一條曲線的新組合。」

第一曲線業務的成功可能會讓企業對潛在的新技術和新市場視而不見，從而給對手留下搶占先機的空間。然而，企業要改變自己的主要業務也不容易，因為這個過程牽扯到太多人的既得利益。比如，數位相機由軟片巨頭柯達公司首先發明，但因為企業多年以來的主要業務一直是軟片，所以即便到了業務存亡的重要關頭，公司的高層也始終不能下定決心轉換到第二曲線，最終被其他企業替代。

據漢迪在《第二曲線》（*The Second Curve*）一書中所寫，任何一條成長的 S 型曲線，都會滑過拋物線的頂點，持續成長的秘密是在第一條曲線消失之前，開始一條新的 S 型曲線。此時，時間、資源和動力都足以使新曲線度過它起初的探索掙扎的過程。

在第二曲線上，很多企業可能實行賽馬機制，即在內部同時進行多個專案孵化競爭，看哪個專案最終可以跑出來成為第二曲線業務的核心。這就是一種「積極求變＋市場選擇」的進化路徑。跑出來的第二曲線業務雖然剛開始沒有第一曲線業務的規模化收入和利潤，但是會呈現高速成長的態勢。這部分業務，我們指望它未來幾年成為企業第一曲線業務的核心，從而取代原有的第一曲線業務。這意味著，第二曲線業務代表著公司下一階段的發展方向，甚至是對第一曲線業務的顛覆。

如果沒有第二曲線業務，那麼企業的第一曲線業務在發展到成熟期時，將會面臨成長的瓶頸，導致企業的成長放緩甚至最終停滯。所以，在企業仍然健全、外部業務仍能保護企業在內部實驗新的經營方式時，企業最高管理者就應著手實行改革。

◆第三曲線：建構企業未來的生存能力

第三曲線業務是企業對自身能力邊界不斷探索的結果。除了「碗裡」的和「鍋裡」的，一家企業有沒有未來還取決於「田裡」有沒有播入新的「種子」。「種子」可以是一個研究課題或者市場試點，任何成功的企業，一定都培育了很多「種子」計畫。雖然大多數「種子」計畫會因各種原因而失敗，但是企業必須對此進行投入，以便將來有足夠的選擇空間。

「種子」不能隨意播種，企業不能看到哪個領域有賺錢的機會就進入。在中國房地產市場發展的黃金時期，不知有多少各產業知名品牌湧向房地產市場，但這種所謂的多元化經營並不是企業第三曲線業務的希望，也不是未來的「種子」。

對第三曲線業務的探索是企業對自身社會使命和願景的不斷趨近，

是為了更高效地實現企業對社會責任的承諾而採取的一系列連貫性動作。我們在講能力系統時講過，一切沒有服務於終極目標的經營活動，都是廢動作。

舉例來說，360 公司誕生之初從免費防毒軟體切入市場，很快占領個人防毒軟體的頭把交椅，在第一曲線上實現成功突破。隨後幾年，360 公司圍繞個人上網安全推出各種服務和應用，如瀏覽器、搜尋引擎等。在未來的發展方向上，360 公司逐漸將業務擴展到政府和企業的網路安全領域，公司的使命也從「讓個人上網更安全」上升到「保護國家網路安全」的高度。圍繞這一使命，360 公司建構了三曲線業務，即個人網路安全、企業網路安全和國家網路安全，實現了可持續性成長。360 公司也有些業務與三曲線業務無關，如 360 金融，這類業務的確很賺錢，但跟保護中國網路這個使命無關。

與其說第三曲線業務代表未來的成長業務，不如說它建構的是企業未來的生存能力。有人說企業的一切行為都是為了成長，對此我不敢苟同。我認為，如果把企業作為一個會進化的生命體，那麼它的一切行為都是為了生存。如果把成長當成手段，而不是目的，那成長目的還是更好地生存。當面臨生死抉擇時，企業選擇斷臂求生也是一種生存選擇、一種積極求變的進化路徑。

關於生存能力，有必要在這裡插一個題外話，澄清一個誤解。有人說將 evolution 翻譯成「進化」是錯的，正確翻譯應該為「演化」，因為生物的演化不是一定要「進」的，為了更好地適應外部環境的變化，進化和退化都有可能發生。其實這是一種誤解。北京大學已故的張昀教授在 20 世紀編寫的《生物進化》一書中用了很大篇幅解釋進化的「進」

字。他認為，evolution 一詞有兩種譯法，即「進化」和「演化」。「進化」一詞早已被中國生物學界接受和廣泛使用。進化中的「進」字不能簡單地理解為「進步」，更不是「退化」的反義詞，它是指某種有趨勢的變化（如複雜性和有序性成長的趨勢、適應生存環境的趨勢），有別於無向的、循環往復的變化。而「演化」一詞作為廣義的概念，近年來被越來越多地應用於非生物學領域（如天文學和地質學），成為一個常用（有時是濫用）的詞。

但無論是生物進化，還是非生命系統的演化，都不是指一般的變化。換句話說，並非任何變化都可稱為進化或演化。一種譯法延用舊譯，一種譯法有助於區分生物與非生命系統，因而將 evolution 譯作「進化」和「演化」都是合適的。

6 種常見的企業成長困境

為了持續成長，企業想盡一切辦法，為什麼卻仍然遭遇成長困境？大多數情況下，企業甚至都不知道哪裡出了問題。企業成長好的時候，莫名其妙；成長不好的時候，無可奈何。對此，我們有必要從一個較高的層次來審視企業的狀況，畢竟在解決問題之前，先要找到真問題。

基於三曲線理論，我們可以組合出如下 6 種企業常見的成長困境[1]（見圖 8-2）。這幅圖總結了大多數企業面臨的現狀和挑戰，可用於診斷企業當下面臨的挑戰。

1 其中「有未來沒現在」的困境有兩種表現。——編者注

圖 8-2 企業常見的成長困境

	第一曲線	第二曲線	第三曲線
困獸之鬥	✕	✕	✕
失去成長的權利	✕	✓	✓
即將出局	✓	✕	✕
有未來，沒現在	✕	✓	✕
有未來，沒現在	✕	✕	✓
有點子，無方案	✓	✕	✓
沒有未來想像空間	✓	✓	✕

資料來源：《增長煉金術》，〔美〕梅爾達德．巴格海著。（臺版為《企業成長煉金術》）

◆第一種困境：困獸之鬥

第一種困境是最壞的狀況，三曲線無一健全。這種困境主要存在於新創公司，也存在於業績已經出現虧損下滑的成熟期企業。在這種困境中，新創公司連生存能力都沒有，主要業務也遲遲無法突破，自以為產品很好，但是卻沒有多少客戶願意接受；而成熟期企業此時正在努力轉虧為盈，但由於產業環境突變或產業政策突發管制，其主要業務突然遭受重創，第二曲線業務遲遲無法突破。

創業者在創業初期基於一個想法去創業，這可以理解為先有了第一曲線的想法。但是他們在創業過程中卻由於種種原因遲遲無法突破，更致命的是在第二曲線上沒有新的迭代方案。新創公司最常見的狀態就是基於一個想法進入市場，但是後續用戶回饋卻充分反映出產品無法滿足使用者需求，或滿足的只是偽需求。有的創業公司會快速迭代，開發新的產品或轉換新的賽道，而多數創業公司則止步於第一曲線，無法破局。

這種困境也同樣發生在成熟期企業中。成熟期企業最大的問題在於固守第一曲線業務太長時間，習慣了恆常的商業環境，形成思維慣性和組織惰性，忽視了新業務的培育。一旦主要業務所處產業環境突變或者競爭趨於白熱化，企業就開始出現虧損，於是急於轉虧為盈，更顧不上第二曲線業務，由此形成惡性循環。

◆第二種困境：失去成長的權利

相比於第一種困境，面臨第二種困境的企業雖然無法在主要業務上破局，但是已經有了新的想法和突破。問題是，企業沒有持續的主要業務收入，就無法為下一階段的成長提供支援。

這類企業過分專注於成長，在核心業務還沒有鞏固和突破之前，就多方向嘗試，而忽略了一點：沒有主要業務的支持，如何支撐下一步的發展？出現這種困境的主要是一些新創公司，它們甚至為了迎合投資人的喜好而去做數據。

我投資過一家做直播軟體的新創公司。這家公司的創始人有很豐富的創業經驗，團隊也不錯，所以靠著簡報（PPT）展示就拿到了天使投資。在公司發展早期階段，這位創始人靠著自己原有的社會資源，很快就在業務上有所突破，拿到了一些訂單，讓公司得以存活，但是問題也隨之出現。

這位創始人原來做銷售，在市場開拓方面是一把好手，但是由於技術能力不夠強，因此產品一直出現問題，客戶接二連三地退款。此時，公司的財務狀況也越來越緊張。為了讓公司生存下去，創始人有些「饑不擇食」，只要客戶願意付錢，什麼訂單都接，甚至幫其他企業做客製化開發。公司的主要業務一度因此陷入混亂。這種情況在大部分新創企業中其實是大機率事件。

成熟期企業此時已經出現主要業務虧損的情況，雖然對下一步的發展和未來的方向都有了明確的規劃，但是眼下如何生存是個問題。

◆ 第三種困境：即將出局

面臨第三種困境的企業擁有核心業務，實現了第一曲線業務的創新破局，並獲得不菲的利潤收入。但是任何產業的紅利都有週期性，隨著競爭的白熱化，成熟期企業會逐漸出現利潤下降的趨勢。這時如果沒有第二曲線業務銜接，那麼企業就會遇到成長困境。

上市公司的市值和創業公司的估值是由其未來的成長率決定的，而不是由現在的收入絕對值決定的。企業如果在可預見的未來不再有成長空間或成長率比較低，那麼即便其現在擁有再高的收入絕對值，市值（估值）也會下降。

2016 年 12 月 15 日，美圖公司在香港上市。其市值最高時近千億港元，第二年發布的財報顯示其營收快速成長，虧損也大幅縮減。然而，此後美圖公司的股票價格卻快速暴跌，一蹶不振。截至 2022 年底，其市值不到百億港元。最近幾年，美圖公司一直沒能走出困境，為什麼？主要原因在於用戶量下降。對一家網路企業來說，用戶量下降是一個致命的打擊，這意味著企業未來唯一的想像空間沒了。如今，美圖公司還在不斷探索新的方向。

克里斯汀生提出過「成長魔咒」的概念。他在《創新者的解答》（*The Innovator's Solution*）一書中給出過一個論斷：每 10 家企業中，大約只有 1 家能夠維持良好的成長趨勢，從而能回饋給股東們高於平均水準的投資收益。但更常見的情況是，企業為了成長而付出的努力反而拖垮了自己。因此，大多數企業主管都處在一個兩頭不討好的位置，公平的市場競爭要求他們推動企業成長，卻沒有告訴他們應該如何成長，而盲目追求進步的結果甚至比原地踏步更糟糕。

◆ 第四種困境：有未來，沒現在

很多人把面臨第四種困境的企業戲稱為「賣 PPT 的公司」。它們大肆吹噓下一步大動作和未來的發展前景，卻沒有維持生存的第一曲線業務。這種困境主要存在於新創企業中。

這類企業暢想著美好的未來，卻缺乏維持其生存的主要業務。我做投資時發現，很多創業者認為只要講一個足夠吸引人的故事，就可以拿到融資。恰恰相反，我總是跟身邊的創業者建議：不管過去的歷史多麼輝煌，都要做好一個假設，那就是現在可能融不到資。只有這樣，創業者才會考慮企業當下的生存問題。畢竟，一家企業能像特斯拉那樣多次瀕臨破產還能起死回生的機率太小了。創業者只能學習其精神，不能模仿其動作。

除了新創企業，這種情況也會在大企業裡發生。有時候，一些產業會受到「斷層」的震動，使得企業第一曲線業務受到致命的打擊。所以大企業也要有危機意識，正如任正非在《華為的冬天》開篇所寫：「公司所有員工是否考慮過，如果有一天，公司銷售額下滑、利潤下滑甚至會破產，我們怎麼辦？我們公司的太平時間太長了，在和平時期升的官太多了，這也許就是我們的災難。鐵達尼號也是在一片歡呼聲中出的海。而且我相信，這一天一定會到來。」

◆第五種困境：有點子，無方案

第五種困境主要發生在成長期企業中。面臨這種困境的企業，其主要業務一直處於盈利狀態，即第一曲線業務是成功的，但如果沒有第二曲線業務的突破，就將面臨成長瓶頸的問題。在這種情況下，企業雖然在積極尋找突破口，但是依然沒有較好的落地方案。

在給企業做諮詢的過程中，企業負責人經常跟我說：「你說的這個方向我們曾經也考慮過，但是……」企業為了成長往往會研究各種突破的方向，但也存在兩大問題：一是方向太多，不知道如何選擇，等於沒有方向；二是有方向，沒有實施路徑。這兩大問題其實是一個問題。這種情況經常出現在一些高科技公司中，它們有各種技術研發計畫，但這些技術都只是躺在實驗室裡，無法商業化。它們缺的從來都不是點子，而是如何選擇和如何做到的問題，即缺少策略。

什麼是策略？按照杜拉克的說法，策略規劃的不是未來要做什麼，而是規劃現在要做什麼才有未來。從發現一個機會，到制訂方案，到規劃實施路徑，再到針對可能面臨的挑戰和困境進行預演，這才是策略的整體面貌。這裡的「策略」不是名詞，而是動詞。可是總有人把目標當策略，懶得去思考如何做，卻聲稱自己有了策略。

◆第六種困境：沒有未來想像空間

面臨第六種困境的通常是成熟期企業。它們經歷過高速發展，第一曲線和第二曲線的業務都非常成功，但是未來的方向並不明確。

2018年，達利食品實際控制人許世輝家族以627.9億元人民幣的身家，第一次超越娃哈哈實際控制人宗慶後，成為富比士中國富豪榜的食品業首富。達利食品和那些勇於「第一個吃螃蟹」的企業不同，其創始人許世輝採取的是「敢為天下後」的跟隨模式。達利食品成立多年，在三、四線城市和鄉鎮市場累積了龐大的銷售通路和客戶資源。如何揚長避短，發揮自己通路的優勢呢？它把「敢為天下後」的跟隨模式複製到了食品產業幾乎所有的主流品項上。

第一個被它盯上的跟隨對象是好麗友派。好麗友派自1995年進入中國內地後，占據了派類產品市場超過70%的占比。這也證明了派的工藝和口感受到當時中國民眾的歡迎。於是達利食品以好麗友派為目標，開始跟進，推出了達利園派。在價格上，達利園派只有好麗友派的60%左右。在市場推廣上，達利園避開了好麗友派在一、二線城市的主戰場，而從自己的優勢戰場三、四線城市及鄉鎮市場切入，做到一定市場規模之後，才正式進入一、二線城市市場，利用價格優勢逐漸占據更多市場占比。僅用了幾年時間，達利園派就反超好麗友派，成為派類產品的第一名。在第一曲線業務的突破上，達利食品是成功的。

在「派」上取得成功之後，達利食品將「敢為天下後」的跟隨模式複製到其他品項上，接連推出可比克、好吃點等零食品牌，以及和其正、優先乳、樂虎、豆本豆等飲料品牌。在市場占比上，達利園派是糕點類第一，可比克是薯類膨化食品第三，好吃點是餅乾類第二，和其正是涼茶類第三，達利園花生牛奶是複合蛋白飲料類第二，樂虎是功能飲料類第三。很有意思的是，它的絕大部分產品的市場占有率都不是品項第一，但是所有種類加起來的市場占有率就是第一。

雖然達利食品的主要業務近幾年平穩成長，但是其股價和本益比都非常低，最大的原因是投資人對它的未來沒有太高的預期，認為它沒有想像空間。

如何平衡三曲線業務

具備健全三曲線業務的企業可謂鳳毛麟角。對大多數企業而言，健全是一種願望，而不是現實。

一個悲觀的人可能會把上面描述的 6 種困境視作企業病症診斷書，而那些理性的、樂觀的創業者則會把這些困境看成是企業能夠實現持續成長的新起點。

從資本市場上看，第二曲線和第三曲線的業務哪怕當下並不賺錢，它們仍能左右投資者購買企業股票的意願。就像特斯拉，雖然汽車年產量不足豐田的 3 分之 1，但它的市值是豐田的 5 倍。

儘管第一曲線業務是企業現金流的主要來源，但它在決定股票價格方面只占很小的比重，而投資人對企業未來的期望值才是決定企業股票價格的主要因素。這在高科技產業尤其常見，儘管高科技上市企業第一曲線業務的營收可能很糟糕，但投資者對其未來業績成長潛力存在較高的預期，所以它們的本益比才能達到 50 ～ 100 倍。

新創期企業其實暫時不用過多考慮第二曲線和第三曲線的業務問題，因為如何突破第一曲線業務問題可能已經讓它焦頭爛額了。而成長期企業和成熟期企業則要思考，如何才能平衡三曲線業務，實現可持續成長。實現平衡並不等於在 3 條曲線上擁有數量相當的業務量。換句話說，任何成功的產品和業務都是小機率事件，企業無法一推出產品就受到市場歡迎，也不能假設客戶一定會購買自己的服務。面對這些不確定性，企業可能需要播 10 顆第三曲線的「種子」才能得到一個第二曲線的業績成長業務，也有可能在 5 個業績成長業務中只有一個成為核心主要業務。沒有人可以給出 3 條曲線如何實現理想平衡的結論。

如果沒有一個標準來確定理想的平衡狀態，那麼我們該如何界定三曲線？其實，平衡意味著有另一部實現業績成長的「發動機」備用，一旦需要，隨時啟動。不同產業、不同企業都存在差異，無法一概而論，但是都需要考慮如下 3 個核心因素。

第一個核心因素是產業演進的步伐。在演進飛快的產業裡，3 條曲線的更新速度有可能很快。小米創始人雷軍曾經說，他從來不計畫半年後的工作，因為市場變化太快。如果我們簡單地把產業按創新類型做分類，那麼產業可以分成無限創新型和有限創新型兩大類。

像手機、網路產業就是無限創新型的，這些產業的企業每天都要創新，每天都要面對新的待解決問題。對這些企業來說，在第二曲線和第三曲線上有多樣化的業務儲備遠比當前業績重要。它們的研發能力也是投資人評估其核心競爭力的核心要素。

像可口可樂這樣的企業，就處於有限創新型產業。這類企業的產品創新速度比較慢，一款產品可以賣上百年。一些做基礎材料的企業，如服裝類企業，可能幾十年都做一種布料，其中比較典型的是上百年也沒有太大變化的牛仔布料。對這類產業中的企業來講，產業的週期長，變化也慢，企業並不迫切需要第二曲線和第三曲線的業務創新。

第二個核心因素是不確定程度。與產業演進步伐相關的，就是產業的不確定程度。產業不確定性很高，意味著環境變化可能威脅到產業的核心業務。所以在投資一個企業之前，投資機構通常都會評估它所在產業的不確定程度。不確定性較高的產業，競爭態勢更為複雜，但並不是只有風險而沒有機會。事實上，這類產業可以說是危與機並存的。

比如高科技產業，不確定程度比較高。再比如網路叫車、共享單車等創新型產業，它們剛出現時，產業的不確定程度非常高。這些產業裡的創業者大部分都失敗了，不過，最終活下來的企業都成為制定產業標準的參與者。

不確定程度比較低的產業往往是傳統產業。比如消費產業，不確定程度相對較低，參與者眾多。不過，隨著消費人群、技術等的變化，傳統的消費產業也會有很多新的機會出現。消費市場的一大特點是並非贏家通吃。比如服裝產業，可以容納很多營收達十億元、百億元的企業，不存在一家獨大的情況。

第三個核心因素是投資者期望值。有一種創業，叫創業投資（Venture Capital）的創業。這類創業者非常了解投資人喜歡什麼專案和數據，會為了迎合投資人的喜好而去經營企業，甚至對數據造假。比如：投資人在投資專案之前想看看產品原型，創業者就花錢去做產品；產品出來之後，投資人可能又想看數據，於是創業者又花錢去做數據。總而言之，創業者所做的一切都是為了證明給投資人看，而不是真正從市場的角度去考慮產品是否真正滿足消費者的需求。這是極其短視的行為。

對以上市企業為代表的成熟期企業的第二和第三曲線業務的預期，決定著投資者的投資意願，也決定著企業的股票價格和市值。對這類企業來說，平衡好企業的正常經營和投資者預期也是其重要的工作內容之一。

把成長當成手段，而不是目的

傑弗里·魏斯特（Geoffrey West）在《規模的規律和祕密》（*Scale*）一書中，分析了標準普爾資料庫中，1950～2009年美國市場上進行交易的28,853家公司，得出了這樣的結論：截至2009年，在這28,853家公司中，共有22,469家公司已經消失，比率約為77.9%。在這些消失的公司中，有45%被其他公司併購，9%破產清算，3%被私有化，0.5%經歷了槓桿收購，0.5%被反收購，剩餘的則是其他原因導致了消亡。

在此基礎上，魏斯特提出了公司「死亡曲線」的概念，並繪製了一系列數據圖。圖8-3是這些數據圖中的一個，表現的是因破產清算而消亡的公司的死亡曲線。在圖中，50年內消亡的公司幾乎占到了公司總數的100%，其中50%在不到10年的時間裡便宣告「死亡」，上市30年後還存活的公司不到5%。由此，魏斯特得出了一個並不樂觀的結論：一家公司能夠連續存在100年的機率，只有4.5%；而連續存在200年的機率，僅為十億分之一。

在魏斯特的研究成果中，還有一個十分有意思的結論：無論隨意追蹤多少家企業，每經過10.5年，這些企業就會消失一半。這個結論或許會讓許多企業管理者感到不那麼愉快。與此同時，魏斯特還發現上市企業的平均「壽命」正隨著技術的不斷提升而變得越發短暫（見圖8-4）。

有人說企業經營的一切行為只有一個目的，那就是業績成長。他們認為，只要業績成長，就能掩蓋一切問題。其實，這是誤解了業績成長的本質。如果企業的經營行為都是為了業績成長，那麼企業發展就被業績成長綁架了，策略也被業績成長綁架了。比如：上市企業為了每年財報的成長曲線，策略眼光只有1年；資本市場上講的市值管理，

圖 8-3 因破產清算而消亡的公司的「死亡曲線」

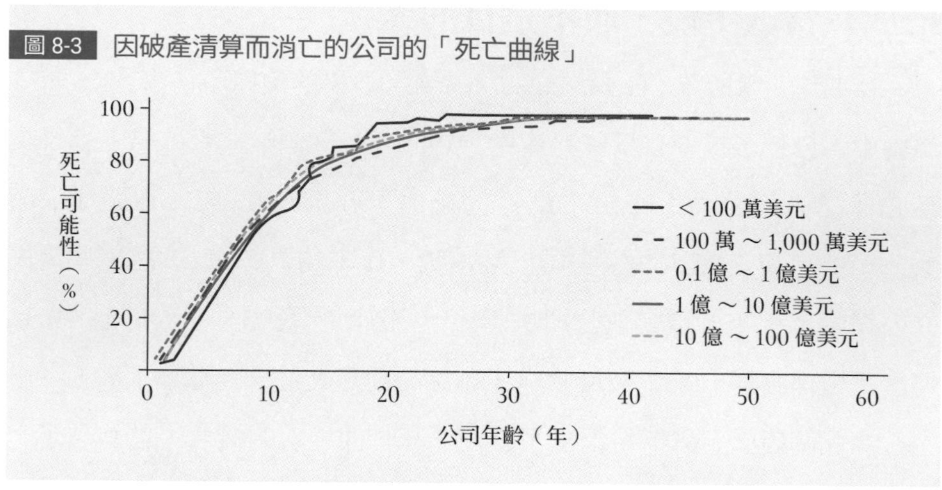

資料來源：參考自傑佛瑞．魏斯特的《規模的規律和祕密》一書。

圖 8-4 上市企業的「壽命」不斷縮短

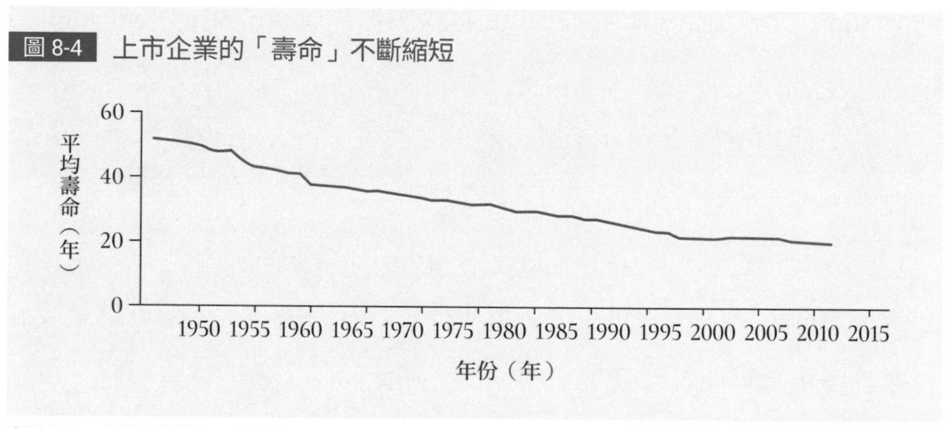

資料來源：參考自傑佛瑞．魏斯特的《規模的規律和祕密》一書。

也是為了業績的成長。這些都是把業績成長當成了企業經營的目的，是對業績成長本質的誤解。而實際上，業績成長只是手段，不是目的。比如，可口可樂先是把首席行銷長改為首席成長官，後又重新任命了首席行銷長。

常有企業家說要打造百年企業。什麼是百年企業？是百年業績成長嗎？不，是百年生存。一家企業，最危險的時候，往往是在業績達到巔峰的時候，為什麼？因為慣性。現在的成功是過去的慣性帶來的，但是環境在變化，市場也在變化，現有的慣性可能支撐不了未來的業績成長。企業未來要靠什麼實現業績成長？或許是第二曲線，又或是第三曲線。那第二曲線和第三曲線的本質是什麼？不只是新的業務，還有第二曲線和第三曲線的能力。

新的能力可以帶來新的機會和業務，而能力是發展出來的。所以，對企業來說，比業績成長更重要的是能力的發展。企業為什麼要不斷發展新的能力？不是為了業績成長，而是為了生存。

商業世界的規則是「適者生存」，而不是「強者生存」。當環境突變時，當「黑天鵝」不斷出現時，企業要考慮的不是業績成長，而是生存。百年企業的最高境界不是業績成長 100 年，而是生存 100 年。業績成長是第一層次，能力發展是第二層次，生存才是最高層次。

解碼商業模式

DECODING BUSINESS MODELS

1. 能否經得住時間的考驗，即是否具有可持續性，是衡量商業模式好壞的重要面向。
2. 價值系統、能力系統和盈利系統構成了商業模式的空間面向，這 3 個面向使商業模式具有獨特性。如果加上 1 個時間面向，那麼商業模式結構就從靜態的變成了動態的。
3. 任何一種成功的商業模式都無法脫離其成長環境，以及自身能力與環境的匹配性。
4. 在現實環境中，思考如何建構可持續成長的路徑，如何應對發展路徑上即將遭遇的困境，如何跨越突變，讓組織不斷進化，是當下每一個創業者都需要具備的思維方式——突變思維。
5. 企業必須在發展主要業務的同時實現新業務突破，這是實現持續成長的核心。
6. 對企業來說，比業績成長更重要的是能力的發展，比能力發展更重要的是生存。

DECODING BUSINESS MODELS

第 2 部分

商業模式高效運行必備的 4 大動力系統

導讀

在第二部分，我將講述 4 大子系統的內容：進化系統、協同系統、耗散系統和免疫系統。

在進化系統中，我們將用一種新的視角來看待企業。也就是把企業看作一個生命體，從生命本質的角度探討企業的進化。生命的本質是什麼？是不斷地成長嗎？並不是。成長是手段，生存才是目的。生存並不是永生，而是不斷進化成更高級的物種，這才是生命的本質。

在協同系統中，我們將探討商業模式如何高效運行，也就是探討企業如何建構高效的內部和外部協同機制，從而揭開組織管理的本質。管理的本質並不是複雜的管理制度，而是創造簡單的、有序的協同規則。對於正處於激烈的外部競爭環境中的企業，這部分內容給出了啟示：競爭優勢無法給企業帶來長期的生存價值，協同共生才是生命的本質和企業的唯一生存之道。

在耗散系統中，需要解決的是組織的活力問題，也就是解決如何讓組織保持高效的創新活力、如何讓組織自發地實現從無序到有序的進化及這個過程需要什麼樣的機制等問題。我將以華為的耗散結構為例，講述建設組織活力的本質邏輯。

在免疫系統中，我們將回歸現實，把企業置於大風大浪的環境裡，去探討企業的生命力問題，畢竟再完美的理論都要面對現實的檢驗。如何變強是商業世界的永恆命題。在這個一味追求業績成長的商業世界裡，企業如何才能建構一個認知多樣化、可以抵抗風險且越挫越勇的組織體系？

如果將第二部分的核心思想總結為一句話，那就是：「企業的一切行為都不是為了業績成長，而是為了獲得生存的能力，是為了生存。」

9 進化系統，跨越複雜性，像生命一樣進化

凱文・凱利（Kevin Kelly）在《失控》（*Out of Control*）裡寫了這樣一句話：「鐘錶般的精確邏輯，也即機械邏輯，只能用來建造簡單的裝置。真正複雜的系統，如生命、種群，更如商業世界的經濟體、市場環境，都需要一種道地的非技術邏輯。」這種非技術邏輯是什麼？是進化。

在漫長的進化歷程中，生命應該遭遇過我們所能設想和無法設想的所有類型的挑戰。而一代代生命前仆後繼，進行了無數次隨機試錯和路徑選擇，也應該經歷了所有我們能設想和無法設想的解決方案。所以，我很贊同一種說法：「進化論可能是地球上唯一可靠的成功學」。

生命延續的本質，就是進化。進化有沒有方向？進化是不是隨機的？進化的目的是什麼，由什麼決定？進化思維能為我們理解社會、商業、人生提供什麼樣的視角？從進化中能否找到我們需要的成功案例和失敗教訓，能否找到面向未來的指路明燈和交通工具？圍繞這些問題，本章將著重討論如下 3 個問題：

- 為什麼要向生命學習組織進化？

- 阻礙組織變革和進化的因素是什麼？
- 如何突破障礙，讓組織持續進化？

我們要為企業建構一套進化系統，讓企業可以像生命一樣，突破成長的極限，持續進化。

向生命學習，建構生命型組織

生命是如何產生的？現代分子生物學揭示，基因裡的遺傳訊息先由 DNA 傳遞給核糖核酸，再從核糖核酸轉移到蛋白質上，蛋白質變成身體的催化劑。人體內以蛋白質為核心的催化反應變化每秒可能發生數百億次。一秒的變化都如此大，就算用超級電腦去計算下一刻會怎麼變，也是無法做到的。

生命的形成如此複雜，到底什麼是生命？世界著名的複雜性科學研究機構美國聖塔菲研究所對生命的定義是：性狀相對穩定，能夠自我複製。「自我複製」是生命的本質特徵，生命的存續繁衍是一套自我複製的系統，而「性狀相對穩定」這個特徵會被很多人片面理解為生命體的形狀特徵。比如，他們會認為兩隻眼睛、一張嘴、一個鼻子、五官端正就是性狀相對穩定，也就是在繁衍過程中延續了原來的相對一致性。

其實，性狀相對穩定不單指形狀穩定，還包括面對外部環境的變化和衝擊，依然能夠保持穩定狀態和自我修復能力。為了保持穩定狀態，生命會想方設法適應環境的變化。比如：皮膚被刀割破了，傷口處皮膚立刻開始自行修復；地震了，人會產生自我保護的本能反應，趕緊跑。換句話說，「性狀相對穩定」就是「存在性」，可以自我複製，變成更多且頑強、生生不息的存在。

從 DNA 到形成一個人的過程複雜而混沌，完全無法預測。但是令人驚訝的是，最後的結果卻都是相對穩定的，比如我們的長相往往與父母相似。可見，這整個過程既有複雜的變化，又有穩定的發展。因此，從理論上講，我們可以透過基因編輯改變人的 DNA，可以讓一個人的眼睛變成藍色的，或讓一個人的頭髮變成捲髮，這一切是相對可控的。

蝴蝶效應這樣的混沌理論無法解釋生命的複雜性變化，因為生命是一種跨越複雜性和非連續性的存在。同樣，企業也處在複雜系統裡，那麼企業如何找到具有確定性的規律，實現可持續性進化呢？答案是向生命學習。企業是一種組織形態。在工業時代，我們把組織視為機器，科學管理的興起讓人成為「機器」的一部分，成為可以替換的「零件」。當組織遭遇困境時，首先想到的就是裁員，以降低組織的成本。在知識經濟時代，組織成為有機生命體，其構成基礎是人，最重要的能力是學習力。

組織如何像生命一樣運作呢？或者說，組織如何才能像生命一樣具備性狀相對穩定且能夠自我複製的特徵呢？

是什麼阻礙了組織變革與進化

性狀相對穩定的核心是面對外部環境的變化和衝擊時，依然能夠保持穩定狀態和自我修復能力，能夠快速適應環境變化。然而，大部分企業首先面對的挑戰，就是無法快速適應新的環境並產生改變，它們甚至拒絕改變。這是為什麼？因為固化的心智模式難以改變。

有一項醫學調查研究顯示：心臟科醫生告訴有嚴重心臟病的患者，

如果不改變一些不良的生活習慣，如抽菸、喝酒等，那麼他們將必死無疑。即使醫生發出這樣的警告，確信這些患者都知道自己應該怎麼做，也只有 7 分之 1 的患者會真正改變自己的不良生活習慣，而 7 分之 6 的患者就是改不了習慣。

人在生命受到威脅的情況下都很難做出改變，更不要說為了利害關係不夠大、回報也不夠高的生意去推動組織的變革了。很明顯，站在新的角度，才能理解什麼是阻礙和促成組織變革的核心原因。

企業既有的成功是由過去的行為慣性帶來的，慣性思維模式是企業的組織心智模式或企業的基因。當環境突變，企業遭遇方向上的不確定性和路徑上的非連續性時，問題就出現了。痛則思變，當企業面臨路徑非連續性時，一些企業管理者的腦海中出現的第一個念頭就是轉型。轉型成功的機率有多大？著名組織管理大師瑪格麗特・惠特利（Margaret J. Wheatley）在其著作《領導力與新科學》（*Leadership and the New Science*）[1] 一書中，給出了一個令人悲觀的數據：75% 的組織轉型以失敗告終，實現自我突破的少之又少。

為什麼企業遭遇非連續性時，轉型會這麼困難？最大的困難在於組織心智模式難以改變。這就像冷兵器時代的軍隊，士兵們個個練就了一身高強的武藝，但卻不願承認火炮的威力，反而去尋求刀槍不入之法，最終只會釀成悲劇。為什麼人們不願意改變呢？根據心理學分析，主要有以下兩個原因。

第一個原因：人是拒絕接受變化的。有心理學家認為，人對變化有

1 這本書從科學理論中提煉了一些原則，它們一起構成了領導力的「新科學」。這一新的世界觀能夠告訴我們該如何感知世界。——編者注

一種本能的抵制，這種抵制一般是有益的，對個人或社會都是如此。然而，當生存受到威脅而不得不改變時，這種抵制就必須被克服，而克服的唯一途徑就是經受痛苦。

但問題是，外部的環境一直在變化，為什麼我們總是看不見？為什麼只有當生存受到威脅時我們才意識到環境已經發生了變化，才開始有所改變？隨著認知心理學和心智模式研究的發展，一些心理學家認為，人們只能「看見」自己經歷過的事物。如果要讓來自外界的一個信號被我們接受，那麼它必須與我們大腦中已經存在的某種模式相符，即這種模式以前發生過並在大腦中儲存下來。

20 世紀初，一隊探險家在馬來西亞半島上一個與世隔絕的山谷中發現了一個部落。毫不誇張地說，這個部落仍處於石器時代。探險家們決定做一個試驗，他們把這個部落的酋長帶到了新加坡。當時新加坡已經是一個相當發達的國家，和酋長的部落比起來就像是另一個世界。他們讓酋長在新加坡度過了 24 小時，讓他感受一下新世界的變化並接收有可能給他的部落帶來變化的各種信號，隨後他們就把酋長送回了原來的部落。

然而，當探險家們問酋長對新世界的感受時，他似乎覺得只有一件事情很重要:一個人運輸的香蕉遠比他想像的多得多。酋長對高樓大廈、碼頭和巨輪絲毫沒有興趣，但當他看到一個市場小販推著一車香蕉走過時，卻有了不小的觸動。從他的經歷來看，所有其他潛在變化的信號都過於遙遠，所以他看到了也沒反應。

第二個原因：不願看到的總是看不到。我們總是喜歡預測未來，即使一次次預測失敗，也依然信心滿滿，但我們只會看到符合自己對未來看法的東西。

在 2010 中國（深圳）IT 領袖峰會上，很多業界知名企業家談了自己對雲端運算的看法。李彥宏表示：「雲端運算其實就是新瓶裝舊酒，沒有新東西。從早先客戶端與伺服器的關係，到後來基於網路的 Web 介面服務，再到雲端運算，本質上都是一樣的。」馬化騰則認為：「雲端運算是一個比較有技術性、比較超前的概念，要過幾百年、千年後才有可能實現。」後面的事實我們也看到了，雲端運算成為支撐網路發展的最重要的基礎條件之一。其實並不是這些企業家不聰明，而是因為每個人都被自己固有的認知束縛了。

為什麼人們只能看到自己想看的、自己願意相信的東西？瑞士精神病學家赫曼・羅夏克（Hermann Rorschach）於 1921 年創建了一種人格測驗，被稱為「羅夏克墨跡測驗」（Rorschach Inkblot Test）。這個測驗的做法是：先將不同顏色的墨水潑灑在一張紙上；再將紙對折起來，這樣紙上就形成了兩邊對稱的規則圖形；然後讓被測試者回答問題。為什麼要用對稱的規則圖形呢？因為如果圖形一點規律都沒有，那麼被測試者辨認不出就會拒絕回答，所以圖形要貌似有些規律又似乎沒有。

羅夏請被測試者看著這些圖形，讓他們回答圖像看起來像什麼。有人說像蝴蝶，有人說像身體的某個器官，有人看到了情侶之間的樣子，也有人看到了暴力的影子。這項測驗最早是作為一種研究工具來揭示人格的無意識感知，從而為一些精神疾病提供初步診斷。羅夏認為，我們心裡有什麼，就會看到什麼。當然，對於我們不願看到的，也就看不到了。

企業為什麼看不到變化，或者說為什麼不願意接受變化？因為組織心智模式的固化。有人要看到才相信，有人因為相信而看到。當一種認知沒有帶來行動時，一個人的認知水準是不足的，因為他還無法意識到問題背後的嚴重性和重要性。所以，沒有行動的認知是有缺陷的。

紅杉資本合夥人麥克・莫里茨（Michael Moritz）有一句名言：「一個企業在最新創立的 18 個月中的基因，決定了一個企業的成敗。」**組織的思維慣性為企業帶來了過去的成功，形成了最初的組織心智模式。然而，面對快速變化的複雜環境，固化的組織心智模式也會阻礙組織的進化，成為企業發展的絆腳石。**

思維訓練

亞馬遜，自我顛覆

紙本書在幾千年前是一種先進產品。幾千年後的今天，能否將紙本書再向前推進一步，是貝佐斯一直思索的問題，而數位化閱讀正是他找到的答案。接下來考驗貝佐斯的則是誰來做和如何做，這是亞馬遜面臨的關鍵選擇。

在《貝佐斯傳》（*The Everything Store*）一書中，布拉德・史東（Brad Stone）寫下了這樣一段話：「那時，貝佐斯和主管們正在激烈並入迷地討論一本書——《創新的兩難》（*The Innovator's Dilemma*），這本書大大影響了亞馬遜公司的策略。」

克里斯汀生指出，大公司之所以失敗，並不是因為它們想避免顛覆式的變化，而是因為它們不願意接受大有前途的新市場。而它們之所以不願意接受新市場，是因為新市場可能會破壞它們的傳統業務，而且可能無法滿足它們短期成長的需求。

例如，西爾斯公司未能成功地從百貨商轉換為折扣零售商，IBM

（接下頁）

沒有及時地把大型機轉變為小型機。在《創新的兩難》的影響下，貝佐斯堅定了自己打造數位化閱讀品牌的決心。他對此寄予厚望，將這項業務命名為 Kindle（點燃），希望以此點燃大眾的閱讀熱情。

貝佐斯選中的專案帶頭人是史蒂夫．凱塞爾（Steve Kessel）。凱塞爾是亞馬遜 10 位主管之一，也是一位極富遠見的元老級人物，自 1999 年起就與貝佐斯密切合作，當時主管亞馬遜的線上圖書業務。凱塞爾對新業務 Kindle 也抱有極大的熱情，覺得這項業務開始時並不會占用自己太多的時間和精力，反倒可以從傳統圖書業務中借力。他認為自己完全可以兼顧這兩項業務。

然而，貝佐斯並不這樣認為。他從《創新的兩難》中吸取了教訓，堅持認為凱塞爾無法同時管理紙質媒體和數位媒體兩種「基因」完全不同的業務，並對凱塞爾說：「你未來的工作就是幹掉你現在的生意，你的目標是讓所有賣紙本書的人都失業。」大家要牢牢記住這句話，在做出關鍵決策的時候，它一定會給我們帶來巨大的力量。凱塞爾聽從貝佐斯的安排，開始組建 Kindle 專案。

2004 年，貝佐斯解除了凱塞爾在亞馬遜線上圖書部門的管理職務，讓他在加州的矽谷建立了一家子公司，遠離亞馬遜位於西雅圖的總部，並從硬體部門中抽調精兵強將，重新組建了一個團隊，命名為亞馬遜硬體設備實驗室（Amazon Lab 126）。

亞馬遜硬體設備實驗室不但在資源、團隊、地理位置等方面都與亞馬遜原有的組織相隔離，而且連專案本身都處於嚴格保密狀態。在 2006 年的一次亞馬遜全體員工大會上，有位女員工站起來問貝佐斯：「您能告訴我們亞馬遜硬體設備實驗室是什麼嗎？」貝佐斯粗略地回答道：「它是加州北部的一個研發中心，請繼續下一個問題。」

這就是 Kindle 誕生的故事，如今的 Kindle 已自成生態，成功地孵化出電子書這個商業領域的新物種，改變了全球數以億計讀者的閱讀習慣。

對很多企業來說，如果用原有的「老臣」去做新業務，那麼失敗的可能性會非常大，因為他們往往只是簡單重複固有流程而已，不具備創新能力，又缺乏創新訓練，很難主導創新業務。所以，企業必須找到那些具備創新能力、擁有專業技能且具有創業精神的人來做新業務，這一點非常重要。

擺脫價值網依賴，重構外在生存結構

前面提過，生命的特徵之一是性狀相對穩定。這種穩定是指，面對外部環境的變化和衝擊時，依然能夠保持穩定狀態和自我修復能力。而生命型組織需要具備如下兩大核心能力來維持自己的性狀穩定性。

第一大核心能力：敏銳的洞察力。快速變化的時代對組織的洞察力提出了相當嚴峻的要求。如果不能及時感知外部環境的變化給組織帶來的巨大影響，那麼組織就會逐步陷入困境而不自知。沒有所謂的產業衰退，如果企業認為產業在衰退，那是因為自身滿足市場需求的效率下降了。沒有所謂的產業天花板，如果企業認為碰到了產業天花板，那是因為自身洞察市場需求的能力下降了。

第二大核心能力：強大的適應和調節能力。生物界最古老最耐久的「活化石」生物往往是那些特化程度不強的種類（特化指的是物種適應某種獨特的生活環境、形成局部器官過於發達的一種特異適應）。因為特化程度強的生物在高度適應一種環境的同時，也喪失了對其他環境的適應力。一旦外部環境突變，牠們就無法適應。而那些非特化的生物（尤其是我們所說的低等生物），在不占相對優勢的情況下保全了自己適應新環境的能力，也就不容易滅絕。

2012年，馬化騰向騰訊公司的合作夥伴發出一封公開信，信中稱：

> 很多人都知道柯達是底片影像業的巨頭，但鮮為人知的是，它也是數位相機的發明者。然而，這個掘了底片影像業墳墓、讓眾多企業迅速發展壯大的發明，在柯達卻被束之高閣。
>
> 為什麼？我認為是組織的僵化。在傳統機械型組織裡，一個「異端」的創新，很難獲得足夠的資源和支持，甚至會因為與組織過去的策略、優勢相衝突而被排斥，因為企業追求精準、控制和可預期，很多創新難以找到生存空間。這種狀況，很像生物學所講的「綠色沙漠」：在同一時期大面積種植同一種樹木，這片樹林十分密集而且高矮一致，結果遮擋住所有的陽光，不僅使其他下層植被無法生長，本身對災害的抵抗力也很差。要想改變它，唯有建構一個新的組織形態，所以我傾向於生物型組織。

這封信裡所描述的「綠色沙漠」就是一種生存結構。當企業依賴於一種生存結構時，它是脆弱的。這被稱為「價值網依賴」，即企業的生存依賴且僅服務於現有的生存結構。所謂價值網，就是企業所擁有和依賴的資源。這些資源過去幫助企業實現了成功，但是也把企業的生存能力牢牢束縛住了，成為阻礙企業發展的重要因素。企業曾經引以為豪的客戶、供應商、技術、資本等，都在阻礙著它的變革。企業擁有資源，同時也被資源擁有。企業賴以生存的價值網主要有4種類型。

第一種，技術價值網。我們過去有一種想法，認為只要技術好，企業就一定有未來。這種想法忽略了一點：我們選擇了某種技術路徑，這種技術路徑本身是有生命力的，它牢牢地把我們未來的產品、商業模式、未來的發展方向都與它捆綁在一起。技術有生命週期，企業應該把自身當成創新的主體，而不應依附於技術。

第二種，競爭價值網。作為企業的負責人，我們不妨問問自己是在競爭對手身上花的時間比較多，還是在消費者身上花的時間比較多。換句話說，當我們在做決策的時候，是從客戶端出發，還是會先參考同行做了什麼？大部分情況下，我們會參考產業裡其他競爭對手的做法。無可否認，競爭對手這個價值網是影響我們決策的重要因素之一。我們不能忘了貝佐斯的提醒，要關心競爭對手，但是不要過度關心，畢竟競爭對手不會給我們錢。

第三種，客戶價值網。推動企業發展的方式主要有兩種，一種是需求面驅動的成長，另外一種是供給面驅動的成長。在第一曲線的連續性創新週期裡，影響價值網走向的最大力量來自客戶，熊彼特將這個階段稱為客戶為王階段。這很容易理解：誰給我們麵包，我們就替誰唱讚歌。客戶購買了企業的商品，從另外一個角度看，他的需求也影響著企業。

在第一曲線週期裡，客戶為王，需求面驅動業績成長，所以我們要不斷從客戶身上發現痛點，尋找需求，然後滿足需求。在第一曲線到第二曲線的轉換期，熊彼特發現，這個階段不應該以客戶為王，而應該以創業者為王，這一階段的業績成長是供給面驅動的。他認為，只有創業者才有可能把資源從第一曲線裡拉出來，轉換到第二曲線裡。創業者只有不斷創造需求，才能擺脫對客戶價值網的依賴。

第四種，資本價值網。2000 年前後，中國從美國華爾街引入了風險投資，這是自中國網路創業興起以來影響最大的價值網，在某種意義上甚至超過客戶價值網對中國的影響。因為很多時候，客戶的錢還沒到，資本已經提前來了。

在資本市場裡，企業是帶來收入與利潤成長的工具。企業的市值取決於其未來的現金流在今天的折現，也就是本益比（假設企業的年淨利是 1 億元，本益比 100 倍，市值就是 100 億元）。

資本市場看的是企業未來的成長速度。如果一家企業今天的規模很大，但是資本市場認為它未來的成長空間有限，那麼它也不會受到資本追捧，本益比自然不會高。

上市企業的回報主要在於市值的變現，而不在於利潤分紅。企業想獲得較高的市值，就要有超出資本預期的業績成長速度。於是一個很詭異的現象就會出現：假如企業實現了成長，但是成長速度沒有達到資本市場的預期，那麼企業市值就會下降。所以在資本市場裡有一種現象，叫市值管理。如果自身的業績成長速度不夠，企業就會透過兼併收購等方式來增加利潤。

克里斯汀生說過，企業的業績成長率必須超越社會輿論對它預測的數值，才能使企業股價大幅上揚，於是這成為一個沉重的、無法擺脫的負擔。這個負擔壓在每一個執著於提升股東價值的企業主管身上，我們稱它為「成長魔咒」。

他在《創新的兩難》裡講過一個經典的硬碟機的例子，我們來看一看。

硬碟供應商的價值網依賴

1975年，硬碟機產業的主要客戶是以IBM為代表的大型電腦製造商。當時，這些大型電腦製造商需要的是14英寸的硬碟機，這種硬碟機的主要供應商是控制資料公司（Control Data Corporation）。

1978～1980年，昆騰公司（一家以製造硬碟聞名的美國公司，現已淡出硬碟市場）等幾家新興企業開始生產尺寸更小的8英寸硬碟機，容量只有幾十MB。當時，IBM這樣的電腦製造商對此是毫無興趣的，因為它們需要的是300～400 MB容量的硬碟。

控制資料公司作為成熟的硬碟供應商，難道沒有8英寸硬碟的技術嗎？是資源的問題，還是管理的問題？都不是。事實上，它比昆騰公司還早兩年設計出了8英寸的硬碟。為什麼沒有推向市場呢？因為像IBM這樣產大型電腦的客戶不需要。於是，昆騰公司等幾家新興企業把產品賣給了當時一個新興的小眾市場——微型電腦市場。控制資料公司對這樣的小眾市場根本沒興趣。

8英寸硬碟機雖然起點低，但是進步快。到了20世紀80年代中期，8英寸硬碟機的容量已經能夠滿足大型電腦的要求，並且成本更低。於是，以控制資料公司為代表的14英寸硬碟機製造商，很快就都被淘汰出局。經此一役，8英寸硬碟機成為市場主流。它的製造商擁有顛覆性創新的成功經驗，是不是就可以避免被顛覆的命運呢？答案是不能。人類從歷史中吸取的唯一教訓，就是從來都不會從歷史中吸取教訓。很快，同樣的故事又發生在8英寸硬碟機的製造商身上。

1980年，希捷公司推出了體積更小的5.25英寸硬碟機。剛開始，這種硬碟機容量很小，只有10MB左右。當時的主流市場客戶——微型電腦製造商，對硬碟容量的需求是60MB，它們對5.25英寸硬碟機不感興趣。

（接下頁）

以希捷公司為代表的生產 5.25 英寸硬碟機的公司，只好將產品賣給當時新興的小眾市場——桌上型電腦市場。再後來，桌上型電腦時代正式到來。

當我們擁有一樣東西的時候，其實也被它擁有了。這就是價值網依賴。正如《人類大歷史》裡所寫的那樣：「不是我們征服了小麥，而是小麥馴化了我們。在沒有征服小麥的時候，我們的祖先可以到處去狩獵，而有了小麥之後，在解決了食物問題的同時，人居住的家園也禁錮在小麥的周圍了。」

向鳥類學習：推動進化的 3 個方面

生命的第二個特徵是能夠自我複製。企業如何像生命一樣自我複製？我們來看一個故事：

在英國，山雀和知更鳥很常見。20 世紀初，英國的牛奶配送系統已經很成熟，送奶工每天把瓶裝牛奶送到各家門口。那時候的瓶子都是沒有瓶蓋的，山雀和知更鳥都發現了牛奶，並且很快都學會了從瓶口吸食牛奶。

牛奶讓山雀和知更鳥獲得了更豐富的營養，也使它們的消化系統發生了變化。然而好景不長，在二戰期間，英國乳製品生產企業為了更好地儲存牛奶，用鋁箔封住了瓶口，也因此切斷了鳥類獲得牛奶的途徑。這對山雀和知更鳥來講，實在是巨大的打擊。怎麼辦呢？

有一些山雀不死心，嘗試著用嘴去啄那個鋁箔封口。在多次嘗試之後，牠們居然成功刺穿了鋁箔封口。這些山雀迅速把方法教給同伴。最終，整個山雀家族再次獲得牛奶，從而在生存鬥爭中贏得了優勢。

知更鳥就沒這麼幸運了，雖然也有一些知更鳥成功刺穿了鋁箔封口，但是牠們並沒有跟同類分享，而是自己享用。幾年後，英國的山雀數量繼續快速成長，而知更鳥的數量卻急劇下降。

美國加州大學柏克萊分校的教授、生物學家艾倫・威爾遜（Allan Wilson）在研究之後認為，這個過程只能在社會傳播過程中找到合理的解釋。也就是說，山雀群體能夠相互傳播技能，而知更鳥是一種有領地意識的鳥類，它們習慣於保持固定的領地而不互相交流。威爾遜認為，那些群居的鳥類，學習得更快，生存機會得到了提高，因此也進化得更快。

一個物種是怎樣在有限的時間內超越其他物種進化水準的呢？威爾遜提出了「代間學習」的假設，他認為不是環境的變化促進了物種的進化，而主要是物種的行為推動了進化。換句話說，某一物種進化得更快，是因為它在某個事件發生變化時，做出了一種特殊的行為。威爾遜的研究成果指出，具備以下 3 種特徵的物種在進化中會加速。

- 創新性：不論是個體還是群體，都有能力（或至少有潛力）做出全新的行為。它們透過創造新技巧，採取新方式或利用環境來學習新的技能。

- 社會傳播：個體所學到的新技能透過某種確定的程序向整個群體傳播。這種程序並非來自基因傳遞，而是透過直接交流的方式進行。
- 流動性：有能力四處活動，並且是成群結隊地生活和展開各種活動，而不是在相互隔絕的領地中小範圍活動。

從山雀和知更鳥的例子來看待企業的組織行為，可以發現，任何具有一定規模的企業肯定會有一些不循規蹈矩的創新者和開拓者，他們會像山雀發現牛奶那樣去開創新的事物，學習新的技能，給團隊帶來不一樣的東西。但如果整個組織一直停留在少數人的創新，那對組織學習來說是不夠的，無法構成組織進化的條件。

為了避免少數創新者像那些知更鳥一樣只把學習到的新方法用於增加自己的生存機會，企業要想辦法激勵他們傳播新思想和新行為。除了要鼓勵創新，企業更要建立人員流動性和社會傳播的有效機制，這些都是組織學習的關鍵所在。或許我們也可以從以下 3 個面向思考自己的公司或者團隊是否具備進化型組織的特徵。

- 創新方面：是否有那麼幾個不安分、富有好奇心、不走尋常路的創新者？公司是否為這些創新者留出空間？比如，Google 有著名的「20% 時間」，在這段時間內允許員工做自己想做的事。
- 社會傳播方面：有的公司可能花了不少錢去培訓團隊，但是團隊聽完課就算完成任務，過段時間又把學過的東西全部還給老師了。所以，我們要考慮公司是否建立了制度化的集體學習體系，學習完了，是否知行合一了？畢竟「行為」才是進化的條件，而不是環境。

- 流動性方面：工業時代把人當機器，誕生了科層制的分工管理體系，每個人按部就班地工作。流水線式作業提高了生產效率，同時也讓員工喪失了進化能力。公司鼓勵人員內部流動，鼓勵部門間協同合作，旗幟鮮明地反對劃地為牢，反對部門間有層層壁壘，這樣才能實現集體進化。任正非認為，人在一個位置上待久了，必然會怠惰，因此必須有人員流動。為了讓人員流動起來，為了在內部激發組織創造力，華為曾經多次大裁員，也曾經破格提拔過上千人。

與動物進化不同，人類進化具有雙重性，即生物進化和文化進化。人類之所以能進化成地球上最高級的動物，除了生物層面的進化，更重要的是透過文字、藝術、信仰等形式，經過一代代人的學習和知識累積，形成了文化進化。文化的繼承和發展速度遠快於生物遺傳，這也是人與其他物種拉開距離的本質原因。

在生態系統中，學習現象一直在發生。**能在動盪的、複雜的生態系統中生存下來的群體，是那些能夠根據環境變化及時調整自己、產生新行為、建立新文化的生命型組織。這樣的組織不是靠創新性、社會傳播、流動性等單一要素組合成的，而是在高效的協同中進化出來的。**

如果「行為」是物種進化的推動力，那麼「協同」就是組織進化的催化劑。

解碼商業模式

DECODING BUSINESS MODELS

1. 生命型組織需要具備兩大核心能力：敏銳的洞察力，強大的適應和調節能力。
2. 在知識經濟時代，組織成為有機生命體，其構成基礎是人，最重要的能力是學習力。
3. 組織心智模式的固化，會讓組織看不到變化，不願意接受變化，從而阻礙組織進化。
4. 企業必須找到那些具備創新能力、擁有專業技能且具有創業精神的人來做新業務。
5. 價值網就是企業擁有和依賴的資源，這些資源過去幫助企業實現了成功，但是也把企業的生存能力牢牢束縛住了，成為阻礙企業發展的重要因素。
6. 具備創新性、社會傳播和流動性特徵的物種在進化中會加速。

10

協同系統，建立高效的組織協同機制

生命存在的本質：協同共生

碳元素是所有生命體最基本的構成元素，根據目前的科學定義，地球上已知的所有生物都是碳基生物。也就是說，以碳元素為有機物質基礎的生物都是碳基生物。但如果只有碳元素，地球上就不會有生命。只有當碳元素與氫、氧、氮等元素結合起來時，地球上才有了最原始的生命形式——原始單細胞生物。隨著生命的進化，出現了不同的生命形式。不同生命形式的構成元素也各不相同。就人體而言，必需的元素有很多種，如果沒有這些元素以特定的形式產生聯繫、結合與互動，生命便不可能形成。

生命為了存續和繁衍，還必須透過與體外的空氣、陽光、水、土壤及其他生命體的接觸和聯繫，不斷地獲取、吸收這些元素，否則生命就會停止運行。也就是說，生命的特徵在於能夠透過物理作用或化學反應與外界環境進行物質、能量的交換。只要生命仍在持續，這種物質和能量的交換就會一直持續下去。任何生命都無法孤立存在，必須依存於更大的、由各種生命連接而成的系統，這套系統就是生態系統。各種生物在生態系統中各有角色，透過物質和能量的交換維持生態系統的平衡。

生命存在的本質就是協同共生，如果敵對競爭，就會兩敗俱傷。比如，在草原生態中，狼是牧民的敵人，牧民曾經大規模捕殺狼，結果引起了一系列生態反應。在沒有狼的環境裡，兔子無節制地繁殖，與羊爭草，使羊的養殖嚴重受限。兔子的窩變成了隱秘的陷阱，容易被馬踩到，導致馬骨折。那時候，馬一旦骨折，就只能被殺掉。狼沒有了，旱獺成災，旱獺跟兔子一樣與羊爭草。更糟糕的是，旱獺的窩是一條條隧道式的洞穴，這些洞穴是蚊子過冬和大量繁殖的溫暖舒適窩。一到夏天，蚊子就會傾巢出動，嚴重危害草原居民和牲畜的健康。

可見，生命之間往往存在著間接的、隱性的甚至看似神秘的協同共生關係。看不到、看不懂或不相信這些關係，都將影響我們的決策和行為。在商業世界，如果我們創建了一種商業模式，那麼這種商業模式內部各個要素之間要如何協同才能更高效？有沒有一個原則性的、像路標一樣的東西給予我們指引？接下來，我們將透過如下 4 個問題來挖掘協同的本質，建構企業的協同系統。

- 協同效應：為什麼需要協同，協同可以帶來什麼？
- 群智湧現：一個組織內部要如何協同才能更高效？
- 被動協同和主動協同：作為一個生命體，企業如何與外部生態協同共生？
- 透過協同系統看到組織管理的本質。

協同效應：群體智慧湧現

古典經濟學家、英國政治學家大衛・李嘉圖（David Ricardo）在他的《政治經濟學及稅收原理》（*On the Principles of Political Economy and Taxation*）一書中寫道，如果兩個具有不同能力的人各自專注於自己的特長，那麼他們創造出來的價值在互相交換後合起來反而更多。這可以用數學公式 1 ＋ 1 ＞ 2 來表示。交換的人越多，市場越大，創造出的增量就越多。英國科普作家馬特・里德利（Matt Ridley）在他的《世界，沒你想的那麼糟》（*The Rational Optimist*）一書中，把這種思想交換帶來的創新比喻成「思想交配」。

美國喜馬拉雅資本創始人及董事長李祿在此基礎上提出了更進一步的觀點。他認為，人的知識累積對社會分工和交換所產生的增量具有放大作用。他用數學公式 1 ＋ 1 ＞ 4 來表述：「不同的思想交換的時候，交換雙方不僅保留了自己的思想，獲得了對方的思想，而且在交流中還碰撞火花，創造出全新的思想。」

協同，使得現代科學技術不斷進步和創新。當現代科技與自由市場結合時，效率的增加、財富的增量和規模效應都成倍放大。當外部環境出現動盪與不確定時，協同共生幾乎是唯一的選擇，因為協同共生的方式可以使整體效益大於個體效益總和。古希臘哲學家亞里斯多德提出「整體大於部分之和」的觀點，概括了協同共生效應的本質特徵。協同共生效應在系統中有明顯體現：系統的要素因為各種規則和關係組合在一起，產生了單個要素無法產生的作用，最終產生某種功能，達到某種目的。為什麼會出現「整體大於部分之和」效應？

一般系統論和理論生物學創始人路德維希・馮・貝塔朗菲（Ludwig

von Bertalanffy）[1]認為，組織性是系統具有整體性的核心原因。正是由於系統中各組成要素之間的關聯性與相互作用，系統才具備了整體性特徵和規律。系統是由相互依賴的各元素、子系統組成的，它們透過組織性產生一定的結構和功能，並展現出特定的目的、秩序與協調關係。組織性有什麼特徵，如何發揮組織性效應？

蘇聯哲學家、經濟學家亞歷山大·亞歷山德羅維奇·波格丹諾夫（Alexander Alexandrovich Bogdanov）在闡述組織形態學與系統思想時提出了 3 種表現形式，即有組織行為、解組織行為和中立組織行為。

有組織行為可以理解為強組織行為，反映了「整體大於部分之和」的特徵。波格丹諾夫的解釋是，原有的整體實際上要大於部分的簡單之和，並不是因為產生了新的要素，而是彼此間的連接組合產生了單個要素本身不具備的結構和功能。比如，碳元素既可以透過四面體骨架連接結構組成堅硬的鑽石，又可以透過平面層狀連接結構形成柔軟的石墨。

解組織行為可以理解為弱組織行為，就是一種分解系統或分解整體的表現形式。整體開始分解、喪失一些要素，雖然整體本身還可能存在，但與之前的整體相比，已經失去了部分功能，所以實際上出現了「整體小於部分之和」的結果。比如，當一個團隊內部出現了分歧和衝突，無法產生凝聚力時，就出現了弱組織行為，也就是 1 ＋ 1 ＜ 2。

中立組織行為可以理解為無組織行為，指的是要素之間沒有任何相互作用。從宏觀角度看，任何要素都與環境有相互作用。但是從微觀角度看，無組織行為就好比一堆汽車零件，各零件之間沒有組織關係，也

1 美籍奧地利生物學家，1950 年代提出抗體系統論及生物學和物理學中的系統論，並宣導系統、整體和電腦數學建模方法及把生物看作開放系統研究的概念，奠定了生態系統、器官系統等層次的系統生物學研究基礎。

就無法發揮系統功能。

在協同共生的體系下，實際上是透過強組織行為實現「整體大於部分之和」。

組織性如何實現「整體大於部分之和」？比如一棟房子，雖然是由磚塊等建築材料組成的，但它並不是這些建築材料的總和。這是因為建築材料透過組織性產生一定的結構和功能，並展現出特定的目的、秩序與協調關係。

貝塔朗菲認為，對象是作為一個有機整體而存在的，整體產生了孤立部分所不具備的嶄新性質。也就是說，「整體大於部分之和」的「大於」不是數學意義上的「大於」，也不僅僅表示一種非線性疊加關係。更準確地說，它應該被理解為質的突破、新發生和突然發生的改變或者新功能的湧現。就像我們常說的「團結就是力量」，這股「力量」的本質就是群體智慧的湧現。

那麼，一個組織要想實現群體智慧的湧現，需要具備什麼條件呢？這一點對於理解組織協同的本質非常關鍵。**據科學家研究，群體智慧的湧現需要具備如下 3 個條件：**

- 系統內存在大量個體。
- 存在一組簡單的規則，適用於系統內的個體。
- 個體間基於規則產生互動。

1986 年在墨西哥舉行的世界盃上，「人浪」首次得到全世界的關注。這種現象開始被稱為 La Ola，也就是「波浪」的意思。一群群觀眾按照順序雙腳起跳，舉起雙臂，然後快速坐回座位，用人體組成了海浪的形態。雖然每個觀眾只是簡單地站立和坐下，並沒有四處亂跑，但人浪卻實實在在地環繞全場運動著。有幾個物理學家本來是研究液體表面的波浪的，後來被神奇的人浪深深吸引，於是決定研究人浪。他們對墨西哥體育場的人浪影片進行分析，注意到，這些人浪通常都沿著順時針方向滾動，總是以每秒 20 個座位的速度前進。

為了搞清楚人浪是怎樣開始和傳播下去的，科研人員應用了激勵介質的一個數學模型。激勵介質的行為特點是能夠根據周圍個體的動作將自己從一種狀態調整到另一種狀態，就像玩多人傳話遊戲一樣。這一模型對人浪現象做出了準確的預測。

如果僅僅研究某個人站起來或者坐下去的動作，就無法理解人浪的本質。人浪的形成，不是某個人拿著擴音器統一指揮實現的，它本身具有生命特徵，是一種自我組織行為。

什麼是自我組織行為？科學家在研究鳥群和魚群的行為時發現，牠們之間雖然不存在中央控制，但卻能表現出一種群體智慧，群體智慧幫助群體中的個體逃避或者阻擊外來入侵者。群體行為並不存在於個體之中，而是一種群體屬性，這就是自我組織。

鳥群從天上飛過，時而排成一字形，時而排成人字形，不斷地變換著隊形，而且特別有組織有規律。牠們之中是不是有一隻領頭鳥或者領導？其實沒有。美國電腦圖形學家克雷格．雷諾茲（Craig Reynolds）對此進行了研究，並且提出了「鳥群演算法」[1]。他嘗試在電腦上類比

1 1987 年，雷諾茲發表了一篇名為《鳥群、牧群、魚群：分散式行為模式》的論文，描述了一種非常簡單的、以物件導向思維模擬群體類行為的方法，並稱之為 Boids，即鳥群演算法。

出鳥群的飛行動態，在經過大量的模擬實驗之後，發現並提煉了以下 3 條最簡單的規則。

- 分離（排斥性）：保持一定距離，避免與群體內鄰近個體發生碰撞。
- 對齊（同向性）：趨向與鄰近個體採用相同的速度方向。
- 靠近（凝聚性）：向鄰近個體的平均位置靠近。

僅僅根據這 3 條簡單的規則，雷諾茲就在電腦上完全重現了鳥群的飛行狀態。當他用滑鼠衝擊電腦上的鳥群時，鳥群還會根據這些簡單的規則自動避開外部入侵者的衝擊。

鳥是如何「決定」向哪裡飛的？研究顯示，鳥群的飛行要依照所有鳥的意願進行。更重要的是，飛行的方向往往是整個鳥群的最佳選擇。只要每隻鳥發揮一點點作用，鳥群的集體選擇就會好於個別鳥的選擇。

無論是鳥群、人群，還是其他種群，這些群體的新特性都可以透過個體之間的互動體現。生命誕生以來，已經發生了很多次進化。在大多數情況下，合作互動都是生命進化最為突出的特徵。我們的思想也不是由某個特定神經元產生的，而是產生於神經元的連接。而且，這些神經元形成了一種網路拓撲結構，彼此互相影響。

如果把企業看作一個有機生命體，那麼企業潛在的優勢就是透過有序組織集合個體力量，完成個體無法做到的事情。組織還能透過分工取長補短，從而產生比個體效果之和大得多的整體效應。這就是協同共生所產生的效應：群智湧現，價值增效。

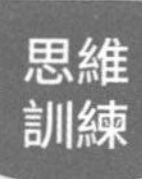

向海豹突擊隊學習組織協同

特種兵的訓練和考核都非常嚴格，以便在執行任務的時候配合默契，行動快速且高效。海豹突擊隊員是其中的佼佼者。他們是如何做到在各種突發狀況下都能高效協同的？企業能否從海豹突擊隊員身上學到高效協同的方法？

海豚突擊隊的負責人馬克·歐文（Mark Owen，化名）在退役後寫了《協同》（*No Hero*）一書。他在書裡分享了海豹突擊隊的協同機制。

協同建立在簡單規則之上

電視節目對特種兵的介紹多少有些誇大，將他們刻劃得無所不能，而實際如歐文所說，「海豹突擊隊成員必須掌握的核心能力只有 3 種：射擊、移動、交流」。這 3 大能力和簡單的規則讓海豹突擊隊在執行任務的時候能夠實現群智湧現、高效協同。

海豹突擊隊員的訓練成本巨大，訓練內容幾乎都圍繞著培養這 3 種核心能力展開。比如：射擊訓練，培養的是在任何惡劣環境和突發狀況中準確命中目標的射擊能力；移動訓練，培養的是在任何複雜環境下出現在正確的位置和隊友高效協同的移動能力；交流訓練，也就是訓練隊員用手勢、眼神、暗號等戰場語言高效傳達資訊，從而培養他們的戰場交流能力。

協同的困境：團隊作戰的最大障礙

當然，事情並沒有那麼簡單。歐文提到，海豹突擊隊在執行複雜任務時，經常遇到 3 大困境：失控感、既存干擾和協作困境。

失控感是怎麼產生的？當一個人面對一個複雜問題時，如果看不到問題的邊界，那麼他很容易產生失控感，覺得這個問題超出了他的能力範圍。換句話說，當一個任務足夠複雜時，人們會誤以為它很難，於是就會產生失控感，不知如何是好。

歐文曾經參加過一次實戰演習，演習任務是往一艘軍艦上安裝炸彈。他剛潛入水中，就發現海面上飄著一具被撕咬過的海象屍體。他根據經驗判斷，能給海象造成這種傷害的只有虎鯨。海象的傷口還在往外滲血，明顯是剛死不久。也就是說，虎鯨可能就在附近。

除此之外，為了防止軍艦受到水下偷襲，軍方在附近的海域還設置了大量帶刺的鐵絲網。偷襲者一旦被鐵絲網刮到，傷口裡流出的血，馬上就會把虎鯨引來。即使沒有引來虎鯨，只要潛水服被刮破，海水立刻就會灌進去。這時偷襲者就算生命不會受到威脅，也會很快被抓住，因為每艘軍艦都配備了最先進的回聲定位和聲納系統——海豚。

參加這次演習的特種兵或許不會被真的武器襲擊，但卻要面對來自真實的虎鯨、海豚、鐵絲網的威脅，真有喪命的危險。這樣的任務很艱巨吧？歐文認為並不艱巨，它其實是一個複雜問題。眼前的路充滿各種變數，一旦有微小的失誤，任務就會失敗。當人無法掌握問題可能導致的結果時，就會產生失控感，誤以為它很難。

如何戰勝失控感？歐文採用的是海豹突擊隊的第一條行動準則，即三英尺原則。簡單地說，三英尺原則就是找到離自己最近的威脅，並在可控範圍內找到解決方案。

對當時的歐文來說，最近的威脅有哪些？虎鯨和鐵絲網都在海裡，顯然不是距離最近的威脅。軍艦的探照燈，也照不到岸邊。所以，離他最近的威脅，其實是海豚。海豚的聲納探測可以在他下水的那一刻就發現他。找到最近的威脅之後，他該如何尋找最近的解決方案？

（接下頁）

當時，歐文身邊可以利用的東西有很多，如炸彈、手槍、匕首、備用氧氣瓶等。但是對付海豚的聲納探測，必須有能持續發出雜訊的東西。歐文靈機一動，把氧氣瓶打開，扔到水裡，讓它持續噴射氧氣，從而在海水裡形成雜訊，干擾海豚的聲納。就這樣，離他最近的、整個任務中最大的威脅——海豚，就被解決了。

任務進行到這一步，我們可以看出，在面對複雜問題沒有頭緒的時候，三英尺原則可以讓人擺脫失控感，冷靜下來，找到離自己最近的突破口。

然而，複雜任務的特點就是變數多、鏈條長。在執行任務時，海豹突擊隊需要經過很多不確定的路徑，因而有可能遭遇第二個困境：既存干擾。也就是說，隊員們在上一步行動中累積的既存，包括情緒、經驗、個人感受等，都會干擾他們下一步的行動。

比如，在戰場上面對各種暴力場面，隊員們當下的情緒都會受到影響。但是，任務還要繼續，他們可能會把情緒帶到明天，這就形成了累積的負面情緒。

除了負面情緒所帶來的干擾，成功的經驗也會帶來干擾。如果把勝利的喜悅帶到明天，那麼隊員們會放鬆警惕，在後面的行動中付出慘重的代價。原因在於，今天有效的方法，到明天可能就會因為戰場不同而失效。

如何應對來自累積的干擾？歐文採用的是海豹突擊隊的第二條行動準則，即清零原則。做法是，在完成一個階段的任務後，把所有可能干擾下一步行動的因素全都清零。

清零原則不是真的要讓隊員們忘掉今天發生的事，而是要把下一步的任務作為過濾器，讓隊員們放棄那些可能對下一步任務產生干擾的主觀因素，只留下那些有用的因素。從這一點來看，就算說海豹突擊隊員們是冷血動物，也一點不為過。

海豹突擊隊在執行任務時有一個環節，叫檢討行動。不管這一天的任務有多累，獲得了多大的勝利，或者損失有多慘重，執行任務的隊員們都必須聚在一起交流，或透過無線電溝通，對整個行動中的所有細節進行檢討。檢討的目的是總結其中的經驗和教訓，並讓隊員們放下所有可能對下一步行動產生干擾的情緒、經驗、感受等。

解決失控感的三英尺原則和對抗既存干擾的清零原則，作用其實都是提升單兵作戰能力。然而，海豹突擊隊的行動都是有組織的集體行動，在執行複雜任務時，會遭遇第三個困境——協作困境。當隊員之間的想法不同步時，他們如何協作？

很多公司經常會透過一些團隊建立活動來加強團隊成員之間的信任和協作，但是在海豹突擊隊裡，協作與默契不是被打造出來的，而是篩選出來的。海豹突擊隊從一開始，就建立了一套龐大的篩選機制。透過這套機制，海豹突擊隊篩選出那些價值觀和思維方式都高度一致的人。高度相似的一類人，合作起來當然更容易。這才是高效協同最重要的基礎，後來的訓練則是錦上添花。

這就是海豹突擊隊的第三條準則，即思維一致性原則。它意味著團隊只接受那些思維方式和價值觀都高度一致的人。從徵兵到日常的訓練，再到實戰考核，海豹突擊隊無時無刻不在對隊員進行篩選。這樣做是為了確保進入團隊的人在價值觀和思維方式上高度一致。因為這個團隊要做的不是經商，也不是賺錢，而是在戰場上奪取最終的勝利。在面對生死考驗時，要想讓團隊保持默契團結，靠的不是利益關係，而是價值觀一致。

海豹突擊隊的價值觀，可以用 3 個信條概括：唯一容易的事情發生在昨天，明天只會比今天更艱難；最終的勝利高於一切，你要

（接下頁）

為此忍受最難熬的痛苦和悲傷；和你的戰友一起，活著回來。

海豹突擊隊面對的往往是複雜的作戰環境，戰局變化多端，充滿不確定性。在這種作戰環境下，隊伍沒有固定的領導，誰知道下一步該怎麼做，他就會成為領導，其他人無條件地服從於他的命令，這就要求隊員之間高度信任。隊員之間不管認不認識，只要合作過一次，就會成為莫逆之交。歐文跟另一個部隊的人合作過，當時他只和對方聊了幾句，就確定，假如對方有危險，自己一定會冒著生命危險去救他，而對方也一定會為他這麼做。

與外部生態協同共生

企業並不獨立於市場，每一家企業都是市場中的一分子。生態學裡有一個概念叫「生態位」，指的是一個種群在生態系統中，在時間空間上所占據的位置及其與相關種群之間的功能關係和作用。它表示生態系統中每種生物生存所必需的生活環境最小閾值。低於某個最小閾值，某種生物就活不下去。

生態位的本質是共生，一個種群需要在一定生態環境中尋找適合自己的位置，根據自己的能力和資源優勢，為生態環境中的其他種群創造價值，學會互相支持、互相成就，實現和而不同、和而共生。

如果把企業比作生命體，那麼企業在市場中的位置就是生態位。處在什麼樣的生態位，決定了其需要用什麼樣的協同機制與外部生態系統互動。常用的協同機制有兩種，即被動協同和主動協同。

什麼是被動協同？在某些產業，由於資源相對有限，因此同行之間的關係通常以競爭為主。如何理解競爭，如何讓競爭變成推動企業發展的力量，是企業需要面對的問題。良好的競爭關係，就是一種被動協同，但企業甚至要主動創造這種競爭關係。

以華為為例，它自始至終都非常注重競爭關係給企業帶來的幫助。任正非在 2019 年接受美國《財富》雜誌採訪時表示，督促華為進步的鞭子在他手裡，但未來他將把這根鞭子交給美國公司，美國公司將成為華為強大的競爭對手，逼著華為 19 萬人心驚膽戰地努力前進。他希望華為永遠有危機意識，這種危機意識可以時刻鞭策自身成長。他表示自己很擔心華為下一代領導人會被勝利衝昏頭腦，所以寧可扶植起幾個強大的美國競爭對手，拿著鞭子抽打華為下一代領導人。

麥克・波特認為，「好」的競爭對手雖然會給企業帶來挑戰，但也可以防止企業滋生安逸情緒。有「好」的競爭對手時，企業不但可以在競爭中取得穩定、有利的產業地位，而且內部不會陷入長期衝突之中。

競爭關係帶來的一般是爭奪資源的對抗行為，因而處理競爭關係也包括對抗、衝突及差異化管理。競爭關係促使企業被動協同的另一個邏輯就在於，透過對抗、衝突及差異的管理激發組織的整體創造性，並幫助企業建構獨特的競爭力。比如，企業微信與阿里旗下的釘釘（DingTalk）是多年的競爭對手，卻在競爭關係中找到了共生的價值。

張小龍說過，如果只把企業微信定位為公司內部的溝通工具，那麼它的領域和意義會小很多。只有當它延伸到企業外部的時候，才會產生更大的價值。企業微信希望自己可以成為企業員工對外服務的窗口。騰訊有 11 億個微信用戶，可以透過將個人微信和企業微信進行打通，實現高效服務，從而在社交連接和服務上給使用者更佳的體驗。

阿里的核心優勢之一是組織管理，擁有眾多中小商家的存量資源。

釘釘實際上也是阿里向外輸出管理方法和理念的一種管道，所以它更像業務中心系統，基於阿里雲端計算的巨大優勢建構應用服務生態。在談到釘釘與企業微信的差異時，釘釘原 CEO 陳航曾說過，張小龍追求個人自由最大化，而他自己追求的是集體自由最大化。

對抗與衝突客觀存在於競爭關係中。圍繞衝突和對抗，我們需要思考的是如何在競爭中創造獨特的差異化價值，讓競爭成為激發組織成長的催化劑。

什麼是主動協同？如果企業總是以競爭視角看待自身的生存環境，那麼就會成為孤立而封閉的系統。協同理論[1]認為，合作優於競爭，它是秩序形成的主流現象。企業之間的關係最終應該由競爭轉成基於合作的競爭，甚至應轉為合作而拋棄競爭。

2019 年 8 月 19 日，181 家美國頂級公司的 CEO 在華盛頓參加了商業圓桌會議，並簽署了一份「公司宗旨宣言書」（Statement on the Purpose of a Corporation，以下簡稱「宣言書」）。該宣言書對公司營運宗旨進行了重新定義，這意味著「股東利益最大化」從此退出了歷史舞臺。宣言書還提出，企業除了要實現自身的目標外，還要為創造更美好的社會做出貢獻。企業的目標要致力於以下幾點：創造客戶價值，投資員工，促進多樣性和包容性，公平且合乎道德地與供應商打交道，支持工作的社區，保護環境並積極投身於社會公共事業，為股東創造長期價值。簡而言之，企業的目標是實現更大的社會價值，建立更廣泛的

1 協同理論也稱協同學或協和學，是 1970 年代以來在多學科研究基礎上逐漸形成和發展起來的一門新興學科，也是系統科學的重要分支理論。其創立者是斯圖加特大學教授、著名物理學家赫爾曼．哈肯（Hermann Haken）。

共生關係。

主動尋求共生關係是在當前經濟環境下發展的主旋律。企業不能一味追求競爭而變得越來越封閉而孤立，否則就有可能面臨倒閉。

「植物病理學之父」狄伯瑞（Heinrich Anton de Bary）在 1879 年提出共生的概念，指出共生就是生物在長期進化過程中逐漸與其他生物走向聯合，共同適應複雜多變環境的一種生物與生物之間的相互關係。因此，適者生存裡的「適者」並不是指個體，而是指種群。一個種群透過和其他生物合作而逐步適應了外部環境的變化，獲得生存能力。例如，小丑魚也叫作海葵魚，因為牠們跟海葵存在著共生關係。小丑魚身體表面有特殊黏液，可保護牠們不受海葵的影響而安全自在地生活於其間。海葵使小丑魚免受其他大魚的攻擊，同時給小丑魚提供食物殘渣，而小丑魚也可利用海葵叢安心地築巢、產卵。對海葵而言，小丑魚自由進出一方面可吸引其他魚類靠近，從而帶來更多捕食的機會，另一方面可除去海葵的壞死組織及寄生蟲。此外，小丑魚的游動也可減少殘屑沉澱至海葵叢中。而對小丑魚來說，它們可以借著在海葵觸手間的摩擦除去身體上的寄生蟲或黴菌等。

在共生關係中，各單元要素透過內外協同，相互促進和激勵，共同合作進化，從而有效應對外部環境的變化。小丑魚和海葵之間存在的是一種生死相依型共生關係，即一旦共生關係形成，一方就會喪失獨立生存的能力。這種關係對企業來說，風險很高，因為企業在發展過程中如果過度依賴某一方，就會出現被利益綁架的情況，如中國在一些高科技技術領域被外方「卡脖子」。所以，企業應該與合作夥伴建立一種動態的共生關係。共生夥伴之間的行為邏輯是既合作又競爭，其互動的結果總是呈現為動態平衡狀態。動態共生關係更強調在競爭中產生新的、創造性的合作關係。

2014年，馬斯克對外宣稱，將開放所有特斯拉電動汽車的專利。如果以競爭的視角來看待這件事情，那麼特斯拉將面對全產業的競爭。競爭對手包括燃油汽車和電動汽車，特斯拉獲勝的難度極大。但是它開放專利，讓其他電動汽車廠商使用自己的技術專利，相當於與其他電動汽車廠商結成同盟，共同對抗燃油汽車。透過這種做法，特斯拉主動與其他電動汽車廠商建立互利共生的關係，它們既競爭又合作。

共生關係並不排斥競爭，而是強調透過「合作性競爭」實現各單元組織之間的相互合作與成長。「產業共生」在管理學中很早就出現了，它描述了產業之間的合作關係：傳統產業之間，傳統產業與高科技產業之間，都可以透過「交叉嵌入」的模式實現通力合作，從而獲得應對環境變化的生存能力和競爭優勢。比如，小米和格力存在產品競爭關係，但是它們意識到了共生合作的重要性，於是在2020年9月3日和中信銀行簽署了策略合作協定，三方約定在產業基金、金融服務、產業投資、專案合作、資源分享等方面展開深度合作。

協同共生正在成為未來商業合作的主旋律。

思維訓練

華住集團，打造協同共生的生態合作模式

飯店品牌要快速規模化，最快的方式是什麼？是把別人的飯店變成自己的。華住集團就開創性地走出一條路，締造了龐大的華住飯店體系。

如果一位做傳統飯店的老闆，投資數百萬元人民幣經營一家飯店，但因缺乏專業的飯店管理經驗而不知道如何經營和提升服務品質，那麼華住集團就會向他拋出橄欖枝，透過加盟聯營模式和他共同經營這家飯店。由於前期的飯店建設投資已經完成，因此經營的重點只需放在如何提升飯店的入住率和服務品質上。華住集團吸引加盟商與其合作的因素是什麼？

截至 2021 年底，華住集團全通路擁有超過 1.9 億名會員。其獲客能力已達到甚至超越線上旅行社（Online Travel Agency，OTA）水準，透過直銷優勢獲得的客流量，大大降低了飯店對 OTA 的依賴。如果雙方達成合作，就可以瞬間將這家飯店推廣給所有會員。

從飯店管理的角度看，華住集團的體系化系統為飯店的籌建、採購、品控、營運、行銷等各個環節提供相應解決方案，以專業視角解決產業中最難解決的痛點。基於這兩個條件，飯店不僅獲得了流量，還有人協助管理，加盟商只需要等著分紅即可。

華住集團得到了什麼？它透過把自己的經營體系賦能給加盟商，一方面分享了加盟商的營業利潤，另一方面迅速擴大了規模，實現品牌效應和網絡協同效應，從而獲得了數量龐大的會員。也就是說，華住集團透過打造協同共生的生態合作模式，活化了大量生存不佳的小飯店，為價值鏈上下游賦能，將原本的競爭對手轉化成隊友。

一家飯店從選址到裝修再到開業，至少需要 3 個月左右的時間。而華住集團採用整合的方式，飯店只需 15 天即可開業。以這樣的方式，華住集團迅速在中國進行擴張，截至 2021 年 6 月 30 日，其經營的酒店數量已經突破 7,000 家，待開業飯店還有 2,000 多家。

華住集團創始人季琦曾說，他們的飯店發展不是循規蹈矩地重複前輩們的道路，而是要在不長的時間內達到上萬家甚至幾萬家。

（接下頁）

華住集團的目標是依託獨創的模式和平臺優勢，拓寬在中國乃至全球的市場布局，加快升級為創新型、未來的、新型飯店集團。要做到這一點，它就需要從競爭策略思維轉向協同共生的思維。

協同的底層邏輯，從無序到有序

所謂的「企業管理」、「組織管理」等，到底是在管理什麼？如果沒有理清楚這個問題的本質，那麼「高效協同」就是空中樓閣。在本章最後，我想詮釋一下協同的底層邏輯。

我們如果一直保持產生問題時的意識水準不變，就解決不了問題。如果工業時代採用的是以流水線、分工為核心特徵的模式來解決問題，那麼數位化時代一定會採用一種新的、不同於流水線與分工的模式來解決問題。這種新的模式已經伴隨著數位化技術而來，我們需要一種新的意識、新的世界觀和新的方式來重構組織及其運行模式。

當我們提到「組織協同」時，往往指的是「組織管理」。管理的本質是什麼？是透過他人取得結果。管理的過程就是讓無序變得有序，讓有序變得有為。讓好的結果有序地、自發地發生，這個過程其實就是協同。協同理論的創立者哈肯對協同的界定是，系統的各部分之間相互合作，使整個系統形成微觀個體層面所不存在的新的結構和特徵。

舉例來說，一個小孩想知道自己的玩具車為什麼能跑，就把它拆成零件。通常情況下，拆解的過程是很順利的，但最後小孩很可能看著眼前一堆零件而手足無措，痛哭流涕，因為他還是無法搞清楚玩具車為什麼會跑，他甚至無法將這些零件完整地裝回去。於是，小小年紀的他，第一次感受到了「整體大於部分之和」的深刻哲理。

玩具車的各部分零件如何協作，這個社會如何協作發展，世界萬物如何共生共存等等，都是協同理論要探討的問題。哈肯認為，世界萬物都普遍存在有序、無序的現象。在特定情境下，有序與無序能互相轉化，無序就是混沌，有序就是協同。雖然協同理論在創立之初主要用於解釋物理學中雷射形成的原理，但由於自然系統和社會系統中普遍存在協同作用，因此，協同理論也成了人們認識和研究複雜世界的基本方法。

接下來，我將基於協同理論的核心思想，介紹協同的內在邏輯，幫助企業的管理者和領導者真正理解協同的本質。

◆混亂不等於無序

近幾年「熵」這個概念非常流行，熵增定律被大量應用於商業界。很多人只是大概了解熵是什麼，如「熵是系統的混亂程度」。用熵來指代企業內部的混亂程度，的確是一個理解組織管理的新視角。但如果把這個概念直接套用在組織管理上，那麼就有一個問題：混亂是如何形成的？

我們如果對一個概念只是知其然，卻不知其所以然，就會陷入認知的陷阱，導致行動缺失，甚至動作變形。所以，了解一個事物、一個觀念形成的過程，比知道它是什麼更重要。只有這樣，才能真正洞察本質。接下來，我想用幾個例子來講解熵是如何形成的。理解了熵的概念，我們才能明白，組織協同到底要協同什麼。

第一個例子（見圖 10-1）：加熱鐵棍的一端，剛開始被加熱的一端是熱的，另一端是涼的，經過一段時間後鐵棍各部位的溫度會趨於均勻，最終整根鐵棍的溫度相同。

圖 10-1 加熱鐵棍的一端，最終整根鐵棍的溫度相同

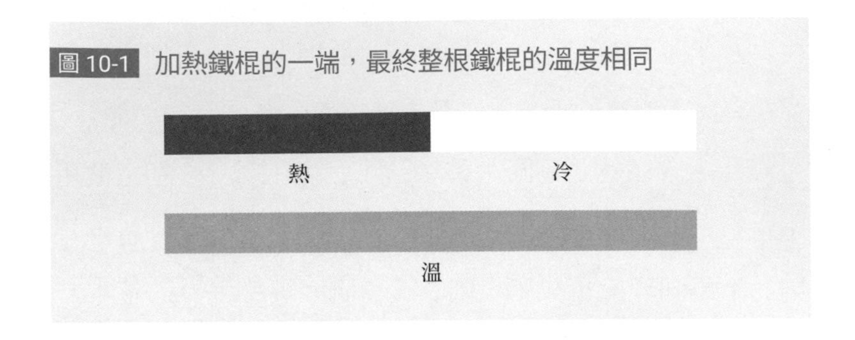

第二個例子（見圖 10-2）：把一個充滿氣體的容器與另一個空的容器並列密封放在一起；抽掉兩者之間的分隔物，氣體就會湧進另外一個空容器，直到均勻地充滿兩個容器為止。

圖 10-2 抽掉 2 個容器間的分隔物，氣體均勻地充滿整個容器

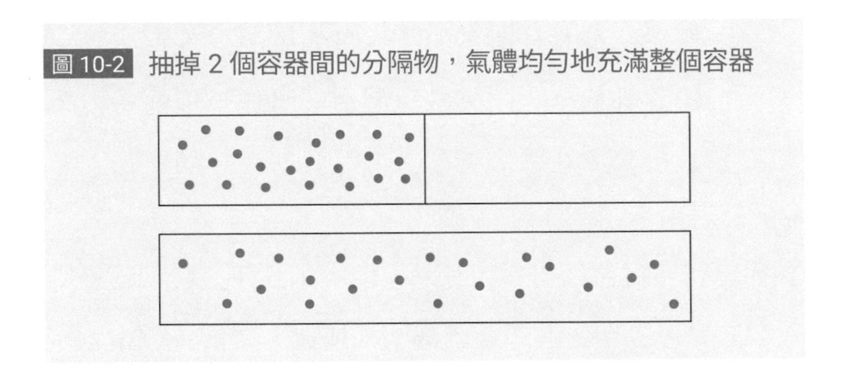

所有這些自然變化都只朝著一個方向進行，這個變化的過程是單向的，也被稱為不可逆過程。對此，熱力學和統計物理學奠基人之一波茲曼（Ludwig Eduard Boltznmann）認為，自然變化之所以總是朝著一個方向進行，是因為變化過程總是朝著有加無已的無序方向進行。

什麼是無序？物理學中無序的概念與日常生活中人們熟知的雜亂無章這個概念密切相關。比如房間很亂是因為沒收拾，或者也可以用很文雅的說法：因為各種物品沒有擺放在它們應在的位置上。

在一個混亂的房間裡找一本書，如果書不在書架上，那麼它可能在地板上、椅子上、床上、馬桶上或者任何地方，總之，可能性非常多。在一個無序的環境下尋找所需的物品之所以困難，就是因為存在多種可能性。我們把可能性的多少稱為可能性空間。反之，所有的東西都各就各位，書在書架上，衣服掛在衣櫃裡，被子整齊地疊好，即所有物品擺放位置的可能性空間被縮小到只有一種，則呈現出有序的狀態。

也就是說，有序和無序的狀態其實跟可能性空間相關。可能性空間越多，越無序。我們再來看另外一個例子（見圖 10-3），這是一個只有 4 個分子的氣體模型，分子的編號依次為①、②、③、④，分別放在兩個盒子中。如果 4 個分子只能放在 1 個盒子裡，那麼可能性空間只有一種，見（a）圖。如果在 2 個盒子裡各放 2 個分子，那麼將會呈現出（b）圖中的 6 種可能性空間。

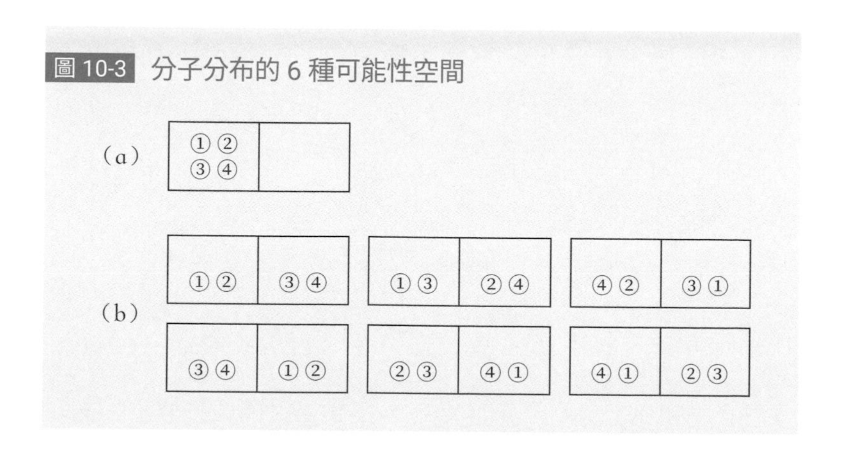

圖 10-3 分子分布的 6 種可能性空間

波茲曼認為，自然界總是力圖實現可能性數量最多的狀態。然而，只看這一點，我們還無法理解波茲曼的原理。上例呈現的只是分子靜態隨機的分布，我們還需要把運動過程考慮進去，才能真正理解可能性空間大小與無序的關係。這時，我們需要思考一個問題：混亂就代表無序嗎？並不是。

假設有個學生走進一位科學家的實驗室，實驗室裡看起來很亂，各種實驗器材和資料也都沒有擺放在它們應在的位置上。學生看不下去，就請了一位保潔阿姨來打掃。她把所有物品都擺放整齊，將實驗室收拾得一乾二淨。然而，被收拾過的實驗室卻處於一種無序的狀態，因為實驗室物品位置的可能性空間變大了，這位科學家可能找不到自己想要的物品。雖然原本凌亂的實驗室看起來混亂無序，但由於科學家很熟悉各種物品的擺放位置，即物品所處位置的可能性空間很小，因此實驗室實際處於有序狀態。如果實驗室只是被收拾過一次，那麼它會隨著科學家對物品位置的熟悉度提高而慢慢變成有序狀態。但是，如果實驗室的物品不斷地被搬動，那麼它就會趨向越來越無序的狀態。

回顧上文所做的分子分布實驗，假設這些分子是室溫下的氧分子，每秒的運動速度是 460 公尺，它們不斷在盒子裡翻滾，互相對撞，不斷實現新的分布。在這種情況下，由於分子不斷占有新位置的運動是毫無規律的，因此它們分布的可能性空間非常大。這種無序性是運動的變化（即物理學家所稱的「熱運動」）造成的。而且，熱運動的每一次變化都在增加新的無序性。物理學家由此得出一個結論：世界竭力趨向於一種最為無序的狀態。熱力學主要奠基人之一克勞修斯把這種無序定義為熵，無序性的大小便是熵值。他認為，宇宙會不斷趨近熵值最大的極限狀態，一旦達到這種狀態，宇宙就處於無變化的死寂（熱寂）狀態中。這就是熱力學第二定律，也被稱為「熵增定律」。

熵是一個不容易理解的概念，好在我們並不需要真正去了解熵和熵增定律的物理學定義，而只需要知道其社會學意義。從這個角度看，熵就是無序的程度（混亂的程度），即熵值越高，越無序、越混亂。熵增定律如今被很多人應用在商業上，特別是用在組織管理上。但是，它的適用範圍是一套封閉的系統，如果把它應用在企業的管理上，那麼背後有一個隱含假設，即假設企業是一套封閉系統。這個假設成立嗎？從微觀的角度看，企業是一個生命體，生命體卻是一套開放系統。用封閉系統的理論來指導開放系統，真的適用嗎？

◆熵增定律的失效邊界

薛丁格曾在劍橋大學做了一場「生命是什麼」的主題演講。他當時提到，自然萬物都趨向於從有序到無序，即熵增。而生命需要透過不斷抵消其在生活中產生的正熵，使自己維持在一個穩定而低水準的熵值上。所以，生命以負熵為生。

熵增定律揭示了自然界在時間上具有方向性。也就是說，在沒有外界條件影響和干預下，任何一套物質系統內部的熵總是隨著時間的流逝而增大，最終該系統處於完全混亂的狀態，即熵值最大化。克勞修斯由此推導出一個十分荒謬的結論。他認為，按照熵增定律，宇宙也是一套孤立的系統，必然會從井然有序走向完全混亂無序，最終達到熱寂狀態。這個世界沒有永動機，所有系統最終都會因為熵增而走向平衡靜止，即熵死。這麼看來，一切都沒有意義了。

但是，克勞修斯的觀點無法解釋這樣一些客觀事實：在宇宙中，隨著時間的流逝，出現了有嚴密結構的太陽系和各種銀河外星系。隨著太陽系的發展，地球上逐漸形成了具有高度組織結構的生命體。根據進化論思想，自然界中的一切生物都在生存鬥爭和自然選擇的過程中不斷進化和發展。為了適應周圍的環境，它們的構造越來越複雜。整個生物界正是在與環境的鬥爭中，不斷由低級向高級、由簡單向複雜進化。由此可見，生物界的進化並不是沿著混亂、滅亡的方向發展，而是如進化論所揭示的那樣，生物越向高一級進化，其體內構造越複雜和有序。

隨著人類的出現，有組織的人類群體活動的社會出現了，而社會的演化也是從簡單到複雜地發展著。隨著人類的物質生產活動和精神活動的複雜化，社會組織的層次越來越多，分工越來越細。這些都說明，宇宙中不僅存在向簡單化方向的演化，即存在向混亂、熵增方向的演化，也存在向複雜化方向的演化，即存在向有結構、有次序、熵減方向的演化。這似乎給人們帶來了另外一種認知：在熱力學中描述的物理運動與生物學中描述的生物運動是相互矛盾的。如何解釋這種矛盾？當我們把熵增定律用於組織管理時，其實忽視了一個前提：熵增定律適用於物理學意義上的封閉系統。我們的生活和工作是封閉系統嗎？顯然不是。我們需要新的、適用於開放系統的理論來指導企業經營管理。

解碼商業模式 DECODING BUSINESS MODELS

1. 當外部環境出現動盪與不確定時，協同共生幾乎是唯一的選擇，因為它可以使整體效益大於個體效益總和。
2. 讓好結果有序、自發地發生的過程就是協同。
3. 處在什麼市場生態位，決定了企業需要用什麼樣的協同機制與外部生態系統互動。
4. 常用的協同機制有兩種，即被動協同和主動協同。
5. 組織協同往往指的就是組織管理，管理的過程就是讓無序變得有序，讓有序變得有為。

耗散系統，透過耗散獲得新生

我們經常聽到一些大企業說要建構狼性文化，驅逐企業裡的「小白兔」。這意味著企業失去了活力，失去了在市場中的競爭力。如果說企業是一個生命體，是一套開放系統，那麼當我們在討論諸如「996」工作制、關鍵績效指標、目標與關鍵成果法、狼性文化的時候，其背後的本質是什麼？其實我們談的是如何才能讓企業這套開放系統不斷地保持組織活力。

物理化學家普里高津（Prigogine）認為，關於熱力學，人們只知道熵增的原理，而對熵是從哪兒產生的並不關心，甚至覺得「不可逆現象」作為一種自然現象是沒有研究價值的。在研究不違背熵增定律的情況下生命系統自身的進化過程時，他提出了耗散結構理論。這個理論回答了物理界與生命演化過程中的某些重要問題。他也因此而獲得 1977 年的諾貝爾化學獎。如今，耗散結構理論被越來越多的企業當成了組織管理的基礎指導理論。

普里高津認為，在生命系統中，不可逆過程既包含著死亡的趨勢，又包含著形成高度組織結構的趨勢，這兩者是同時存在的。從微觀層面看，不可否認，任何生命都是逐漸消亡的，這就是一套不可逆的封閉系統。雖然生命的個體會逐漸消亡，但是種群卻在不斷的進化中存續下來，形成了更複雜、有結構、有次序的生命系統。從宏觀角度看，這又是一套開放系統。而且正如普里高津所說，生命是一套耗散系統。

這一章，我將從如下 3 個部分來詳細介紹如何建構企業的耗散系統，才能讓組織充滿活力。

- 我們生活在封閉系統中，還是生活在開放系統中？
- 為什麼要建立耗散結構？
- 企業如何建立擁有耗散結構的組織體系？

企業是一套開放系統

人類曾經幻想有一個這樣的世界：沒有貧窮，沒有疾病，不存在饑荒，不存在資源不足，一切都是充足的，一切都是美好的。這就是烏托邦最基礎的定義，也是人類最終的夢想。

二戰結束後，美國經濟蓬勃發展，進入城市化階段，很多人擔心城市中密集的人口會造成嚴重的後果。為此，1960 年代，美國生態學家、動物行為學家約翰・卡爾宏（John B. Calhoun）在相關機構的資助下，設計了一個「老鼠烏托邦」。老鼠烏托邦設在一個農場的倉庫中，面積很小，最早的「居民」是 4 雄、4 雌共 8 隻老鼠，卡爾宏稱它為「25 號宇宙」。

在 25 號宇宙中，有專人負責餵養老鼠和打掃衛生，還有專業的醫生負責老鼠的健康問題，沒有疾病，也沒有天敵，可是老鼠的種群數量仍然出現了很大的問題，沒有出現想像中的「人口爆炸」。當老鼠的數量達到 2,000 隻的最高峰後，開始快速減少。實驗進行了 1,780 天後，所有老鼠都死去了。

沒有疾病，也不需要擔心食物，為什麼 25 號宇宙裡的老鼠還會滅絕呢？卡爾宏認為，老鼠和人類一樣，也是社會性動物，並且老鼠的智商很高。最初的 8 隻老鼠進入這個烏托邦後並沒有急著投入完美的幸福生活，而是在完全探索整個區域後，為劃分領地而相互鬥爭。直到明確了各自的領地區域，老鼠才以家庭為單位形成一個個小團體，為了繁殖和領地而爭鬥。

隨著時間的推移，新生代老鼠的行為越來越詭異：牠們開始攻擊同類，被攻擊的一方甚至不會反抗；雌性老鼠不再依靠雄性老鼠；雄性老鼠沒有了繁殖的欲望，尋找距離地面很遠的地方生活，越來越散漫，對領地保護不在意；雌性老鼠為了保護幼崽變得攻擊性極強，頻繁更換居住地，卻常常遺忘幼鼠。最終這個老鼠烏托邦中的繁殖行為完全停止。

卡爾宏觀察發現，當新生代老鼠在群體中找不到自己的位置時，牠們寧可選擇結束自己的生命。如果生活在野外，那麼這些新生代老鼠可以去尋找自己的夢想，開拓新的領地。但是在 25 號宇宙中，居住地被各種團體迅速占領，牠們找不到自己的社會定位。沒有家庭願意收留牠們，牠們就像不屬於這個社會，不屬於這個老鼠烏托邦一般，在「完美」的 25 號宇宙中迷失了自我。

在企業的發展過程中，隨著企業規模的不斷擴大，管理層級越來越多，各種資訊的流通越來越慢，管理的效率也越來越低，甚至出現了大企業病。這個詞指的是企業發展到一定規模之後，內部管理及運行機制等方面滋生出阻滯其繼續發展的種種危機，導致企業逐步走向倒退甚至衰敗。那些臃腫的大企業就像 25 號宇宙一樣，試圖控制一切。它們誤以為人類社會就是一套封閉系統，一切皆可按頂層設計和計畫執行，但結果往往事與願違。老鼠烏托邦的失敗恰恰反映了一個事實：人類社會不是封閉系統。

普里高津認為，封閉系統只是物理學意義上的概念，在現實世界中並不存在。封閉系統理論無法解釋為什麼生命會在現實世界中不斷進化存續下來，並且形成更複雜、有結構、有次序的生命系統。我們需要一種適用於開放系統的理論來解釋和指導現實世界。耗散結構理論滿足了我們的需求。為了更好地理解耗散結構，我們有必要先了解物理學和生物學視角下的系統形態和幾個基本概念：孤立系統、封閉系統和開放系統。

孤立系統是指，與外界環境不發生任何相互作用的系統（見圖 11-1）。也就是說，外界的物質和能量不能進入該系統，系統內部的物質和能量也不能向外界耗散。它完全遵循熵增定律，最終走向純粹的無序狀態。

圖 11-1 孤立系統

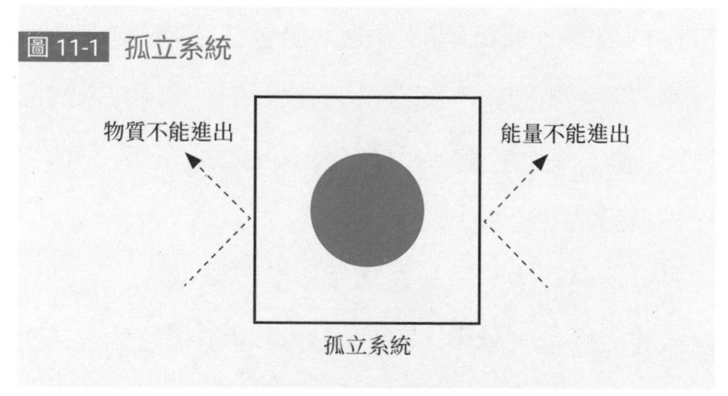

資料來源：《控制論與科學方法論》，金觀濤等著。

所謂封閉系統，是指與外界環境有能量交換但沒有物質交換的系統（見圖 11-2），例如地球可以近似地被看作是這樣的系統。如果我們忽略從太空向地球降落的流星和宇宙塵埃，那麼地球只和其他天體發生能量交換的關係，即不斷和太陽及其他恆星產生能量交換關係。

圖 11-2 封閉系統

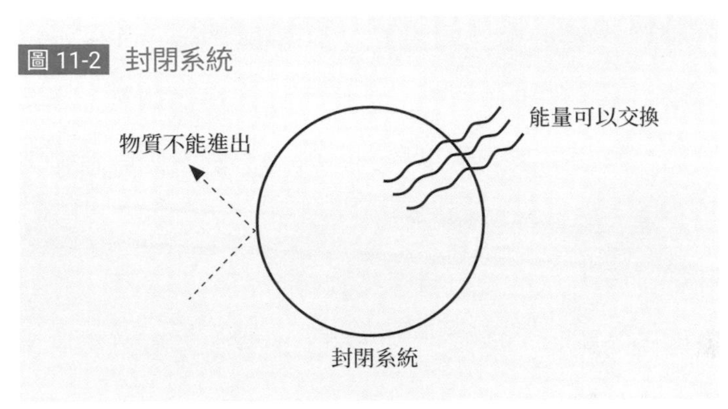

資料來源：《控制論與科學方法論》，金觀濤等著。

所謂開放系統，是指與外界發生物質交換和能量交換的系統。我們生活的世界就是開放系統，生命、城市、社會等都是開放系統。開放系統最顯著的特徵就是，它與環境發生密切的關係始終處於與環境相互作用的活動狀態。比如，一座城市既要不斷從外界輸入食物、燃料、不同的人，又要向外界輸出產品、垃圾和廢料等。

普里高津指出，在自然界中，任何系統原則上都是開放系統。事實上，像孤立系統這類完全與環境無關的系統是不存在的，它只是物理學家在進行科學研究時設想的一種理想狀態，就像老鼠烏托邦一樣。他還認為，社會和生物結構的一個共同特徵是產生於開放系統，而且，從嚴格意義上講，熵增定律只適用於孤立系統和封閉系統。這種組織只有與周圍環境的介質進行物質和能量的交換，才能維持生命力。

企業是一個生命體，是一套開放系統，在生態環境中無法獨立存在，需要與外界進行物質和能量交換以維持生命力。**我們在規劃和管理一家企業時，不是在對一套封閉系統進行頂層設計和規劃，而是要設計一套具有耗散結構的開放系統**。當企業與外界進行物質和能量交換時，環境中存在非常複雜的相互關係，並不遵循我們平日裡所熟悉的那種「如果……就……」的機械邏輯。我們不僅無法預測某一變數改變會產生什麼結果，也無法為某一結果找到準確的原因，因為背後涉及的因素太多，複雜到讓人難以理解。

當我們逐步放棄對企業的精確控制時，企業就會產生自我調整、自學習和自我進化的能力，會像生物一樣，形成群落，互相共生，自我進化成更好的物種。

建立耗散結構，讓有序結構自發出現

協同的底層邏輯是從無序到有序，而建立耗散結構的目的就是讓有序結構自發出現。

接下來透過一個實驗展示，看看什麼是有序的結構，它是如何出現的。這個實驗很簡單：準備平底鍋和幾個雞蛋，往鍋裡加水，等水快燒開時，像煮荷包蛋一樣把打開的雞蛋放進鍋裡，多放幾個，慢慢加熱，仔細觀察鍋裡的變化。平底鍋的水面會逐漸出現一些六邊形蜂巢狀的結構（見圖 11-3）。鍋裡有幾個雞蛋，就可能出現幾個這種結構。雞蛋明明是圓形的，出現的結構也應該是圓形的，怎麼會是六邊形的？這種著名的物理現象是在混沌系統中產生的一種自我組織模式。

圖 11-3 六角形蜂巢狀結構

資料來源：《控制論與科學方法論》，金觀濤等著。

1900 年，法國物理學家亨利．貝納德（Henri Benard）做了一個實驗，這個實驗也被稱為「貝納德對流實驗」。透過它可以發現：無須太複雜的開放形式，只要有簡單的能量交換，系統就能夠自發地產生有序的結構。煮雞蛋形成六邊形的原理和貝納德對流實驗的原理一樣。均勻加熱水準容器中的液體，當液體上下層的溫差超過一定閾值時，穩定的熱傳導就會被不穩定的對流模式取代（上面冷，下面熱），從而自發形成正六邊形的蜂窩狀結構，每個六邊形中間的液體向上流動（熱向上），邊界處液體向下流動（冷向下）。這樣液體就形成了一種上下對流的新結構（見圖 11-4），即耗散結構。耗散結構的形成是一個從無序（混亂運動）到有序（規律運動）的過程。

「耗散」的稱呼源於這個結構存在的目的，即把能量釋放掉，而且是快速釋放掉。為什麼溫度差必須達到一定的閾值？因為如果溫度差不夠大，那麼液體透過熱傳導作用往上傳遞釋放能量的過程會是漸進且緩慢的。而當溫度差達到一定閾值時，僅靠熱傳導作用已經無法快速釋放

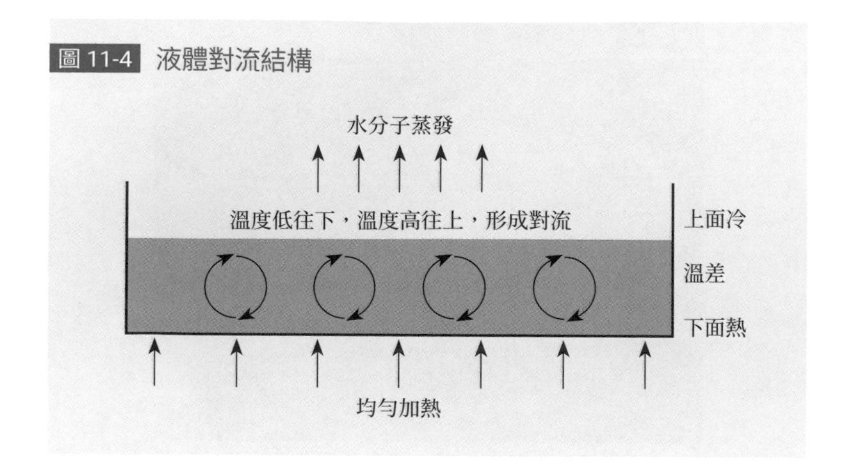

能量，所以必須透過集體運動來快速釋放能量。在耗散過程中，原來的無序狀態轉變為有序狀態，形成新的有序結構，即耗散結構。普里高津認為，耗散結構的形成需要具備 3 個基本條件。

第一，必須是開放系統，可以與外部進行物質和能量交換。這個問題在前面已經討論過，孤立系統在自然界中幾乎是不存在的，因為其內部只有熵增，所以必然從有序走向無序的熵值最大化狀態，走向熱寂狀態。而開放系統可以與外界交換物質和能量，從外界輸入負熵流來抵消本身的熵增，使系統的總熵值逐步縮小，實現動態平衡。只有這樣的系統才可能從無序走向有序。所以，耗散結構必須建立在開放系統的基礎上。

第二個，系統必須遠離平衡態。處於平衡態的系統，只要沒有外力的作用，無論經過多少時間，其自身都不可能出現有序結構。養魚的人都知道，魚缸裡的水長期不換就會發臭，魚會死，因為水底缺氧，發出臭味的厭氧微生物大量繁殖。在這種情況下，哪怕換了水，水很快又會發臭。根本原因在於魚缸是封閉系統。解決方法其實很簡單，就是在水底裝一個小水泵，讓水底充滿氧氣。我們經常用「一潭死水」來形容一成不變、故步自封、因循守舊的狀態，這就好比當一個湖泊的進水口和出水口都被堵住了，湖泊變成了封閉系統，和外界只有能量交換而沒有物質交換，熵值因此不斷增大，最後湖泊變成一潭臭水。

第三個，系統內部必須存在非線性作用。線性作用引起漸變，非線性作用引起突變。只有當漸變達到一個臨界值時，才能發生突變。就像水從低溫到高溫的加熱過程，如果沒有持續加熱到 100 度這個臨界值，那麼不管加熱多長時間，水只會保溫，而不會沸騰。

前面提過，系統內部的要素按照一定的規則連接，並且產生正回饋和負回饋的動力機制。而按照耗散結構的理論，要素與要素之間的相互作用又分為兩種情況：線性作用和非線性作用。線性作用的特點是具有疊加性，也可以被稱為「整體等於部分之和」。熊彼特曾說過，無論把多少輛馬車連續相加，都不能造出一列火車出來。因此，線性作用無論有多大的累積都不會產生新的性質，當然，也不會形成新的結構。非線性作用具有相干性，也就是對象之間存在著相互作用，不是簡單的數量疊加，而是相互制約，相互耦合，形成一種完全不同於各部分的整體。當相互作用達到一個臨界值的時候，新的整體效應就產生了。

比如，一個人從小學開始讀書，背了很多詩詞，好像沒派上什麼用場，直到上大學之後，才學會了獨立思考，看問題更加有深度，思考更有邏輯，做事更加有方法，這些其實都是他讀過的書、經歷過的事所產生的非線性作用。「腹有詩書氣自華」這句話或許是非線性作用最好的表達。如果只是線性疊加，那麼一個人背再多的古詩也只是在堆積知識而已，只有當這些詩詞闡述的道理成為他言行舉止的一部分時，他才可能產生優雅氣質。

再比如，雷射是在光子的非線性作用下產生的。如果沒有非線性作用，那麼再多的普通光疊加在一起，也只能被稱為「一束光」，而無法產生雷射。因此，非線性作用是形成耗散結構的重要條件之一。

企業如何才能建構具有耗散結構的組織體系呢？

接下來，讓我們回到 25 號宇宙的案例中。在某種程度上，它映射出某些企業的封閉形態，它們一旦脫離政策的扶持和保護，將立刻失去競爭力。我們試著做一個思想實驗：如果引入形成耗散結構的 3 個基本條件，那麼 25 號宇宙是否可以形成有序的耗散結構？

首先，如果 25 號宇宙從封閉系統變成開放系統，那麼更多的老鼠就會進來（暫時忽略其他高等動物），牠們會帶來不同的物質和精神財富。要想引入更多有能力的「鼠才」，系統就需要提供多樣性吸引條件，而 25 號宇宙已有的各種穩定福利對外部的「鼠才」來講的確很有吸引力。

開放系統會讓 25 號宇宙變得更加開放和包容，對外策略也將從競爭變成合作。前文提到過，協同共生將是未來商業的主旋律，而協同意味著開放，既競爭又合作，企業必須在自己的生態位上為整個生態系統提供服務。

其次，當開放系統與外界發生資源交換時，如果系統輸入的資源大於排出的資源，那麼系統就達到了遠離平衡態，從而不斷迸發活力。

某些企業裡存在「晉升天花板」，當員工升到某個位置時，無論怎麼努力也不可能再得到職位晉升。這也意味著企業處於平衡態，進入溫水煮青蛙模式，失去活力。所以，這類企業需要改變「鐵飯碗」機制，讓員工意識到沒有一個人的位置是絕對穩固的，甚至連董事長的位置都可能不是固定的。

在資源有限的 25 號宇宙中，當更多有能力的「鼠才」進來之後，競爭態勢必定變得越發激烈。老鼠們為了生存就需要提升自己的競爭力，同時耗散掉多餘的能量。也就是說，系統不僅要有「鼠才」引入機制，還要設定淘汰機制，就像企業設定績效考核一樣。有了淘汰機制，那些跟不上發展的、想躺平的老鼠就會被淘汰出 25 號宇宙，老鼠們將真正明白適者生存的道理。總的來說，讓系統遠離平衡態，就是要讓組織流動起來。

最後，系統內部的各個要素之間產生非線性作用，從而形成協同作用和相干效應。開放系統和遠離平衡態會使 25 號宇宙生存環境產生不確定性。在這種情況下，為了提高生存能力，不被淘汰，老鼠們會既競爭又合作，形成更多社群或者自我組織。為了解決一個問題，它們會自發形成組織，找到最佳解決方案，實現群智湧現。

還記得前文講過的向鳥類學習組織進化嗎？ 25 號宇宙中的老鼠們為了獲得生存能力，會去嘗試新的行為，從而影響群體，形成集體進化，甚至可能創造出 26 號宇宙。這就是非線性作用，它是結果，是開放系統和遠離平衡狀態的過程產生的群智湧現的結果。

在中國，把耗散結構發揮得淋漓盡致，甚至把它當成經營哲學的企業，非華為莫屬。接下來，我們一起了解任正非眼中的耗散結構。

上文提到耗散結構形成的條件有 3 個核心特性：開放系統、遠離平衡態、非線性作用。接下來，我們分別從這 3 個面向分析華為的耗散結構。

向華為學習如何建構耗散結構

熵增定律只適用於孤立系統和封閉系統。這告誡我們不要讓自己或者組織變成封閉系統，否則就會熵增。當我們生活在微觀層面的開放系統中時，面對的問題將不再是單純的熵增或者熵減，而是如何平衡無序和有序，因此需要尋找更有指導意義的方法論。一個企業想要避免熵增，就要建立耗散結構的組織體系。

有一次任正非與中國人民大學教授黃衛偉交流了管理話題。黃教授把熵增定律介紹給了他。任正非發現，自然科學與社會科學有著同樣的規律。他認為，企業發展也會隨著熵增而逐步走向混亂，最終失去發展動力。自此之後，熵增定律成為他領導華為的核心指導思想之一。

任正非認為，企業要想生存，就要逆向作功，把能量從低到高抽上來，增加影響力，這樣就發展了。人的天性就是要休息、舒服，追求天性的企業是無法發展的。由此，華為誕生了「厚積薄發」的管理理念和「以客戶為中心，以奮鬥者為本，長期艱苦奮鬥」的價值觀。

他在一次市場大會上提到：華為長期推行的管理結構就是耗散結構。有能量就一定要消耗掉，透過耗散使公司獲得新生。什麼是耗散結構？一個人每天去跑步鍛鍊身體，就是耗散結構。為什麼？因為耗散掉身體多餘的能量，就能增加肌肉量，促進血液循環。能量消耗掉，人就不容易得糖尿病，也不容易肥胖，身材苗條，人變漂亮了，這就是最簡單的耗散結構。

任正非說過，不是耗散結構的組織，終將滅亡。他反對自主創新，不認同一些企業把自主創新當成口號天天喊的做法。他認為，自主創新會把華為變成封閉系統。封閉的系統最終是要走向熵死的，所以華為堅持的是開放合作的理念。

那麼，華為是如何打造耗散結構的？可以把華為的耗散結構分為企業宏觀和個人微觀兩個層面來探討。從企業宏觀層面看，如果把華為視為一個生命體，那麼它在策略層面上做了什麼能產生熵減的事情來對抗策略層面的熵增？從個人微觀層面看，華為在全球有 20 萬名員工，每名員工都是華為這一系統的構成要素。如何激發這 20 萬人的組織活力，對抗組織心智固化和熵增問題？如何判斷企業處於有序還是無序、熵增還是熵減的狀態？判斷標準即是否能為客戶持續創造價值。

◆開放性策略：厚積薄發，開放合作

華為的開放性在策略層面上主要體現為兩點：厚積薄發和開放合作。2019 年 5 月，美國政府先後打出兩記絞殺華為的「組合拳」：一是簽發總統令，禁止所有美國企業購買華為設備；二是美國商務部工業與安全局將華為列入一份威脅美國國家安全的實體清單中，禁止華為從美國企業購買技術或配件。

5 月 16 日晚，華為發表聲明，反對美國將華為列入實體清單的決定。隨後曝光的兩封華為內部郵件顯示，華為對此早有準備。這兩封郵件中的一封來自華為總裁辦公室，其中指出：「公司在多年前就有所預計，並在研究開發、業務連續性等方面進行了大量投入和充分準備，能夠保障在極端情況下，公司經營不受大的影響」。

另一封郵件來自華為旗下的半導體企業海思，海思總裁在郵件中寫道：「多年前，還是雲淡風輕的季節，公司做出了極限生存的假設，預計有一天，所有美國的先進晶片和技術將不可獲得，而華為仍將持續為客戶服務。為了這個以為永遠不會發生的假設，數千海思兒女走上了科技史上最為悲壯的長征，為公司的生存打造『備胎』。」海思用這封信件正式對外宣告「備胎轉正」。一夜之間，「備胎轉正」的郵件被各大社交媒體爭相轉載。

「居安思危，思則有備，有備無患，敢以此規」。華為的準備不止於海思，早在 2012 年成立的華為諾亞方舟實驗室，已經說明華為具有做好最壞打算的危機意識和求生欲望，所以才修煉內功以待不測。而這些準備都源於厚積薄發策略。華為的厚積薄發策略體現在把物質財富密集投入研發領域，在策略聚焦領域，進行多路徑、多梯隊、「范佛里特彈藥量」[1] 投入。華為財報顯示，2021 年華為的研發費用為 1,427 億元人民幣，占總收入比重約為 22.4%。在此之前的 10 年裡，華為在研發領域的累計投資已經超過 8,450 億元人民幣。這種厚積薄發策略，把企業物質財富轉化為企業發展能量，強化了內生動力。

「厚積薄發」這個詞本身像在描述能量守恆系統，用在企業身上，則偏重於強調企業內生動力的循環往復。任正非有一次接受採訪時稱，華為最大的問題在於賺錢太多。他也意識到，錢太多意味著公司累積的能量太多，會造成組織「富貴病」，形成熵增，所以一定要想盡辦法把能量消耗掉。消耗的方法不是把錢分給員工或股東，任正非說：「我們不會分給員工，員工變得肥肥胖胖的，就跑不動了；也不能分給股東，股東太有錢，太重視資本利益，不行，要合理。我們要把錢更多放到前端投入中。」這樣做可以消耗掉物質財富儲備，避免企業因過度累積財

1　范佛里特彈藥量，原指不計成本地投入龐大的彈藥量進行密集轟炸和炮擊，以向對方實施壓制和毀滅性打擊，從而高效殲滅對方戰力，使其難以組織有效的防禦，最大限度地減少己方人員的傷亡。

富而失去危機感，進而失去發展動力。

◆開放性策略：協同創造共生價值

能量守恆系統本質上是封閉系統，而耗散系統必須開放。華為的開放性策略體現出的特點是「創造共生價值」。

「一個人不管如何努力，永遠也趕不上時代的步伐。只有組織起數十人、數百人、數千人一同奮鬥，你站在這上面，才摸得到時代的腳。」任正非強調，自己創建華為時，不是親自去做專家，而是做組織者。因而華為不斷從國際上引進 IBM 諮詢、埃森哲、波士頓諮詢公司等機構提供的高效管理經驗，推動自身管理變革，不斷累積組織能力方面的能量。吸收經驗之後，華為採取了諸如整合式產品開發、整合式財經服務等多方面的管理變革，在管理創新、組織結構創新、流程變革上不斷進步，從而為成為一家國際化公司奠定了強大的根基。

在業務和產品創新上，華為也充分展現出了開放性態度。2019 年 5 月末，任正非簽發了組織變動文件，正式決定成立華為智慧汽車解決方案事業部（簡稱「車 BU」）。車 BU 被定位為智慧汽車領域的端到端業務的責任主體，提供智慧汽車資訊與通訊技術（Information And Communication Technology，ICT）零組件和解決方案。在這封文件的最後，任正非還幽默地寫上一句讓車企安心的話：「華為不造車，華為只幫助車企造好車。」

華為把自己定位為「成長零組件供應商」，其現任副董事長徐直軍表示，未來有自動駕駛能力的電動汽車，除了底盤、4 個輪子、外殼和座椅外，剩下的都會是華為擁有的技術。這種做法用毛澤東的話來講，就是團結一切可以團結的力量。

任正非經常說，華為要建立開放的結構，促使數萬公司一同服務於資訊社會，以公正的秩序引領世界前進。在一次採訪中，他進一步提出：「第一，熱力學講不開放就要死亡，因為封閉系統內部的熱量一定是從高溫流到低溫，水一定從高處流向低處，如果這個系統封閉起來，沒有任何外在力量，就不可能再重新產生溫差，也沒有風；第二，水流到低處不能再回流，那是零降雨量，那麼這個世界全部是超級沙漠，最後就會死亡，這就是熱力學提到的熵死。社會也是一樣，需要開放，需要加強能量的交換，吸引外來的優秀要素，推動內部的改革開放，增強能量。外來能量是什麼呢？外國的先進技術和經營管理方法、先進的思想意識衝擊。」

◆ 開放性策略：組織能量的開放性

2013 年，任正非發表講話，說自己把「熱力學第二定律」從自然科學引入社會科學中，就是要拉開差距，讓組織中數千中堅力量帶動 15 萬人的隊伍滾滾向前。華為要不斷激勵自己的隊伍，防止熵死，不允許出現組織「黑洞」（怠惰），不能讓怠惰吞噬了組織的光和熱及活力。

2007 年 5 月，華為在人力資源上做了一次驚人的調整：補償 10 億元人民幣，鼓勵 7,000 名員工辭職再重新招聘入職。對此，華為的解釋是：由於公司逐漸出現「工號文化」，因此對內部分配的不和諧做一些調整，讓公司更有活力。這次調整所涉及的 6,687 名中高級幹部和員工中，有 6,581 名重新簽約入職，此外共有 38 名員工自願選擇了退休或病休，另有 52 名員工出於個人原因自願離開公司，還有 16 名員工因績效及職位勝任等原因與公司友好協商一致後離開。

把人的活力充分激發出來，這個過程是痛苦的，也是反人性的。這就是為什麼企業需要耗散結構。對此，任正非的解釋是公司透過多付錢換來員工熱愛，不一定能持續，因此要把這種對企業的熱愛耗散掉，用奮鬥者和流程優化來鞏固。奮鬥者是先付出後得到，與先得到再熱愛有一定的區別，這樣就進步了一點。華為要透過把潛在的能量耗散掉，形成新的能量。

華為把組織的耗散結構稱為「人力資源水泵」。

「人力資源水泵」的工作原理是透過價值分配來撬動價值創造。任正非認為，企業的活力除了來自目標的牽引，來自機會的牽引以外，還在很大程度上受利益的驅動。因此，價值分配系統必須合理，只有使那些真正為企業做出貢獻的人才得到合理的回報，企業才能持續地迸發活力。

華為對價值分配系統的打造，主要體現在兩方面。第一，讓員工 100% 持股，充分調動員工的積極性和活力，用利益分配驅動人性。任正非說華為永遠不上市，因為上市了就會被資本市場綁架，每天都得為了成長而努力。華為採用了全員持股機制，使整個組織的內生動力更強，避免了能量分流，讓員工能長期堅持。第二，讓勞動者獲得更多價值分配，在分配方面打破平衡、不拘一格。在薪酬分配方面，華為透過及時和破格提拔優秀人才來拉開員工薪資待遇差距，沖淡員工的怠惰情緒。這就是任正非經常說的「要給火車頭加滿油」，即在利益分配上向創新者和奮鬥者傾斜。

◆遠離平衡：華為的微觀永動機模型

系統的狀態可分為平衡態、近平衡態和遠離平衡態。具有耗散結構的系統是遠離平衡態的系統，當系統處於平衡態和近平衡態時，熵值會不斷增大。當開放系統與外界發生資源交換時，當輸入系統的資源大於排出系統的資源時，系統就遠離了平衡態，從而不斷迸發活力。

生物能夠不斷進化的核心不是某種生物越來越強壯、越來越聰明，而是不斷淘汰不能適應環境的個體生物。開放競爭是生物進化的不二法則，同樣的法則也適用於企業。換句話說，就是企業必須遠離平衡態。華為正是這樣做的。華為有一個「微觀永動機模型」，顧名思義，永動機就是要讓系統自我循環，永不停歇。但華為的不停歇不是要保持平衡態，而是要不斷打破平衡態，主要體現在兩方面。

第一，在組織結構上炸開人才金字塔的塔尖，實現全球能力中心的人才布局，華為的人才機制經歷了從原來封閉式的金字塔結構到炸開金字塔塔尖的轉變，因為只有把組織結構從封閉的變成開放的，才能容納世界級的人才。為了吸引和留住人才，華為可以在外籍專家所在地設立能力中心。比如，在俄羅斯設立數學演算法研究所，在法國設立美學研究中心，在日本設立材料應用研究所，在德國設立工程能力中心……華為在吸引人才方面可以說是不惜一切代價，不僅高薪聘請大學應屆的「天才少年」，還為了引進人才不設薪酬上限。

第二，幹部流動和賦能機制制度化，培養未來領軍人物。人在一個位置上待久了，必然會產生惰性，如何對抗這種組織熵增？讓人員流動起來。比如前面提到的鼓勵 7,000 名員工辭職再重新招聘入職，據說連任正非的員工編號都因為重新入職而改變。

◆非線性作用：打造華為的活力引擎

如果水一直在低溫狀態下加熱，那麼水永遠不會沸騰。只有當溫度達到一個臨界點時，水才能形成一種新的狀態和結構。這就是系統的「湧現」，也稱為「突變」。

華為的價值觀強調的是「以奮鬥者為本」。這個價值觀界定了它不是一家「以股東利益最大化」為己任的公司，而是一家以「奮鬥者先於股東」為標準進行價值分配的制度創新型企業。過去 30 年，華為員工的年平均收入之和與股東分紅的比例大致是 3：1。

徐直軍曾經說，華為作為一家民營企業，走的都是艱難的路，完全不是一般人理解的民營企業應該走的路。2013 年，一位企業家接受採訪時所說的話從側面給予了印證：「任正非比我敢冒險，他確實從技術角度一把就敢登上去，他是走險峰上來的，他摔下來的時候會很重。我基本上都是領著部隊行走 50 里，然後安營紮寨，大家吃飯，再接著往上爬山……」別人該上市的時候上市，華為不上市；別人該投房地產的時候投房地產，華為不投；別人有錢就投到其他領域，華為天天投研發。徐直軍所說的正是讓華為這盆水能夠到達沸騰的臨界點，實現非線性發展的原因。

根據貝納德對流實驗，到達臨界點時，微觀的無序運動會自發地在宏觀尺度上變得有序，形成一個新的結構——六邊形對流花紋。

華為所處的資訊與通訊技術產業本身充滿了非線性發展的不確定性和挑戰，它無須刻意營造非線性環境。從耗散結構的角度看，非線性作用引起了突變。只有在一種新的結構下，才能產生突變。這就好比電腦的作業系統，在一套舊的作業系統下，增加再多的程式也只是線性提升。只有在一套新的作業系統下，才能產生新的結構和典範的轉變。線性系統發生變化，往往是逐漸進行的。而非線性系統發生變化，往往有性質上的轉化和跳躍，也就是有我們所說的「從量變到質變」。

當受到外界影響時，線性系統會逐漸地做出回應，非線性系統則很複雜，有時對外界信號拒不理睬，有時又反應激烈。這時，為系統建構一定的容錯機制就很重要，因為沒有容錯機制的系統是脆弱的、沒有免疫力的，將隨時面臨系統癱瘓的結局。

解碼商業模式 DECODING BUSINESS MODELS

1. 我們需要一種適用於開放系統的理論來解釋和指導現實世界。
2. 人類社會是一套開放系統，企業也是一套開放系統，在生態環境中無法獨立存在，需要與外界進行物質和能量交換以維持生命力。
3. 建立耗散結構的目的就是讓有序結構自發出現。
4. 形成耗散結構需要具備 3 個基本條件：必須建立在開放系統的基礎上，系統必須遠離平衡態，系統內部必須存在非線性作用。

12 免疫系統，建構企業的容錯機制

我們身邊可能會有很多易怒、易暴躁的人，他們像一台搭載著被病毒感染過的系統的電腦，大腦隨時可能失控、「當機」。第一個把人的大腦比喻成電腦系統的，是「現代電腦之父」馮紐曼（John von Neumann）。晚年的他有一本未完成的書，後來由耶魯大學出版社結集出版，書名是《電腦與人腦》（*The Computer and the Brain*）。在這本書中，他提出了「容錯」概念。如果一套系統不能容錯，那麼它是脆弱的。畢竟任何在現實世界裡運轉的系統所面對的，必然是不完美的、不理想的、各種意外都有可能發生的現實狀況。遇上一點問題，就直接停止運轉，那樣的系統基本上就是廢物。

舉例來說：我經常在不同平臺上發表文章，由於眾口難調，因此文章下面肯定會有贊同和反對的評論。不過，我提前給自己設置了如下容錯機制：

- 跟支持我觀點的人交流。（點讚）
- 如果對觀點有誤解的人比較多，那麼我會有選擇地加以解釋。

（換種方式溝通）

- 對那些有建設性的意見，虛心接受。（回饋迭代）
- 對那些不經思考就否定的評論，一概不理。（停止溝通）

這就是一種簡單的容錯機制。小到個體，大到一個企業、一個國家，都需要有容錯機制。企業有了容錯機制，就不會因為一個人或者一件事而停止運轉。**容錯機制是企業的免疫系統，讓企業在抵抗外部環境的不確定性時，可以確保內部系統不會癱瘓**。有的企業甚至可以在抵抗外部不確定性的過程中獲益，從而進一步提升自身的免疫力。

本章我們將圍繞如何建立企業的免疫系統，討論如下 3 個部分：

- 不確定性就一定是風險嗎？
- 容錯機制的本質是什麼？
- 在不確定性環境下，企業如何建構免疫系統？

不確定性一定是風險嗎

我們通常認為未來是不確定的，所以常常焦慮，為錢焦慮，為家庭焦慮，又或是為健康焦慮……雖然焦慮的對象不同，但是歸根究柢，都是對不確定的未來的焦慮。為了抵抗焦慮，我們努力工作賺錢，增加儲蓄，鍛鍊身體以防生病……其實，我們所做的種種努力，都是有計畫的預防措施，是為了讓自己在危機來臨時有能力抵抗風險。

只不過，我們不得不面對一個現實：真正給我們的人生帶來巨大影響的，恰恰是那些無法預估的事情。1997 年的亞洲金融危機、2001 年的「911」事件、2007 年的美國次貸危機、2017 年的英國脫歐等，都是無法預估的事情。人類的智慧再高，也無法逃避一個事實：風險是無法提前預測和規避的。只有理解風險，提高自身的免疫力，才有可能利用風險，獲得收益。

雖然暢銷書《黑天鵝》（*The Black Swan*）裡對美國次貸危機做了預警，但華爾街的分析師們沒把預警當回事。不久，美國次貸危機爆發，影響迅速蔓延至全球金融市場。後來，「黑天鵝」成為那些難以預測的罕見重大事件的代名詞。

有人把不確定性等同於風險，其實這是不對的。約翰．梅納德．凱因斯（John Maynard Keynes）說過，所謂風險，是知道會發生什麼，只是發生的可能性是隨機的，是有一定機率的。比如擲骰子，可以肯定的是不管怎麼擲，骰子的數字都是 1 ～ 6，且每個點數出現的可能性為 6 分之 1，但究竟會擲出什麼點數則是隨機的，這就是風險。而不確定性是指我們不知道將會發生什麼，可能發生好事，還可能發生壞事，也可能維持現狀。與風險相比，不確定性讓我們更加恐懼和不安。

「黑天鵝」代表小機率的重大事件，特點是不可預測、影響重大。比如二戰、日本核電廠事件等，都是「黑天鵝」，都在一定程度上對整個世界的格局產生了重大影響。《黑天鵝》的作者納西姆．尼可拉斯．塔雷伯（Nassin Nicholas Taleb）認為，人類歷史不是緩慢爬行的，少量的「黑天鵝」引導著社會從一個斷層飛躍到另外一個斷層，也決定著每一個人的生活走向。

企業身處充滿不確定性的世界中，面對的不一定是風險，也有可能是隨時可能出現的各種無法預測、影響重大的「黑天鵝」。而企業應對不確定性的唯一方式就是建立應對「黑天鵝」的容錯機制，打造自身的免疫系統。

容錯機制的本質是多樣性

在回答容錯機制的本質是什麼之前，我們先來看一個例子。2021年，「樊登讀書」一年的收入達10億元人民幣，僅「雙11」期間，樊登讀書的會員卡就賣了4億元人民幣。著名商業顧問劉潤問樊登：「你是怎麼做到的？抖音上哪兒來這麼多粉絲？」樊登說：「我不知道。」劉潤又問：「那你們公司有多少個抖音號？『雙11』期間哪個地區的會員卡銷售得最多呢？」面對這些問題，樊登的回答全部都是「我真的不知道」。

劉潤感到非常詫異，一個什麼都不知道的老闆，是怎麼把營業額做到10億元人民幣並讓公司運轉得不錯的？樊登的回答是這些事都是團隊在做，公司的CEO負責管理。他說：「我之所以能夠放手讓團隊去決策大小事，自己不太參與公司的管理，是因為我首先克服了恐懼和自負。很多創始人不願意放手讓別人管公司，主要是來自恐懼和自負。恐懼就是我老怕這幫人坑我，沒辦法真正相信別人。自負就是總覺得自己很聰明，自己是對的。」樊登認為，老闆恐懼和自負，一看到員工犯錯就無法接受，但是自己犯錯就覺得別人應該理解他，其實都是因為他不能容錯。

只有在一個具有容錯機制的企業裡，團隊才能自我學習，變得更加強大。如果企業因為某一件重大事情出了問題而迅速走向衰敗，那麼根源可能在於缺少容錯機制，即缺少多樣性設計。容錯機制的本質是多樣性。

工程學裡有一個概念，叫「冗餘」，是馮紐曼在1950年代提出的。冗餘設計是多餘的設計或者備份設計嗎，就像汽車的備胎一樣？都不是。冗餘設計的核心是讓系統在有缺陷的情況下依然能夠正常運轉。

舉例來說為了讓一個機器（或者系統）在非正常情況下也能運轉，一些關鍵的元件需要配置一個以上。這樣萬一其中一個元件壞了，機器依然能夠正常運轉，甚至可以在運轉過程中修復或者替換那個壞掉的元件。比如飛機的發動機，中小型民用客機一般掛兩、三個發動機，大型民用客機一般掛四、五個。再比如大型貨車的輪子，一輛貨車有很多組輪子，並且每一組輪子由兩個並列構成，任何單個輪子壞掉，都不會影響貨車的正常功能。

沒有冗餘設計的系統是很脆弱的，就像容錯能力不高的電腦作業系統，一出現 bug 就當機，遇到傷害性大一點的病毒，系統就直接癱瘓。冗餘設計越多，是否就代表容錯能力越強？顯然不是。因為任何冗餘設計都是有成本和代價的。比如，普通汽車只需要4個輪子，配置8個輪子的汽車，其成本自然更高。再比如，一架飛機可以配置四、五個發動機，但是戰鬥機通常只配置一個，重型戰鬥機也才配置兩個，因為配置過多反而影響飛機在戰場上的靈活性和反應能力，這種影響就是成本，或者叫冗餘設計的代價。

容錯能力特別強，是不是一定好？不一定。有時候在某些事情上是需要零容忍的，就像消防警報一樣，該回報就回報，否則會產生嚴重的後果。冗餘設計很多時候會被視為一種資源浪費，因為需要付出一定的成本和代價來維持。但是在不可預測的環境中，冗餘策略卻可以幫助企業抵抗不確定性所帶來的風險，讓企業可以適應環境，從而降低發展的風險。

借用塔雷伯的觀點總結就是，在「黑天鵝」頻發的時代，選擇權可以讓企業具有反脆弱性。

如何建構企業的免疫系統

尼采有句名言：「凡不能毀滅我的，必使我強大。」這句話就是對免疫系統最好的詮釋。提到免疫系統，我們很容易將它跟病毒聯繫起來。病毒是自然界中非常讓人討厭的一種存在，不斷威脅人類的生命，所以科學研究者一直在尋求消滅病毒的方法。雖然不是所有的病毒都能被消滅，但是有的病毒已經不存在了，比如世界上第一個被消滅的天花病毒。天花病毒會引起非常恐怖的急性傳染病。這種病毒早在 3,000 多年前的一具木乃伊上就存在，直到 1980 年 5 月才由世界衛生組織正式宣布已被人類消滅。人類對付天花病毒的方式是打疫苗，實現群體免疫。

人體免疫系統能察覺並抵禦外來入侵，保護機體。免疫系統的功能越強，機體越不容易受細菌、病毒、真菌等的侵害。當一個人的身體被病毒入侵之後，他的免疫系統不會馬上學著如何適應這種新的病毒環境，與病毒和睦相處，而是會拼死抵抗。在免疫系統與入侵病毒激烈交戰時，人的體溫上升，病毒難以在體內存活。不過，這時候人不舒服，感到頭痛、疲憊，消化系統也不舒服。而當免疫系統成功抵抗病毒的入侵之後，人體內就會產生相應的抗體，提高對該病毒的免疫力，不容易被再次入侵。

企業如何像人體一樣建立自己的免疫系統呢？答案是建構具有反脆弱能力和認知多樣性的組織體系。

◆讓組織具備反脆弱能力

既然「黑天鵝」不可預測，為什麼塔雷伯好像能成功預測未來要發生的事呢？1987 年 10 月 19 日，美國爆發股災，道瓊指數單日跌幅超過 22%。塔雷伯對此做了預判，透過做空股市，第一次實現了財富自由。2001 年「911」事件發生，股市大跌，塔雷伯又靠著做空美股大賺一筆。2007 年再次從次貸危機中獲益的塔雷伯憑著《黑天鵝》走向大眾視野。業界形容塔雷伯像買彩券一樣做股票，但跟普通人不一樣的地方在於，他一買就中，而且中的還是頭獎。

在塔雷伯看來，這種百發百中的成績主要源於他對「不確定性」的研究。他後來寫了另外一本書叫《反脆弱》（*Antifragile*），風靡一時。書裡把所有事物分成 3 類：脆弱類、強韌類和反脆弱類。脆弱類事物像玻璃杯，掉到地上就會摔得粉碎；強韌類事物比脆弱類的強一點，像塑膠杯，掉到地上不會碎；而反脆弱類事物就像彈力球，掉到地上不僅不會破碎，還會彈起來。

脆弱類事物喜歡穩定的環境，經不起折騰。環境一旦有變化或者有不確定性發生，這類事物就很容易被摧毀。就像希臘神話裡的達摩克利斯（Damocles），他頭上懸著一把隨時可能掉下的劍，處在這種狀態下的達摩克利斯就是脆弱的。強韌類事物不太依賴環境。這類事物就像塑膠杯，不管有沒有掉到地上都不會破碎，環境的變化對它們幾乎沒有影響。最為突出的，就屬反脆弱類事物。面對外界的環境波動、混亂，它們不但不會受到傷害，反而能利用波動的環境茁壯成長，甚至越挫越勇。它們好比傳說中的九頭怪，長著數不清的頭，每次被砍掉一個頭，馬上就能長出兩個，不僅沒有被消滅，反而會因此更加強大。

在公司裡，我們總是習慣解決問題。老闆們就像救火隊員一樣，出現問題先「救火」，事後再分析原因，然後提出預防方案。雖然這是亡羊補牢，為時不晚，但也是一種脆弱性做法。我們之所以這麼做，一方面是因為有追求確定性的本能，另一方面是因為面對任何問題都慣於尋求當下最好的解決方案（最優解）。但是在充滿不確定性的環境中並不存在所謂的「唯一最優解」，而只有「當前認知下的最優解」。如果真有最優解，那麼從理論上來講，漏洞是可以被補上的，但歷史總是一再重演。2008 年全球金融危機爆發，時任美聯儲主席的艾倫．葛林斯潘（Alan Greenspan）在美國國會發表的致歉聲明裡提到，2008 年的金融危機是之前從來沒有發生過的。

歷史之所以會一再重演，有一個關鍵原因是，複雜系統中變數太多，它們相互作用，因和果之間的關係不是線性的，而是非線性的。也就是說，找到一個因，無法推出一個必然的果，而一個小小的因，也可能帶來我們無法承受的嚴重後果。

「像生命一樣，而不是像機器一樣生存」是建立反脆弱系統的核心，只有反脆弱系統才可以從不確定性中獲益。

從個體的角度看，一個脆弱的人如溫室裡的花，無法抵抗外部惡劣的環境。所以，我們通常會鼓勵孩子去經歷一些困難和挫折，他只要扛住了困難，經歷過失敗，就會逐漸形成反脆弱能力。從群體和組織的角度看，面對風險，個體的失誤反而是好事，因為個體的失誤和學習能為整個群體帶來可供借鑒的經驗和教訓，從而使組織具備反脆弱能力。前面提到的英國山雀和知更鳥的例子，就是典型。

我們把範圍擴大一點，站在自然科學的角度上看，即使一個物種因為某個極端事件完全滅絕了，也不是大事，因為它只是自然的一部分。大自然的演化不服務於某個物種，而是服務於整個自然。反脆弱性的存在，給系統向更完善的階段進化提供了一種可能。組織如何才能具備反脆弱能力，建構企業的免疫系統？

首先，正如塔雷伯的觀點，要避免把自己暴露在負面「黑天鵝」中。換句話講，就是盡量不要進入那些看起來收益不高、投入很大、可能會付出很大代價的領域。比如，對大多數創業公司來說，活下來是最重要的，先不要考慮賺大錢的事。

其次，利用槓鈴策略來培養組織的反脆弱能力。也就是把大部分資源投入線性關係強、收益確定、風險相對較小的領域，同時把少量資源投入風險比較高、收益也很高的非線性區間。不要把時間花在那些中等收益和中等風險的事情上。如果用一句話來形容槓鈴策略，那就是追求低風險、高收益。

有人說風險和收益成正比，風險越高，收益越大。其實，這是誤解。有的外行人會認為風險投資就是高風險的投資，事實恰恰相反，職業投資人追求的正是低風險、高收益的投資。在投一個專案之前，我們需要做幾個月的盡職調查，從業務、財務和法務等環節對專案進行深入調查，最後還要由多人組成的投委會對計畫進行投票。做這些的目的就是把投資風險降到最低，從不確定性中尋求確定性，正如資本圈流傳的那句話「寧可錯過，不可投錯」。

與此同時，也有人在做著高風險、低收益的事情，如大部分散戶。試問有幾個散戶知道買的那檔股票的公司地址在哪兒？更不用說他們做了多少研究了。媒體常散布一些投資傳說，如某個著名投資人見了誰幾分鐘就投了幾千萬美元，這些真的只是傳說而已，千萬別當真。

最後，如果企業想在培養反脆弱能力的過程中更進一步，那就選擇在正面的「黑天鵝」領域中理性積極地試錯，控制損失成本，不斷提高自己成功的機率，進而提高自己在不確定性事件發生時獲益的機率。比如做一個 MVP（Minimum Viable Product，最小可行性產品）模型，小規模測試，然後快速迭代。

有人可能會困惑，創業不是要全力投入，一切盡在掌握嗎？其實不是「一切盡在掌握」有錯，而是我們往往對它有誤解，主要原因在於沒有徹底理解「不確定性」這個詞。創業是從不確定性中尋找確定性，一切盡在掌握的前提是「確定性強」。但人的認知是有限的、不全面的，也不可能是全面的。這就帶來一個新問題，我們所認為的「確定性」只是一個假設，而不是事實上的確定性，所以才需要理性積極地試錯。

雖然「黑天鵝」無法預測，但是我們依然可以學會如何應對「黑天鵝」，甚至從中獲益。為此，我們必須培養反脆弱能力，避免把自己暴露在「黑天鵝」中。比如，可以應用槓桿策略來培養反脆弱能力，選擇在正面「黑天鵝」的領域中積極地試錯。

◆組建具有認知多樣性的團隊

如何把這種反脆弱能力遷移到企業，讓企業擁有免疫力？反脆弱能力的核心是擁有選擇權，這意味著企業需要組建具有認知多樣性的團隊。

一些企業大談使命、願景、價值觀，招聘的時候嚴格淘汰掉與企業價值觀不符的人，而更喜歡招有產業經驗的人。因而招聘過程中會出現一種「同質趨向」現象：招聘者總是傾向於雇用那些思維方式接近於自己的人，並且會因為所謂的「認知同頻」而感到高興。這當然比較容易理解，人們總是希望面對外在事物時身邊的人與自己有相似的看法。殊不知，當一個產業的整體思維都趨於同質化時，何談創新？

《叛逆者團隊》（*Rebel Ideas*）一書裡指出：當下各領域中的組織都有專業化趨勢，但如果每個成員看待問題的參考框架高度重疊，那麼精英團隊也會做出平庸、錯誤甚至災難性的決策。所以管理者要依靠多樣性團隊做出長鏈條的判斷和決策，警惕「集體失明」。書裡還講到一個案例：

> 美國中情局自成立以來，在招聘人員時可謂是萬裡挑一。候選的情報分析師不僅要經歷嚴苛的學術能力測試、背景調查、測謊、財務和信用審查，還要接受一系列心理測試和身體檢查。候選者與入選者的比例大概是20,000：1。這個團隊由數萬名職員組成，他們的職位和身份各不相同。它肯定是一個多樣性團隊吧？並非如此。

美國中情局曾收到恐怖分子頭目在山洞中錄製的影片，它對此不以為然，因為不相信這會對美國這樣的科技巨頭構成威脅。實際上，美國人沒能理解山洞的文化含義：山洞代表了成功脫身。在那個頭目的追隨者心裡，山洞本身就帶著光環，是一種信仰的象徵。由於缺少文化多樣性，文化隔閡成了美國中情局低估該頭目的重要影響因素。而團隊成員不夠多樣化，也是外界對它的批評和反思。

如何破除「集體失明」的魔咒？《叛逆者團隊》給出了答案：組建多樣性團隊。多樣性既指性別、種族、年齡和宗教等的多樣性，也指認知層面的多樣性，也就是每個人的視角、見解、經驗和思維方式等方面的差異性。團隊成員的多樣性可彌補單一思維的局限性，但多樣性團隊要解決的問題是如何把想法不同的人聚集在一起發揮作用。

關於多樣性的研究，存在兩個理論視角：資訊決策理論和社會分類理論。資訊決策理論強調資訊和資源在團隊中發揮的關鍵作用，指出認知多樣性程度高的團隊可以獲得更多更全面的資源和資訊，從而全面了解任務並推進任務的進展。而社會分類理論認為，團隊成員會根據個人屬性差異將人進行歸類，將與自己有某些相同特質的人歸為「圈內人」，而將與自己差別較大的人歸為「圈外人」，並在日常工作和交往中區別對待組織內部的圈內人與圈外人。

根據資訊決策理論，多樣性團隊可以較容易地獲取異質化的資源和資訊，因此會有更多的機會和可能性跟他人分享他們的知識與經驗，從而掌握更為全面的知識與資訊，並在此基礎上對團隊任務進行深入探討，做出更好的團隊表現。

認知多樣性程度比較低的團隊，其成員有相對同質的朋友圈，他們只有單一的管道和途徑獲取資訊與知識，不太可能接觸到全面的資訊，自然難以有效地分享與掌握資訊，也會抑制團隊的表現。

認知多樣性的正面效應是如何產生的？我們先來看一個實驗：課堂上，老師拿出一個透明的、裡面裝了很多糖果的玻璃罐子，讓學生們猜裡面的糖果數量有多少。不同人回答的數量各不相同，有的多，有的少。但是，把所有人猜的數字取個平均值，會發現結果非常接近糖果的真實數量。這其實是一個預測問題，結果體現出了群體智慧。「三個臭皮匠」是否真的可以「頂過一個諸葛亮」？《多樣性紅利》（*The Difference*）中有一個例子給出了答案：

> 1999 年，曾經有人組織了一場萬人國際象棋大賽。在這場比賽中，有 5 萬名普通象棋手，透過網路和國際象棋世界冠軍加里・卡斯帕羅夫（Garry Kasparov）下棋。雙方每走一步都可以考慮 48 小時。這 5 萬人如何下棋？他們在論壇裡討論，集思廣益，透過投票表決該下哪步棋。但最後還是卡斯帕羅夫贏了。有一點值得注意，這局棋下了 62 步。在國際象棋比賽中，能走這麼多步意味著這是一場勢均力敵的比賽。這 5 萬人在一個世界冠軍面前，沒有變成一群烏合之眾。

「三個臭皮匠」的個體能力都不強，但是他們有多樣性，表現出的群體能力超過了他們的平均能力，甚至比「一個諸葛亮」的能力都強。

多樣性思維的特點體現在思維方式的多樣性上，而不是體現在人的身份的多樣性上。很多企業有「家文化」，把員工稱為「家人」，這其實是不恰當的組織文化。家庭成員的結構、成員性格是隨機的，我們無法因為不滿意而替換家人。但企業不同，企業對員工有獎勵和懲罰，有提拔和淘汰，員工不是家人。團隊講究的是互補性，要求成員在能力和思維上互補。所以，現在很多企業開始實行球隊文化，團隊成員是隊友，每個成員在不同位置上發揮不同的作用，承擔不同的責任。

當然，諸葛亮式的人物是不可替代的。賈伯斯曾說，一個出色的人才可以頂 50 個平庸的員工。因為「諸葛亮」在某個領域具有專業性，如果問題不太複雜，那麼他一個人就有可能掌握全部的資訊，這時候就不需要多樣性認知。但如果問題複雜，那就算是最聰明的人也只能掌握部分資訊。

有學者對此有不同看法。他們認為，認知多樣性會引發團隊成員之間的衝突和不信任，進而對團隊決策形成阻礙。根據社會分類理論，在認知差異程度較高的團隊中，團隊成員會對那些與自己存在認知差異的成員產生本能的排斥，會傾向於把別人的「異見」看作對自己的漠視或者挑釁，造成人際關係緊張和情感疏離，進而對團隊表現產生負向影響。相反，在認知差異程度較低的團隊中，成員相處較為和諧融洽，針對同一問題更可能形成統一意見。可見，當面對一個亟需合作才能有效完成的任務時，團隊內部存在過多的認知差會適得其反。

其實，多樣性團隊的存在是有前提的，即社會分工越複雜，人類就越需要合作。如今，幾乎所有最具挑戰性的工作，都是由團隊完成的，原因很簡單：問題太過複雜，一人難挑大樑。那麼，企業要如何組建一個具有認知多樣性的團隊？在什麼情況下，認知多樣性的正面效應會得到加強，並且其負面效應會被抑制？

《多樣性團隊》的作者馬修・席德（Matthew Syed）認為，組建一個多樣性團隊需要遵循四項基本原則：第一項，基於解決問題和實現目標；第二項，保持適當的權力梯度；第三項，引導組織內部資訊流動；第四項，培養局外人思維。具體做法如下。

首先，基於解決問題和實現目標，合理組建多樣性團隊。多樣性不是無的放矢。為了多樣性而吸引不相關的人加入團隊不僅沒有效果，還會浪費資源。只有當多樣性與目標和問題相關時，它才能有助於集體智慧的形成。要合理組建多樣性團隊，關鍵是要找到與目標和問題密切相關且能帶來協同作用的人。

在做投資的過程中，我發現，一些創業者在講到核心競爭力時，會把自己的資源都毫不吝嗇地羅列出來，聲稱自己擁有多樣性資源和能力。他們忽略了一個問題：確保專案成功的關鍵要素是什麼？大多數情況下，創業者已有的能力和資源往往是不足的。基於解決問題的路徑去組建團隊和培養能力，可以讓創業者避免掉入「偽多樣性」的陷阱，而圍繞最終目的展開活動。

其次，保持適當的權力梯度。伊拉斯姆大學鹿特丹管理學院分析了超過 300 個工作專案後發現：由基層管理者領導的專案，比高階主管領導的專案成功率更高。難道是因為高階主管能力不行嗎？答案令人感到意外，原因是高層領導的存在讓團隊付出了社會成本，凍結了其他成員的動態反應機制，扼殺了多樣性。換句話說就是，專制領導會扼殺團隊的多樣性。

印度一家科技公司的創始人艾維納許・考希克（Avinash Kaushik）創造了一個詞「HiPPO」（Highest Paid Person's Opinion，最高薪人士的意見），形容專制型領導對團隊的動態反應機制帶來的影響。他認為 HiPPO 統治一切，否決他人的數據，將自己的想法強加於他人和團隊。他們自認為最了解情況，雖然有時候確實如此，但正是他們的在場阻礙了觀點的有效交流。

一線專案團隊要注意權力梯度的設置，不能過於「陡峭」，行政級別較高的管理者不宜直接參與專案。因為高級別管理者的存在會讓團隊付出更高的溝通成本，當他被剝離後，雖然整個團隊損失了一些知識經驗的輸入，但餘下的成員可以更自由地表達自己的觀點。這樣做帶來的巨大價值，遠遠超出損失的部分。

再者，與專制型領導相對的是威望型領導，他們以解放他人的姿態進行溝通，真正說服、表達尊重、表達好意、做團隊的模範。威望型領導對別人的慷慨行為會被模仿，最終使整個團隊朝著更具合作性的方向進化。做威望型領導，要在討論階段足夠民主，最大化地聽取建議，充分聽取意見，引導組織內部資訊流動。即使團隊成員不是「提建議」，只說自己的使用者視角或者自己所代表的部門角色，那也是在提供資訊，有助於決策最優化。討論階段要做加法，激發每個成員的智慧，最大化收集可能的選項，不要錯過、漏掉任何正確選項，這樣才有可能找出最佳答案。

有一個詞叫「資訊瀑布」，指的是前面人的資訊和觀點像瀑布一樣湧下來，後面人的思考被「瀑布」裹挾，保留自己的觀點，去追隨前面人的資訊和觀點。瀑布之所以壯觀，是因為水流集中。做出一種選擇，意味著要放棄其他選擇，團隊要形成資訊瀑布，就要放棄其他成員的觀點和資訊。「瀑布」可以有，但不應出現在討論階段，而應出現在行動階段，從而集中力量辦正事。

最後，團隊成員必須有局外人思維，不要被經驗裹挾，而要把自己當成其他領域的門外漢，隨時能跳出現有的思維框架，重新審視那些被視作理所當然的事情。團隊可以採用「假設逆轉」的方式：先在計畫中提取一個核心概念，再把它顛倒過來。比如，有人考慮開一家飯店，那麼他的第一個假設可能是「人們出遊時一定要住飯店」，接著他可以反過來說：「人們出遊一定要住飯店嗎？」在過去，這種想法很不可思議，但事實告訴我們：人們出遊真的不一定要住飯店。做民宿的平臺 Airbnb 就沒有自己的飯店房間。

以前我在諮詢公司給客戶做提案時，總會在簡報第一頁寫一句話：「我們不是來給你解決方案的，我們是來和你一起尋找解決方案的。」諮詢顧問不可能比企業內部人員更了解企業。但也正因為如此，諮詢顧問可以跳出固有的產業思維框架，用局外人的思維去看待問題，往往旁觀者清。

多樣性可以讓組織具備多元思維，進化出群體智慧。觀察一群螞蟻中的個體，會發現牠們有著各式各樣的行為，如蒐集樹葉、列隊前進等。一隻螞蟻是談不上智慧的，牠不會思考，沒有意志，也沒有規劃的能力。但是許多螞蟻聚在一起，卻能展現群體智慧：建構出結構複雜的蟻穴；就像在「經營農場」，有的螞蟻負責真菌農場，有的則照管蚜蟲牧場；發動戰爭或是自我防衛。牠們怎麼能有那麼聰明的舉動？事實上，蟻群中出現的這種現象就是科學界所稱的群智湧現。

在一個具有認知多樣性的團隊中，團隊成員的不同觀點會相互碰撞、延展、分化、栽植衍生，最終實現群智湧現。

解碼商業模式

DECODING BUSINESS MODELS

1. 企業應對不確定性的唯一方式就是建立應對「黑天鵝」的容錯機制，打造自身的免疫系統。
2. 容錯機制的本質是多樣性。只有在一個具有容錯機制的企業裡，團隊才能自我學習，變得更加強大。
3. 在不可預測的環境中，冗餘策略可以幫助企業抵抗不確定性所帶來的風險，讓企業可以適應環境，從而降低發展的風險。
4. 只有建立反脆弱系統才可以從不確定性中獲益。反脆弱能力的核心是擁有選擇權，這意味著企業需要組建具有認知多樣性的團隊。

後記
未來不變的是什麼

企業要想持續地經營和成長，將面臨很多挑戰。比如，外部環境隨時可能發生突變，流量變化難以把控，各種平臺上的玩法規則不斷更新，各種各樣的成長方法論……企業就像牛一樣，被各種變化牽著走。

但是總有一些東西是不會變的。亞馬遜創始人貝佐斯曾說：「我經常被問到一個問題——未來十年會有什麼樣的變化？但我很少被問到——未來十年什麼是不變的？我認為第二個問題比第一個問題更重要，因為你需要將你的策略建立在不變的事物上。」

未來不變的是什麼？我們需要發現規律，回到常識。

發現規律，避免非預期的商業結局

發現規律為什麼這麼重要呢？舉個例子，假如街上有兩家餐廳：A 和 B。在餐廳 A 用完餐的顧客，有 70% 會成為回頭客，剩下的 30% 選擇去餐廳 B。在餐廳 B 用完餐的顧客，有 90% 會成為回頭客，剩下的 10% 選擇去餐廳 A。先假設這兩家餐廳在同一時間開業，都沒有品牌知名度。也就是說，它們競爭的起點是一樣的，顧客一樣多，假如各自都有 500 個顧客。那麼經過一段時間後，兩家餐廳的顧客分別是多少？答案是餐廳 A 有 250 個顧客，餐廳 B 有 750 個顧客。

變換一下初始條件，假設這條街一開始的時候只有一家餐廳 A，1,000 個顧客都是它的，而餐廳 B 剛開張，沒有顧客。那麼經過一段時間後，兩家餐廳的顧客分別是多少呢？答案還是餐廳 A 有 250 個顧客，餐廳 B 有 750 個顧客。

這是什麼邏輯呢？統計學裡有一個詞叫「馬可夫鏈」，它因俄國數學家安德烈．馬可夫（Andrey Markov）得名。用一句話來概括馬可夫鏈：下一時刻狀態轉移的機率只依賴於它的前一種狀態。這一轉移的過程具備無記憶性。

舉個簡單的例子，我們都知道，蝴蝶效應意指地球的一端有隻蝴蝶搧動幾下翅膀就可能造成地球另一端發生一場風暴。難道我們預測天氣的時候還需要去找到那隻蝴蝶嗎？顯然是不可能的。假如每天的天氣情況是一種狀態，那麼今天的天氣如何只依賴於昨天的天氣情況，和前天的天氣情況沒有任何關係。這可能有些不嚴謹，但是可以大大簡化模型的複雜度，因此馬可夫鏈在很多時間序列模型中得到廣泛應用。

回到餐廳的例子，顧客下一次去餐廳 A 或者餐廳 B，取決於他上一次用餐的感受。可能他會說：「我對這家餐廳已經有感情了，不會那麼輕易換。」但事實是，他的選擇與當下的用餐體驗有關，而與之前的感情關係不大。

根據馬可夫鏈，一種狀態可以改變為另一種狀態，也可以保持當前狀態。狀態的改變叫作轉移，不同狀態之間改變的機率叫作轉移機率。由此，可以推出一個結論：當轉移機率固定時，不管初始數是多少，總會達到宿命論般的統計均衡。比如，你是上例中餐廳 A 的老闆，在轉移機率不變的情況下，不管你現在有多少顧客，最後大部分顧客都會被餐廳 B 搶走。

看到這個宿命論般的結論，我突然想到很喜歡的作家史蒂芬・褚威格（Stefan Zweig）對法國國王路易十六的王后瑪麗・安東尼（Marie Antoinette）的評價：「她那時候還太年輕，不知道所有命運贈送的禮物早已在暗中標好了價格。」

回到常識，進行組合創新

有人說，商業世界中唯一不變的就是變化。該如何找到那些不變的規律呢？我們需要回到常識本身，回到商業最基礎的層面，去尋找推動商業運行的原動力。

王陽明說：「明明其說之已是矣，而又務為一說以高之。」又說：「吾輩用功，只求日減，不求日增。減得一分人欲，便是復得一分天理。何等輕快灑脫！何等簡易！」常有人說某些理論或方法過時了，從古聖先賢的觀點來看，所謂的「過時」只是「勝心」作祟而已。聖道不傳，就在於一代代學者的求勝欲望，非要說以前的理論過時了，然後另立新說。幾代下來，正學就失傳了。為什麼我們還要讀經典，而且要多讀經典？因為真正的方法就是常識，常識就是最高的真理。

對於本書中的思維、理論、方法和工具，我所做的就是為往聖先賢繼絕學，而不敢另立新說。這是對知識的敬畏，也是行為的操守。只不過，我將不同的思想、理論和方法進行了組合，用來解決商業上的問題，這也算是我的一個組合創新了。

康德認為，工作不以擴展知識為目的，而僅僅以糾正知識為目的。人們將察覺到，它的用處畢竟只是消極的，也就是說，這些原理不可避免的結果，不是擴展了我們的理性應用，而是縮小了這種應用。這種縮小，正是哲學最初及最重要的事務——就是透過堵塞一切錯誤的來源而一勞永逸地取消它的一切不利影響。

我們需要堵塞一切錯誤的來源，拆除那些思想的煙霧彈，用那些歷經時間考驗的理論和方法來指導行為。畢竟，我們追求的不是勝，而是不敗，也就是追求大機率事件。

作為投資人，我始終堅信投資只有價值投資一種。可能有人看到那些曾被價值投資者堅定持有的股票價格不斷下跌，就認為價值投資失效了。但其實持有這種看法的人並沒有真正理解價值投資，他們所看到的現象並不是價值投資的原則和方法錯誤造成的，而是投資對象出問題造成的。價值投資並不代表所投公司的價值不會變，所以價值投資者真正的能力就是看到價值的變化，並及時做出投資調整。就算是巴菲特，也沒有對每一家所投公司都長期持有，對嗎？

橋水基金創始人、著名投資人瑞．達利歐（Ray Dalio）在《原則》（*Principles*）一書裡提到，橋水基金的成功源自他所奉行的一套原則，而這套原則也是他一生中學到的最重要的東西。可見，當一家公司的價值出現變化時，投資人沒有快速洞察到，那是投資人的能力出了問題，而不是原則出了問題。

一個應對環境突變的終極演算法

「黑天鵝」時有出現，我們永遠不知道哪一天自己就會成為那個

「被影響到的人」。我們該如何面對這樣的環境突變呢？可以參考人工智慧領域的一種搜索演算法——爬山演算法。假設你被隨機拋到了世界上任意一個地方，你沒有地圖，也不知道當前的座標，還要完成找到世界上最高的山（你不知道聖母峰）的任務。你該如何做？

正確的做法是，先找到當下你能找到的最高座標點，爬上去，再在你的能力範圍內尋找最高點。每個人的能力和資源不一樣，有的人只能靠肉眼看到方圓一公里內的最高點，而有的人能透過其他方式發現方圓幾十公里內的最高點。找到最高點後，爬上去，繼續尋找下一個最高點。依此循環，最終你會在自己的高度和能力不斷提高的情況下，找到所能找到的最高點。

雖然已經出現的「黑天鵝」早晚會過去，但是我們永遠不知道下一個「黑天鵝」什麼時候出現。我們已經見識到，很多曾經在頂峰的企業，因為環境突變而被瞬間拋到谷底。此時，它們不得不馬上向四周進行局部搜索，盡其所能到達當下所能找到的最高點。

我們每天都會碰到很多隨機性事件，它們是生活中的一部分。因此，過度追求確定性和穩定性反而會讓我們逐漸依賴周邊環境。一旦離開了這個環境，或者環境出現大的變動，我們就可能遭受重大打擊。

面對環境變動，最有效的方法是就地展開工作，向四周搜索，在能力和資源範圍內到達所能找到的最高點，做到最好。

到這裡，本書就告一段落了，感謝你的耐心閱讀，希望你讀到這裡時，沒有感覺是在浪費時間。

參考文獻

1. 迪特里希・德爾納。《失敗的邏輯》。王志剛譯。上海：上海科技教育出版社，2018。（臺版為：《錯誤的決策思考》）
2. 亞歷山大・格申克龍。《經濟落後的歷史透視》。張鳳林譯。北京：商務印書館，2012。
3. 鐘永光、賈曉菁、錢穎。《系統動力學》。北京：科學出版社，2021。
4. 鐘永光、賈曉菁、錢穎。《系統動力學前沿與應用》。北京：科學出版社，2021。
5. 德內拉・梅多斯。《系統之美》。邱昭良譯。杭州：浙江人民出版社，2012。（臺版為：《系統思考》）
6. 劉潤。《商業洞察力》。北京：中信出版社，2020。
7. 張江。〈複雜科學前沿講義〉（電子資源）。
8. 尼寇里斯・普利高津。《探索複雜性》。羅久里、陳奎寧譯。成都：四川教育出版社，2010。
9. 吳今培、李雪岩、趙雲。《複雜性之美》。北京：北京交通大學出版社，2017。
10. 龍波。《規則》。北京：機械工業出版社，2021。
11. 詹姆斯・格雷克。《混沌》。北京：人民郵電出版社，2021。（臺版為：《混沌：不測風雲的背後》）
12. 梅拉妮・蜜雪兒。《複雜》。唐璐譯。長沙：湖南科技出版社，2018。
13. 傑佛瑞・韋斯特。《規模》。張培譯。北京：中信出版社，2018。（臺版為：《規模的規律和秘密》）
14. 魏煒、李飛、朱武祥。《商業模式學原理》。北京：北京大學出版社，2020。
15. 魏煒、朱武祥、林桂平。《商業模式的經濟解釋》。北京：機械工業出版社，2012。
16. 魏煒、朱武祥。《重構商業模式》。北京：機械工業出版社，2010。
17. 汪壽陽。《商業模式冰山理論》。北京：科學出版社，2017。
18. 彼得・德魯克。《管理的實踐》。齊若蘭譯。北京：機械工業出版社，2018。
19. 彼得・德魯克。《公司的概念》。慕鳳麗譯。北京：機械工業出版社，2018。
20. 彼得・德魯克。《21 世紀的管理挑戰》。朱雁斌譯。北京：機械工業出版社，2018。
21. 彼得・德魯克。《德魯克管理思想精要》。李維安、王世權、劉金岩譯。北京：機械工業出版社，2018。（臺版為：《杜拉克管理精華》）

22. 鈕先鐘。《西方策略思想史》。桂林：廣西師範大學出版社，2012。
23. 羅奈爾得・H. 科斯。《財產權利與制度變遷》。劉守英等譯。上海：上海人民出版社，2010。
24. 羅奈爾得・H. 科斯。《企業、市場與法律》。盛洪、陳鬱譯。上海：格致出版社，上海人民出版社，2014。
25. 約瑟夫・熊彼特。《經濟發展理論》。何畏等譯。北京：商務印書館，2020。
26. 奧利弗・E. 威廉姆森、西德尼・G. 溫特。《企業的性質》。姚海鑫、邢源源譯。北京：商務印書館，2010。
27. 湯瑪斯・庫恩。《科學革命的結構》。金吾倫、胡新和譯。北京：北京大學出版社，2012。
28. 約瑟夫・熊彼特。《資本主義、社會主義與民主》。錢定平、劉宥佑譯。上海：上海譯文出版社，2020。
29. 劉軍寧。《投資哲學：保守主義的智慧之燈》。北京：中信出版社，2015。
30. 蘭小歡。《置身事內：中國政府與經濟發展》。上海：上海人民出版社，2021。
31. 賽斯・高汀。《紫牛》。施諾譯。北京：中信出版社，2009。
32. 亞德里安・斯萊沃斯基。《需求：締造偉大傳奇的根本力量》。龍志勇、魏薇譯。杭州：浙江人民出版社，2013。
33. 葉明桂。《品牌的技術與藝術》。北京：中信出版社，2018。
34. 柯林・布里亞、比爾・卡爾。《亞馬遜逆向工作法》。黃邦福譯。北京：北京聯合出版有限公司，2022。
35. 張小龍。《微信背後的產品觀》。北京：電子工業出版社，2021。
36. 李欣頻。《李欣頻的創意文案課》。杭州：浙江人民出版社，2020。
37. 華杉、華楠。《超級符號就是超級創意》。南京：江蘇鳳凰文藝出版社，2016。
38. 費爾迪南・德・索緒爾。《普通語言學教程》。高名凱譯，北京：商務印書館，1980。
39. 海德格爾。《在通向語言的途中》。孫周興譯。北京：商務印書館，1997。（臺版為：《走向語言之途》）
40. 克萊頓・克里斯坦森等。《與運氣競爭：關於創新與用戶選擇》。靳婷婷譯。中信出版社，2018。（臺版為：《創新的用途理論》）
41. 路德維希・維特根斯坦。《文化和價值：維特根斯坦筆記（修訂本）》。許志強譯。杭州：浙江大學出版社，2020。
42. 羅蘭・巴爾特。《符號學歷險》。李幼蒸譯。北京：中國人民大學出版社，2008。
43. 尼爾・波茲曼。《娛樂至死》。章豔譯。北京：中信出版社，2015。
44. 哈樂德・D. 拉斯韋爾。《世界大戰中的宣傳技巧》。展江、張潔、田青譯。北京：

中國人民大學出版社，2003。
45. 塞德希爾・穆來納森。《稀缺：我們是如何陷入貧窮與忙碌的（修訂版）》。魏薇、龍志勇譯。杭州：浙江人民出版社，2018。（臺版為：《匱乏經濟學》）
46. 亞當・費里爾、珍妮佛・弗萊明。《如何讓他買：改變消費者行為的十大策略》。王直上譯。北京：中信出版社，2018。
47. 哈樂德・伊尼斯。《傳播的偏向》。何道寬譯。北京：中國人民大學出版社，2003。
48. 伊塔瑪律・西蒙森、艾曼紐・羅森。《絕對價值：資訊時代影響消費者下單的關鍵因素》。錢峰譯。北京：中國友誼出版公司，2014。
49. 羅伯特麥基。《故事：材質、結構、風格和銀幕劇作的原理》。周鐵東譯。天津：天津人民出版社，2014。（臺版為：《故事的剖析》）
50. 馬歇爾・麥克盧漢。《理解媒介：論人的延伸（增訂書）》。何道寬譯。南京：譯林出版社，2019。（臺版為：《認識媒體》）
51. B. J. 福格。《福格行為模型》。徐毅譯。天津：天津科學技術出版社，2021。
52. 菲力浦・津巴多、邁克爾・利佩。《態度改變與社會影響》。鄧羽、肖莉、唐小豔譯。北京：人民郵電出版社，2018。
53. 路江湧。《共演戰略》。北京：機械工業出版社，2018。
54. 古斯塔夫・勒龐。《烏合之眾》。趙麗慧譯。北京：中國婦女出版社，2017。
55. 傑佛瑞・摩爾。《跨越鴻溝：顛覆性產品行銷聖經》。趙婭譯。北京：機械工業出版社，2009。
56. 華杉、華楠。《華與華方法》。上海：文匯出版社，2020。
57. 邁克爾・波特。《競爭優勢》。陳麗芳譯。中信出版社，2014 年。
58. 富勒。《戰爭指導》。李磊、尚玉卿譯。南寧：廣西人民出版社，2008。
59. 邁克爾・波特。《競爭策略》。陳麗芒譯。北京：中信出版社，2014。
60. A. H. 若米尼。《戰爭藝術概論》。劉聰譯。北京：解放軍出版社，2006。
61. 埃米尼亞・伊貝拉。《能力陷阱》。王臻譯。北京：北京聯合出版有限公司，2019。
62. 戴伊、孟立慧。《動態競爭策略》。上海：上海交通大學出版社，2010。
63. 理查・魯梅爾特。《好策略，壞策略》。蔣宗強譯。北京：中信出版社，2017。
64. 卡爾・馮・克勞塞維茨。《戰爭論》。王小軍譯。西安：陝西師範大學出版社，2012。
65. 拜瑞・J. 內勒巴夫、亞當・M. 布蘭登勃格。《合作競爭》。王煜全、王煜昆譯。合肥：安徽人民出版社，2000。（臺版為：《競合策略》）
66. 林桂平、魏煒、朱武祥。《盈利模式設計》。北京：機械工業出版社，2014。

67. 彼得・德魯克。《不連續的時代》。吳家喜譯。北京：機械工業出版社，2020。
68. 羅伯特・凱根、麗莎・拉斯考・拉海。《變革為何這樣難》。韓波譯。北京：中國人民大學出版社，2010。（臺版為：《變革抗拒》）
69. 阿里・德赫斯。《生命型組織：不確定時代的組織進化之道》。北京師範大學教育學部學習與績效技術研究中心譯。北京：電子工業出版社，2016。
70. 比爾・布萊森。《萬物簡史（修訂本）》。嚴維明、陳邕譯。南寧：接力出版社，2017。
71. 詹姆斯・卡斯。《有限遊戲與無限遊戲：一個哲學家眼中的競技世界》。馬小悟、余倩譯。北京：電子工業出版社，2019。
72. 里德・霍夫曼、葉嘉新。《閃電式擴張》。路蒙佳譯。北京：中信出版社，2019。
73. 德內拉・梅多斯、喬根・蘭德斯、鄧尼斯・梅多斯。《增長的極限》。李濤、王智勇譯。北京：機械工業出版社，2013。（臺版為：《成長的極限》）
74. 克萊頓・克里斯坦森、邁克爾・雷納。《創新者的解答：顛覆式創新的增長秘訣》。李瑜偲、林偉、鄭歡譯。北京：中信出版社，2020。
75. 克萊頓・克里斯坦森。《創新的兩難：領先企業如何被新興企業顛覆？》。胡建橋譯。北京：中信出版集團，2020。
76. 理查・福斯特。《創新：進攻者的優勢》。孫玉傑、王宇鋒、韓麗華譯。北京：北京聯合出版有限公司，2017。
77. 李善友。《第二曲線創新（第 2 版）》。北京：人民郵電出版社，2021。
78. 凱文・凱利。《失控：全人類的最終命運和結局》。東西文庫譯。北京：新星出版社，2010。
79. 王立銘。《進化論講義》。北京：新星出版社，2022。
80. 金觀濤等。《控制論與科學方法論》。北京：新星出版社，2005 年。
81. 赫爾曼・哈肯。《大自然成功的奧秘：協同學》。凌復華譯。上海：上海譯文出版社，2018。
82. 普里高津。《從存在到演化》。北京：北京大學出版社，2019。
83. 弗雷德里克・萊盧。《重塑組織：進化型組織的創建之道》。時化組織研習社譯。北京：人民東方出版社，2017。
84. 陳春花、朱麗、劉超等。《協同共生論》。北京：機械工業出版社，2021。
85. 博爾特・霍爾多布勒、愛德華・威爾遜。《螞蟻的故事：一個社會的誕生》。毛盛賢譯。杭州：浙江教育出版社，2019。（臺版為：《螞蟻螞蟻》）
86. 熊向清。《管理 4.0》。北京：機械工業出版社，2019。
87. 沈小峰。《耗散結構論》。上海：上海人民出版社，1987。
88. 托姆。《突變論》。周仲良譯。上海：上海譯文出版社，1989。

89. 馬克・歐文、凱文・莫勒。《協同：如何打造高聯動團隊》。陶亮譯。北京：中信出版社，2018。
90. 史蒂芬・科特勒、傑米・威爾。《盜火》。張慧玉、徐開、陳英祁譯。北京：中信出版社，2018。
91. 斯科特・佩奇。《多樣性紅利》。唐偉、任之光、呂兵譯。北京：機械工業出版社，2020。
92. 威廉・C. 伯格。《生命大趨勢：從生物多樣性到人類文明的未來》。吳猛，譯。福州：海峽書局，2021。
93. 理查・道金斯。《盲眼鐘錶匠：生命自然選擇的秘密》。王道還譯。北京：中信出版社，2016。
94. 馬修・薩伊德。《多樣性團隊》。季麗婷譯。天津：天津人民出版社，2021。（臺版為：《叛逆者團隊》）
95. 納西姆・尼古拉斯・塔勒布。《黑天鵝：如何應對不可預知的未來》。萬丹、劉寧譯。北京：中信出版社，2019。
96. 納西姆・尼古拉斯・塔勒布。《反脆弱：從不確定性中獲益》。雨珂，譯，北京：中信出版社，2020。
97. 基斯・斯坦諾維奇。《超越智商：為什麼聰明人也會做蠢事》。張斌，譯。北京：機械工業出版社，2015 年。
98. 瑪格麗特・惠特利。《領導力與新科學》。簡學譯。杭州：浙江人民出版社，2016。
99. 馬特・里德利。《理性樂觀派：一部人類經濟進步史》。閭佳譯。北京：機械工業出版社，2015。（臺版為：《世界，沒你想的那麼糟》）
100. 李祿。《文明、現代化、價值投資與中國》。北京：中信出版社，2020。
101. 李東、王翔、張曉玲。〈基於規則的商業模式研究——功能、結構與構建方法〉[期刊]。中國工業經濟，2010。
102. 程愚、孫建國。〈商業模式的理論模型：要素及其關係〉[期刊]。中國工業經濟，2013。
103. Afuah A., Tucci C. L.. Internet Business Models and Strategies : Text and Cases [M]. New York: Irwin McGraw- Hill Higher Education, 2000.
104. R. A. Epstein. Takings: Private Property and the Power of Eminent Domain [M]. Harvard University Press.
105. Giddens, Anthony. New rules of sociological method [M]. New York: Basic Books, 1976.
106. Henry Chesbrough, Richard S. Rosenbloom. The role of the business model in capturing value from innovation : Evidence from xerox corporation's technology

spin off companies[J]. Industrial & Corporate Change , 2002, 11（3）.

107. Joan Magretta. Why Business Models Matter [J] . Harvard Business Review , 2002（5）.

108. Morris M., Schindehutte M., Allen J.. The Entrepreneur's Business Model: Toward A Unified Perspective [J]. Journal of Business Research , 2003,（6）:72673.

109. Osterwalder A., Pigneur Y., Tucci C.L.. Clarifying Business Model: Origin, Present and Future of The Concept [J]. Communications of The Association for Information Systems , 2005（15）:125.

附錄：曾小軍．解碼商業模式

商業模式的動力協同機制	協同系統／耗散系統／免疫系統			
商業模式進化	進化系統			
商業模式方法論	價值主張	競合策略	結構設計	成長困境
	創造需求	競爭策略	交易結構	第三曲線
	滿足需求	經營組合	盈利模式	突變思維
商業模式的結構	價值系統	能力系統	盈利系統	成長系統
商業模式的目的與功能	創造價值	交付價值	獲取價值	
商業模式的底層思維	系統動力學 < 系統論 < 複雜科學			

解碼商業模式

如何從一個想法到一個商業模式

作者：曾小軍

總編輯：張國蓮
副總編輯：李文瑜
責任編輯：周大為
美術設計：謝仲青

董事長：李岳能
發行：金尉股份有限公司
地址：新北市板橋區文化路一段 268 號 20 樓之 2
傳真：02-2258-5366
讀者信箱：moneyservice@cmoney.com.tw
網址：money.cmoney.tw
客服 Line@：@m22585366

製版印刷：緯峰印刷股份有限公司
總經銷：聯合發行股份有限公司

初版 1 刷：2024 年 4 月

定價：520 元

國家圖書館出版品預行編目（CIP）資料

解碼商業模式 : 如何從一個想法到一個商業模式 / 曾小軍著 . --
初版 . -- 新北市 : 金尉股份有限公司 , 2024.04
面；　公分
ISBN 978-626-98240-8-3(平裝)

1.CST: 商業管理 2.CST: 企業經營 3.CST: 策略規劃

494.1　　113004579

Money錢

Money錢

Money錢

Money錢